“十三五”普通高等教育本科部委级规划教材

服装构成基础

（第4版）

周丽娅　喻　玥　梁　军◎著

中国纺织出版社有限公司

内 容 提 要

在服装设计中，构成知识对于设计的成败起着决定性的作用。本书共分为三篇：平面构成、色彩构成及立体构成。主要内容包括：平面构成的要素及骨格，平面构成要素在平面设计中的应用；色彩的基本知识，对比与调和，服装与图形配色，色彩的采集与创新，流行色；立体构成基础与要素，立体构成的方法及在服装造型中的应用等。

本书主要作为专业院校服装设计基础课程教材，也可供美术院校有关专业的师生以及相关从业人员学习和参考。

图书在版编目（CIP）数据

服装构成基础／周丽娅，喻玥，梁军著．--4版．-- 北京：中国纺织出版社有限公司，2020.10（2021.12重印）

"十三五"普通高等教育本科部委级规划教材

ISBN 978-7-5180-7873-8

Ⅰ．①服… Ⅱ．①周… ②喻… ③梁… Ⅲ．①服装结构—结构设计—高等学校—教材 Ⅳ．① TS941.2

中国版本图书馆 CIP 数据核字（2020）第 174177 号

责任编辑：孙成成　　责任校对：王蕙莹　　责任印制：王艳丽

中国纺织出版社有限公司出版发行

地址：北京市朝阳区百子湾东里 A407 号楼　邮政编码：100124

销售电话：010—67004422　传真：010—87155801

http://www.c-textilep.com

中国纺织出版社天猫旗舰店

官方微博 http://weibo.com/2119887771

北京通天印刷有限责任公司印刷　各地新华书店经销

1998 年 7 月第 1 版　2000 年 8 月第 2 版　2010 年 8 月第 3 版

2020 年 10 月第 4 版　2021 年 12 月第 2 次印刷

开本：787×1092　1/16　印张：16

字数：217 千字　定价：49.80 元

前言

PREFACE

“服装构成基础”课程的开设是随着我国服装教育事业的发展而逐渐形成的一门专业基础课程。课程内容主要以国外引进的三大构成内容为核心理论框架，实际上包括了平面构成、立体构成和色彩构成的内容，是从事设计人员必须掌握的平面、立体、色彩构成所遵循的设计原则和技术方法。构成基础是视觉造型设计的基础，在设计基础教学模块中，三大构成是各自独立而又密切相关的三门课程。它们分别从二维空间的平面形态、三维空间的立体形态以及颜色感知、色彩调和等方面完成设计基础的教育任务。构成所涉及的专业有服装设计、建筑设计、景观设计、室内设计、工业造型、数字媒体设计等设计行业。它使我们的设计更具方法、更为有序，同时在观察、发现美的视觉图形过程中寻找自己的视觉语言，并自觉、主动地在艺术创造中构建强烈的创新意识和新的图式语言。构成是所有创造性思维发展的基础，是每一位设计师必须掌握的基本知识和运用视觉语言进行专业设计的基本能力。在当今设计教学中，构成基础已成为必不可少的内容，在二维设计和三维设计中日益显示出基础课程的重要性。

本书除了具有设计专业的基础知识外，还重点结合了服装设计的基础内容，在讲解三大构成基础知识的同时，着重实际操作和实践要领的传授与设计体验，以不断更新的图片实例将三大构成的基本内容与二维设计、三维设计结合起来。

三部分理论共同构建了该书作为设计基础的主要内容，而每一部分又单独成立，并循序渐进。本书可以适合构成课程设置在一起的教学模式，也适合单独设置课程的教学模式，分三段完成学习。

本书自 1998 年 7 月第 1 版问世以来，一直在全国院校基础课中应用，在教学中有非常好的反映；2000 年进行了第 2 版修订；10 年后，2010 年进行了第 3 版修订；又一个 10 年后，2020 年进行本次第 4 版修订。每一次的修订都是在每一年的教学实践与教学反思的基础上，进行图文内容的更新、修订，删减或扩展，并结合了不同院校的实践反馈经验与总结。本次修订主要体现在以下方面：增加装饰图形方法和点线面应用技巧；增加了新的图形装饰与联想、置换创意等习作作品；增加了立体构成基础的部分知识与实践方法；增加了新的图文和章节，有利于立体构成图式语言，从平面到半立体再到立体形的理解与实现；将基础构成内容结合服饰产品构成，强化基础与设计的关系；修订了肌理分类与应用设计部分的图文；增强应用设计的概念等。

作者从事设计教学 30 余年，从事过平面、包装、书籍设计、工艺染织美术设计和服装设计等多种课程的教学与工作实践。教学中结合了个人的工作经历与体验，以及从事设计实践后想说的话，有感于现代计算机给设计教学带来的便利，但也深感现代学生手绘功夫的欠缺，修订本书希望能够对艺术设计教育和现代设计思维表现有所裨益。

周丽娅　喻玥　梁军
2020 年 2 月 2 日
于武汉南湖湖畔

目　录
CONTENTS

概述 001

第一篇 平面构成 1

第一章 平面构成的要素 004

第一节 平面构成的形态要素与构成要素 004

一、形态要素 004

二、构成要素 004

第二节 点 005

一、点的概念 005

二、点的形状 006

三、点的性质与作用 006

四、点的构成 007

第三节 线 009

一、线的概念 009

二、线的形状 010

三、线的方向性与特性 010

四、线的构成 011

第四节　面　015
一、面的概念　015
二、面的形状　015
三、面的构成与特性　016
第五节　图形的组合与装饰　017
一、形的组合方式　017
二、单形与复合形　019
三、图形的装饰　021
四、正形与负形　025
第六节　空间　026
一、空间的概念　026
二、虚拟的三维空间　027
三、错视　028
四、超现实空间　030
第七节　材料与工具　031
一、平面构成的材料　032
二、平面构成的工具　032
练习题　032

第二章　平面构成的骨格　034
第一节　骨格的组织结构　034
一、规律性骨格　034
二、非规律性骨格　034
三、有作用骨格　035
四、无作用骨格　036
第二节　骨格的种类　037
一、重复　037
二、近似　041
三、渐变　043
四、发射　051

五、特异 056
第三节 比例与分割 059
一、黄金分割 060
二、重复分割 061
三、数列分割 062
四、规律性分割 064
五、自由分割 065
第四节 对比 065
一、形状与大小对比 066
二、色彩与明暗对比 067
三、方向与位置对比 067
四、虚实对比 068
五、密集对比 069
六、肌理对比 070
第五节 肌理 071
一、视觉肌理 072
二、触觉肌理 079
练习题 081

第三章 平面构成要素在平面设计中的应用 083
第一节 平面构成要素在标识设计中的应用 083
一、标识的概念 083
二、标识设计的应用 084
三、标识设计的基本方法 085
第二节 平面构成基本要素在服饰吊牌中的应用 090
一、吊牌的概念 090
二、基本要素在服饰吊牌中的应用 091
三、吊牌设计的基本方法 093
第三节 平面构成基本要素在广告设计中的应用 093
一、广告的概念 093

二、广告的功能价值 094
三、基本要素在传播中的应用 095
练习题 097

第二篇 色彩构成 2

第四章 色彩的基本知识 100
第一节 色彩的基本概念 100
一、色彩的科学依据 101
二、色彩的心理现象 105
三、色彩的分类 110
第二节 色彩的混合 111
一、加色混合 111
二、减色混合 112
三、空间混合 113
第三节 色立体 114
一、色彩的三属性 114
二、色立体的色彩体系 116
练习题 120

第五章 对比与调和 122
第一节 色彩的对比 122
一、对比的概念 122
二、以对比为主的色彩构成 124
三、色彩对比与对比效果 131
第二节 色彩的调和 134
一、色彩的调和理论与方法 134
二、色彩面积与色彩的调和 143
三、色彩形状与色彩的调和 145
四、色彩与主题内容的调和 146
练习题 146

第六章　服装与图形配色　148

第一节　配色美的原则　148

一、配色中的对比与调和　148

二、配色中的平衡与呼应　149

三、配色中的节奏与层次　149

四、配色中的重点与点缀　149

五、配色中的整体色调　150

第二节　服装与图形配色的方法　150

一、无彩色系配色　150

二、无彩色与有彩色配色　151

三、以色相对比为主的配色　151

四、以明度对比为主的配色　153

五、以纯度对比为主的配色　154

六、以冷暖对比为主的配色　154

练习题　155

第七章　色彩的采集与创新　156

第一节　色彩解构的概念　156

第二节　色彩解构的方法　157

一、资料的采集方法　157

二、色彩的归纳与运用　157

第三节　色彩解构的题材　158

一、自然色彩的解构　158

二、传统色彩的解构　159

三、绘画艺术的色彩解构　159

四、建筑艺术的色彩解构　160

五、姊妹艺术的色彩解构　161

练习题　162

第三篇 立体构成 3

第八章 流行色 163

第一节 流行色的特征与意义 163

一、流行色的特征 163

二、流行色的意义 164

第二节 流行色的变化规律 164

一、流行色的发布 165

二、流行色的形式 165

三、流行色色组的变化 165

四、影响流行色的变化因素 166

第三节 流行色的应用 167

一、流行色与服装 168

二、流行色与常用色 168

三、流行色的运用 169

练习题 170

第九章 立体构成基础与要素 172

第一节 立体构成材料与工具 172

一、材料与工具 172

二、纸材 172

第二节 半立体构成 175

一、半立体构成概念 175

二、半立体构成方法 175

三、衍纸构成 177

第三节 立体构成要素 178

一、基础要素 179

二、视觉要素 179

三、关系要素 180

第四节 立体形具有的方向及视图 180

一、立体形的三个主要方向 180

二、立体形的三个基本视图 181
练习题 181

第十章 立体构成的方法 182
第一节 线材构成 182
一、线框与线层 182
二、线群连接 183
第二节 面材构成 184
一、面材的表面变化 184
二、面层排列 185
三、粘接方法 186
四、体（块）构成形式 187
练习题 198

第十一章 立体构成要素在服装造型中的应用 199
第一节 服装造型 199
一、标准人台 200
二、款式 200
三、廓型 200
第二节 服装立体型的构成方法 202
一、服装立体型与线的构成 202
二、服装立体型与块面的构成 203
三、服装立体型肌理效果技法 204
四、服装立体型的综合构成 205
练习题 207

参考文献 209

后记 211

概述

将形态要素按照一定的形式原则组成具有平面或立体的美感形象和色彩造型，在对构成要素进行改造、加工、组合的过程中，使单形或基本形构成艺术的整体，这样一种艺术实践的行为叫作构成。

构成基础是视觉造型设计的基础，在设计基础教学模块中，三大构成是各自独立而又密切相关的三门课程。它们分别从二维空间的平面形态、三维空间的立体形态以及颜色感知、色彩调和等方面完成设计基础的教育任务。构成所涉及的专业有服装设计、建筑设计、景观设计、室内设计、工业造型、数字媒体设计等设计行业。它使我们的设计更具有方法，更为有序，在观察发现美的视觉图形过程中寻找自己的视觉语言，并自觉主动地在艺术创造中构建强烈的创新意识和新的图视语言。构成是所有创造性思维发展的基础，也是设计师从事设计之前必须掌握的基本知识和运用视觉语言的基本能力。

构成作为研究形态创造与造型设计的基础，是一种创造方法、一种全新的组合形式。它以形态要素的变化与组合为对象，探讨形态、颜色在二维空间或三维空间中造型的构成效果、视觉审美与心理效应，探讨设计意念与形式的关系，探讨材料及制作过程的体验、认知和造型方案的可行性。在构成过程中，培养和建立个人的审美能力，建立一种新的视觉图形的思维方法。

FUZHUANGGOUCHENGJICHU

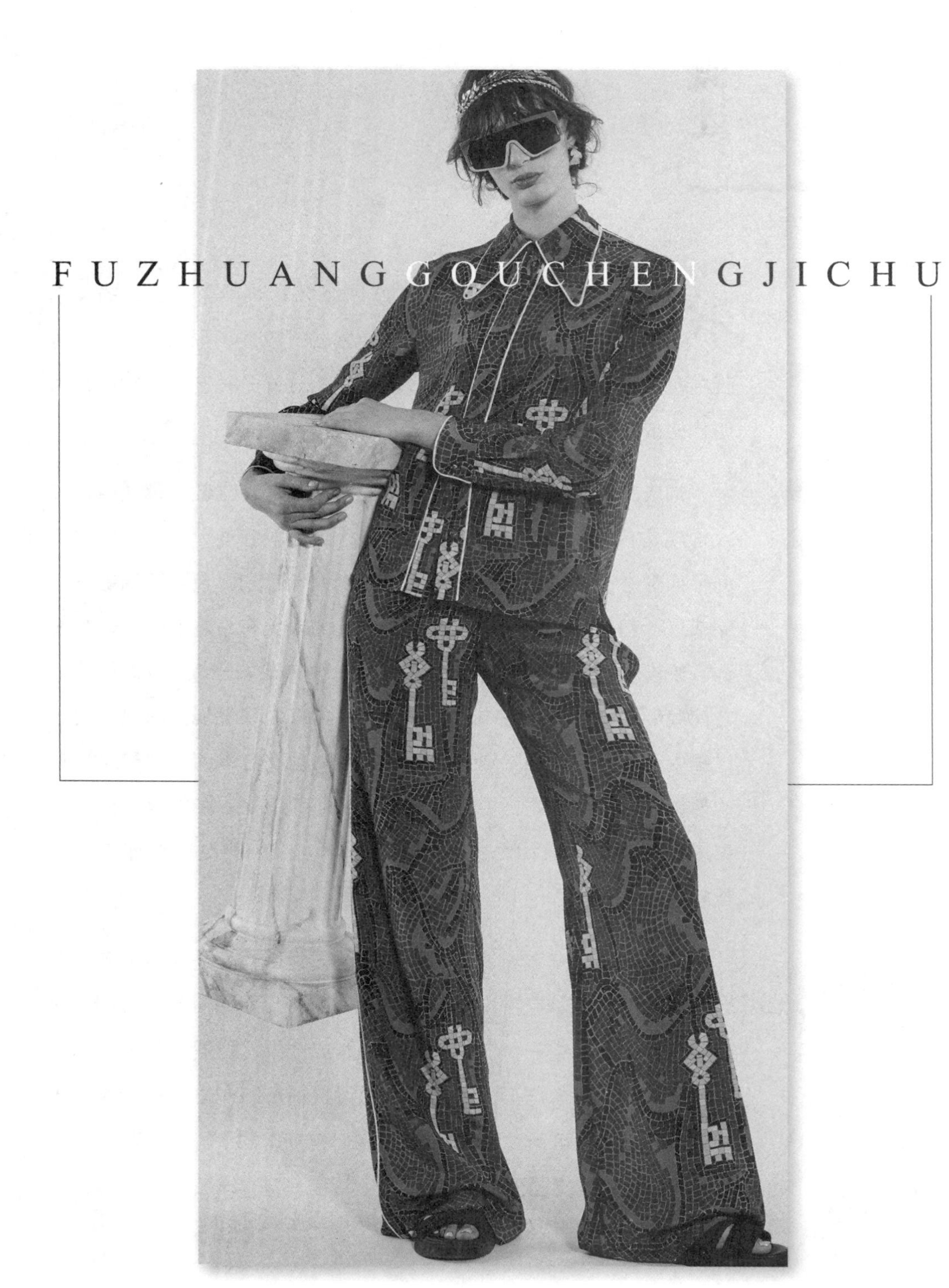

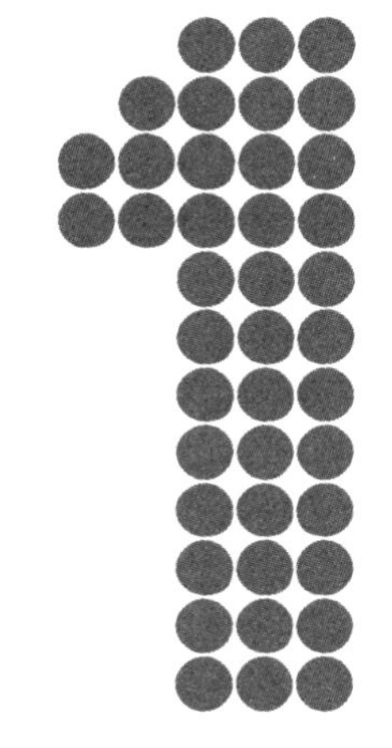

第一篇 平面构成

平面构成主要探讨二维空间中的造型、基本要素的组合和形式规律的方法，以及构成效果与心理效应。它是为平面设计进行创造形象的基本练习，也是一种视觉形态的构成练习。如何创造形象，如何处理形象与形象之间的关系，如何把握美的形式、按照美的形式法则创造图形都是平面构成研究的对象。因此在进行构成的基础训练中，不仅要学习创造形态美的原理与方法，更重要的是注重观念和思维方式的拓展，使头脑灵活起来，为设计积累新的设想方案和产生具有新意的构成形式。

学习服装构成基础的目的和意义：

1．学习服装构成基础的目的：能认识、理解、运用形态要素、构成要素与骨格组织结构，树立感性和理性综合分析的全新造型观念，掌握构成造型的基本规律和方法。在实践中提升个人的审美力、观察力、形象想象力、创造性思维能力，以及技能技巧表现力等。

2．学习服装构成基础的意义：提升对图式语言的审美能力和创造能力。在设计中，构成思维与表达对于专业设计作品的优劣起着决定性的作用，学习是为下一步专业设计夯实基础。

第一章
平面构成的要素

第一节 / 平面构成的形态要素与构成要素

平面构成内容，主要包括两个方面的要素，即形态要素和构成要素。

一、形态要素

形态要素是造型或画面构成的基本要素，它包括：点、线、面、体、肌理、基本形等视觉要素和形状姿态。形态要素的点、线、面是一切造型设计的基础，因为世界上存在的任何造型物都是由点、线、面组合而成的，而最复杂的造型物又都可以分解为点、线、面。因此我们要表现它就必须研究它的特征。我国很早就出现了用点、线来记录自然与社会现象的文字图形，如象形文字，见图1-1。从这些文字图形中，我们可以看到“把自然现象描绘成简易明白通晓的形象”，这些图形有单纯、朴素的鲜明特征和优美生动的点、线形态，它们既是最简单的文字，又是构成具有一定抽象美感的图形，不仅表现出大自然的意境，也表现出人与自然的关系。

二、构成要素

构成要素是组织画面构成的基本要素，它包括：方向、明暗、疏密、多少、位置、空间、骨格等。构成中以这些基本要素为前提，运用构成要素中的这些关系元素，处理好点与线、线与线、线与面、点与面、图形与图形之间的方向、位置、空间、重心等问题，并加以分解变化、编排组合，从而创造出所需要的图形。因此，构成要素是

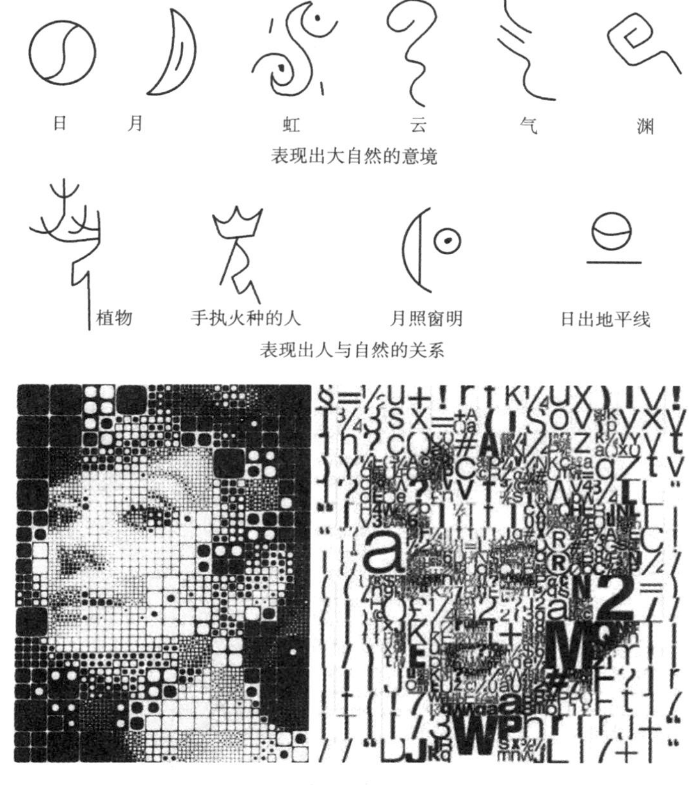

图1-1　点与线表现的图形图像

编排形态要素在画面中的位置与变化，是经营形态视觉效应的基本要素。从图1-1中的图形图像中可以看出，利用点、线组成的具象图像主要应用了构成要素进行画面的编排组织，通过点、线的变化把空间概念和明暗阴影表现出来。构成要素是引导或规范形态要素之点、线、面组成图形构成形式美感的基本理论。

第二节 ╱ 点

一、点的概念

在几何学的定义中，点是无面积的，它只表示其存在的位置，如在客观形象上的棱角、线的开始与末端、线的交叉、线的转折处等，见图1-2。但是在设计造型时，点如果没有形，便无法进行视觉传达或表现。因此，点必须具有面积、大小和形状。点在构成中，一般表现为细小的图像，见图1-3。所谓细小是相对的，不是图像本身能够界定的，而是通过该点的形与其他形作比较或者与框架的大小进行比较来确定的。从这一点来说，点又是没有绝对尺度的。例如，人和船在近距离内不可能视为点，但在广阔的平原上或宽阔的海洋上都会感觉似点一般。又如，太阳比地球大约130万倍，在无边的天空中却像只圆盘，可视为点。因此，由于它所处的环境和条件不同，即使再大的形体，都会使人产生点的感觉，所谓“近处为体，远处为点”就是这个道理。在造型或构成中凡具有点的特性，同样是以该点与其他形状作比较或与框架的比较来确定的。

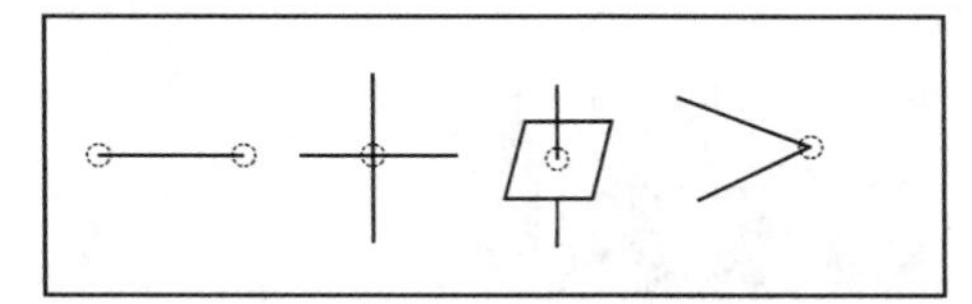

图1-2　概念中的点

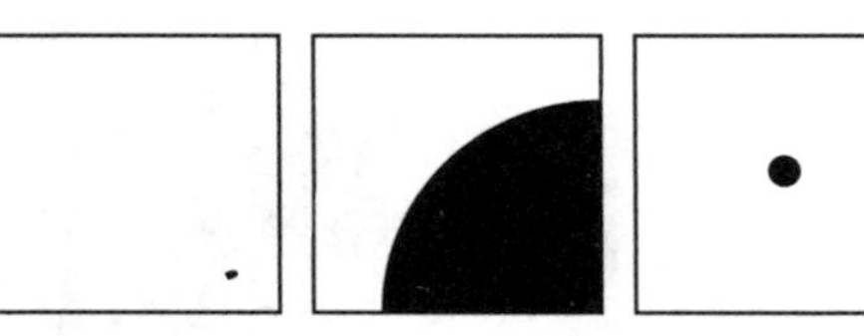

图1-3　点与点的大小比较

二、点的形状

点一般以圆形形状来表示，它是无棱角、无方向的。在构成中，点的形态并不仅限于此。它可以是各种不同的简单形状，如正方形、三角形、多边形或其他不规则形等，见图1-4。点的基本特征不在于形状，而在于面积的大小。面积越小，点的感觉越强；面积越大，越具有面的感觉。就点与形的关系而言，以圆点视觉最强。

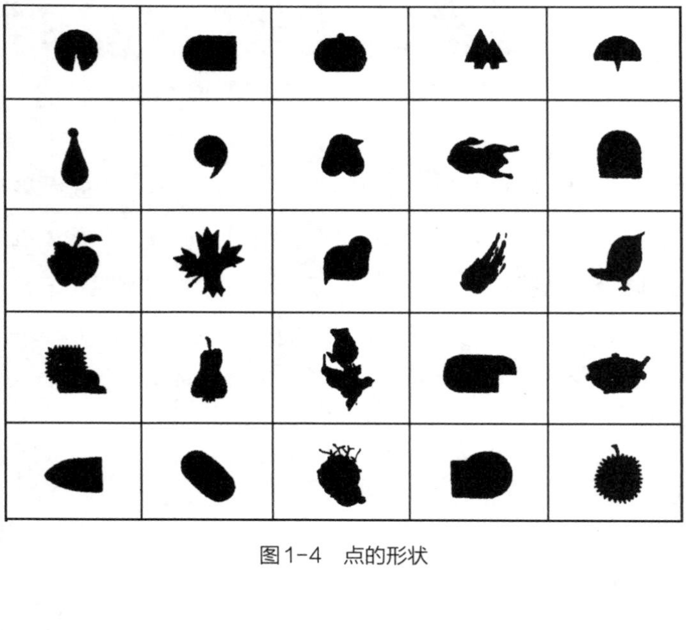

图1-4　点的形状

三、点的性质与作用

点具有吸引视线并能诱导视线上下左右移动的作用。当框架内出现一个点时，它能吸引和集中人的视线于这个点上，使视觉处于静止状态，因为单独的点本身没有上、下、左、右的连续性，所以能够产生视觉中心的视觉效果。点的基本属性是注目性，点能形成视觉中心或焦点，见图1–5（a）。当框架内出现两个点时，会使视线从一个点向另一个点移动，见图1–5（b）。两个点距离越近，引力越强，反之亦然。如果两个点大小不同，视线会从大点向小点移动，大对小有吸引力，并且会产生方向感，见图1–5（c）。当框架内出现三个点或五个点时，则会产生动感或秩序感，见图1–5（d）（e）。当框架内出现依次排列的多个点时，又会产生线的感觉，图1–5（f）。点按照大至小或疏至密排列，还可使形状产生凸凹感或明暗感，点有表现明暗层次的作用，见图1–5（g）。“点是最简洁、最坚强的主张”，点是一切造型最初的要素。

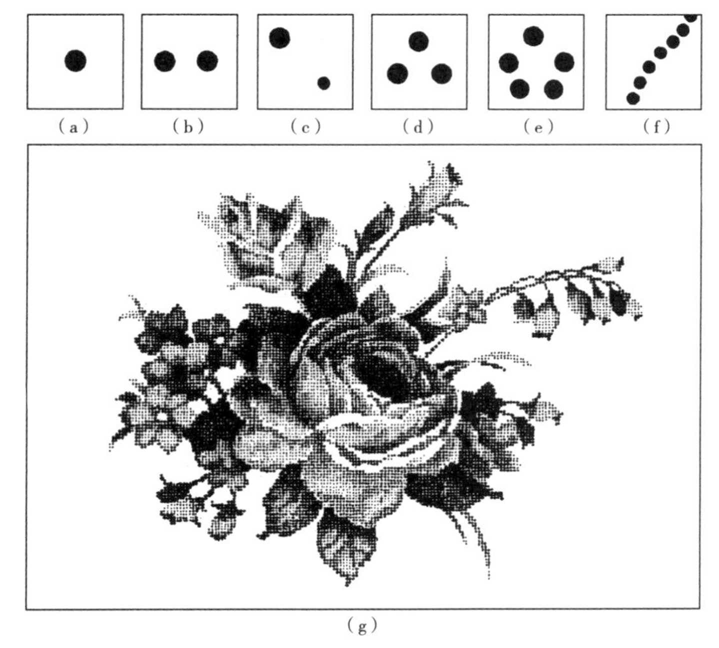

图1–5 点具有的特性与作用

四、点的构成

点的移动产生线，点的聚集产生面，点的依次排列会有时间和空间的意义。依据这一原理，将点进行点的线化、点的面化、点的聚集等方法来设计不同的画面。由于点与点之间存在着张力，点的靠近会形成线的感觉，我们平时画的虚线就是这种感觉。点的这些组合方法可以形成具有节奏感和空间感的图形，如果点的排列和点的数量、大小等因素发生变化，还会产生不同的组合图形，同时会产生不同的心理感应。把大小相同的点等间隔排列，点的线化后图形一般会有平稳、安定、整齐的秩序感，见图1–6（a）。如果由大至小、有比例地横向排列，点的线化后会使图形产生方向移动的视觉感，见图1–6（b）。点的线化，有点的特征，有线的感觉，也有线的优势，大小一致或大小变化的点按一定的方向进行规律的排列，给人的视觉留下一种由点的移动而产生线化的感觉。如果变化排列，由外向内渐变大小，大点在外，小点在内，会使图像有集中感或深度感，由大至小渐变的点依次排列成弧线或直斜线状，图形还有远近的空间感和运动感，见图1–6（c）。如果由内向外渐变大小，大点在内，小点在外，呈放射状，会有离去感或凸出感，见图1–6（d）。如图1–6（e）（f）以大小依次排列的点，按规律作曲线或折线状反复排列，图像则会产生跳跃性的节奏感和韵律感。点的面化使点具有面的优势，更多的是面的特征，但同时也具有点的美感，多点靠拢会有面化的感觉。点的聚集使很多大小不同的点聚集在一起，产生一个视觉中心、视觉焦点和层次的视觉效应，见图1–7。图形也由简单渐复杂，由点的图解至点的构成逐步深入。

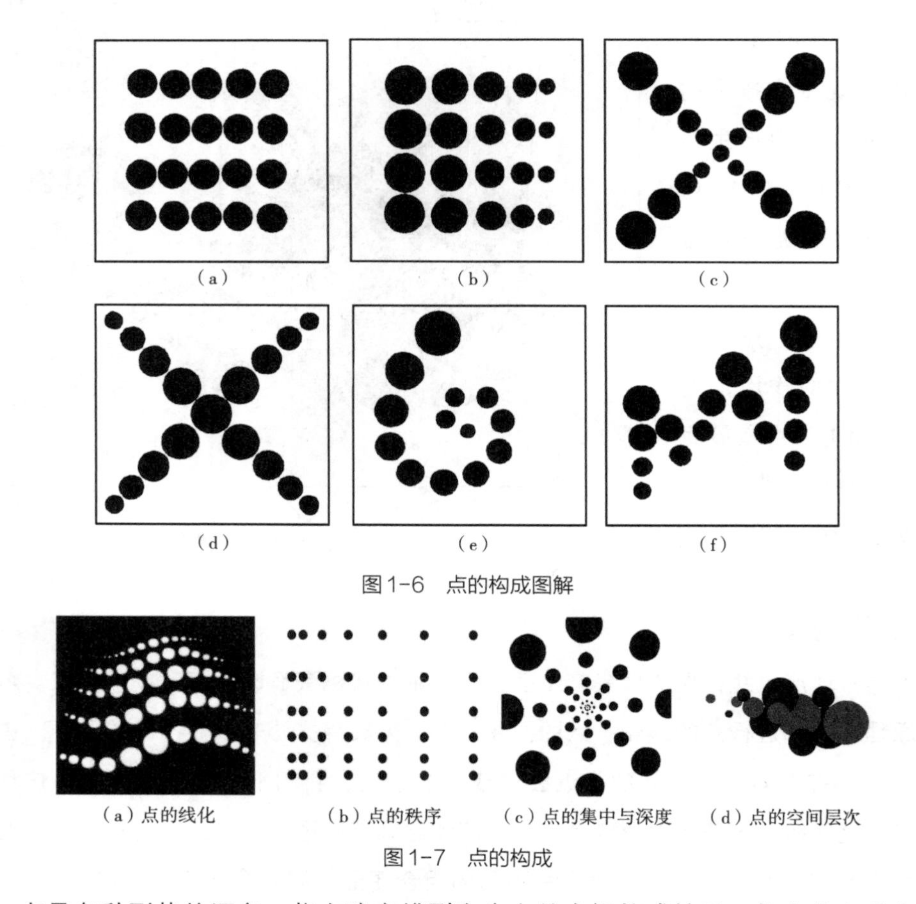

（a） （b） （c）

（d） （e） （f）

图1–6　点的构成图解

（a）点的线化　（b）点的秩序　（c）点的集中与深度　（d）点的空间层次

图1–7　点的构成

点是各种形状的源泉，将点疏密排列产生点的空间构成效果；将点作有秩序的渐变排列，产生出节奏感；将点作方向变化的排列，产生出时间的意味；将点作下落式斜向排列，产生出速度的感觉。点的构成，可见图1–8、图1–9。不同的构成方式，反映出不同的心理效应。点构成的视觉效果和心理联想是在多个点的组合排列中反复推敲、体会中逐步表现出来的。

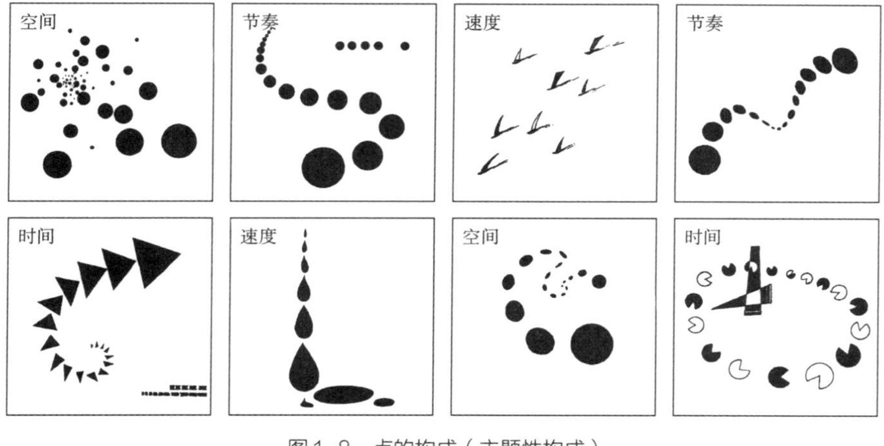

图1-8　点的构成（主题性构成）

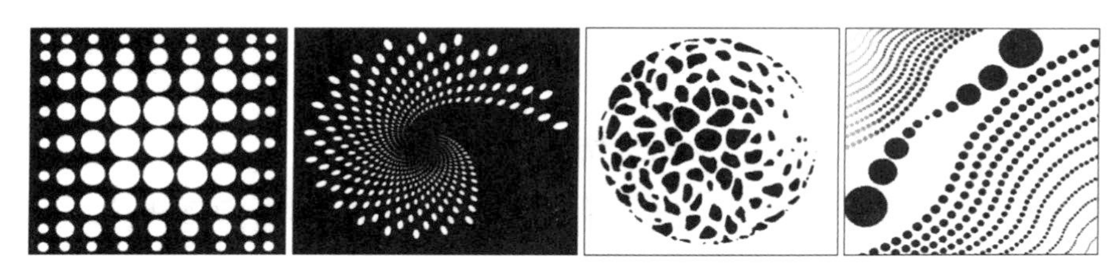

图1-9　点的构成（非主题性构成）

第三节 ╱ 线

一、线的概念

在几何学定义里，线是点移动的轨迹，它只有长度和位置，没有宽度和厚度。它反映在面的边缘、形的边缘、面与面的交界处，见图1-10。概念中的线无法作为视觉传达的要素，在构成设计中，线必须有长度和宽度，而且长和宽的悬殊应很大，才可称为线。当线超过一定宽度时，线的概念会减弱而逐渐具有面的特点。线的长短、宽窄本是相对而言的。线的相对性见图1-11。

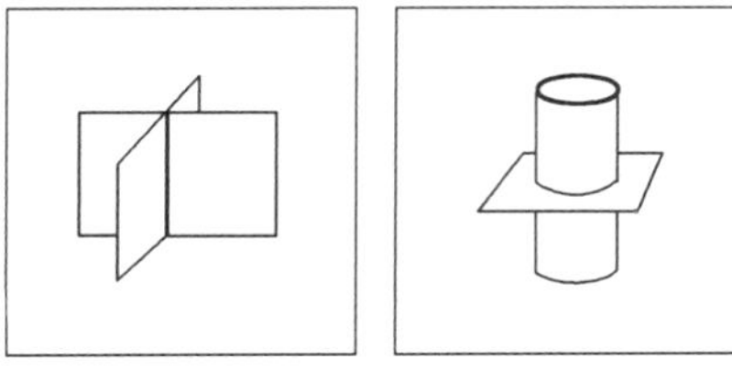

图1-10　概念中的线

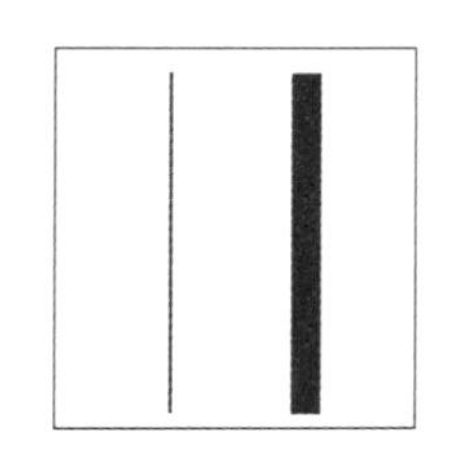

图1-11　线的相对性

如果线的长与宽差距不大，就会失去线的特性。

二、线的形状

线的形状主要在于线形两端的形状。线形一般有宽度均匀和宽度不均匀两种，两端可以是圆头形、尖头形、方头形和不规则形等，见图1–12。

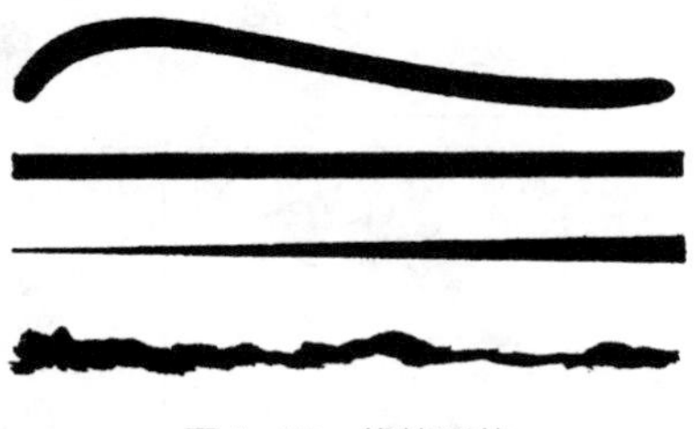

图1–12　线的形状

线可以概括为直线系和曲线系两类：直线系包括水平线、垂直线、折线；曲线系包括几何曲线、自由曲线。几何曲线有圆线、椭圆曲线、心形曲线、抛物线、弧线等；自由曲线有S形曲线、回形曲线、旋涡线等。

三、线的方向性与特性

（一）直线具有理性、正直、明确的特性

直线具有刚劲、坚固、肯定、硬度感、表现力强等特征。如果把直线加粗变宽，则会加强直线的力度和坚实感；如果变细，则会显得锐利，细线与粗线相比更具速度感；如果把直线以变化的粗细线间隔排列，还会使画面有远近感。

直线有以下几种方向特性的线：

1. 垂直方向的线

垂直方向的线方向性明显，具有一种庄严向上与崇高的特性。单一的垂线，使人产生一种高傲、孤独的感觉，见图1–13（a）；长线有延伸感，短线有收敛感；粗线有前进感，而细线有后退感，见图1–13（b）。

2. 水平方向的线

水平方向的线具有横向的方向性和安静、舒展的特性，易使人联想到地平线，见图1–13（c）（d）。

3. 倾斜方向的线

倾斜方向的线方向性明显，具有活泼、动感的特性，同时给人以飞跃、冲刺等感觉，见图1–13（e）。斜线的折线构成，具有锋利、挫折、运动、压抑等感觉或对力的抑制的联想，见图1–13（f）。如果是斜线交叉构成，则具有繁杂的紧张感和纵横交错、盘根错节的联想。

（二）曲线具有流动回转的特性

依线的流动走向产生的曲线具有方向性。曲线具有女性化、柔和的特性。几种曲

线中，几何曲线具有充实、饱满、圆润和流畅感，抛物线具有速度感；自由曲线具有柔和、幽雅感。曲线易给人以水波或者有柔软弹性物体的含蓄联想，具有流动回转的特性，是人们表达情感的一种重要形式，见图1–13（g）（h）。

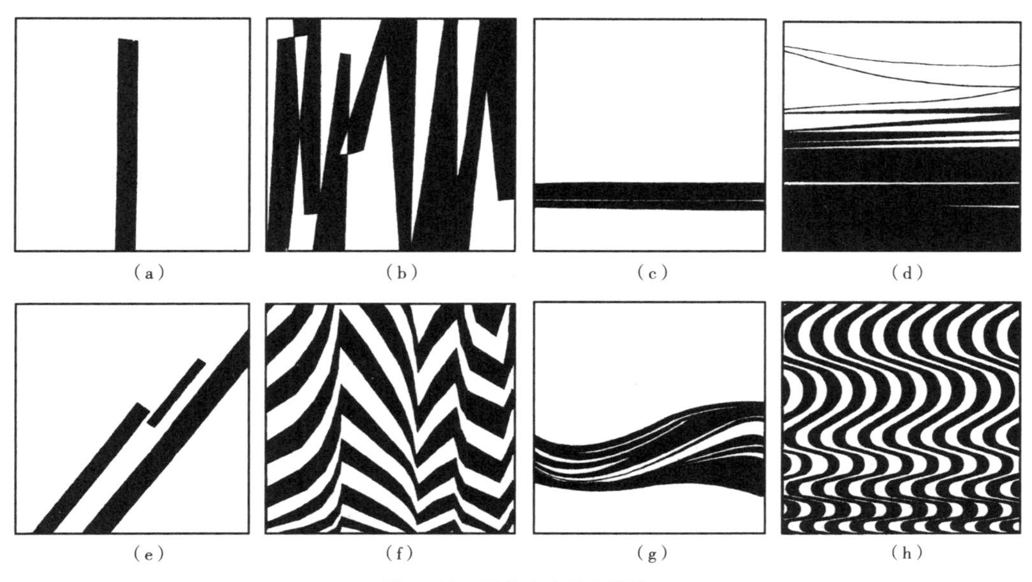

（a）（b）（c）（d）（e）（f）（g）（h）

图1–13　线的方向性与特性

综上所述，直线的视觉效果偏重于静态，较为理性；水平线平和、稳定；垂直线硬挺、沉稳；向上倾斜的线具有上升、积极、崇高的感觉；向下倾斜的线则有沉降、消极的感觉。曲线较直线更具动感、柔和且带有弹性；折线带有波动性力量感等诸多情感特性。

四、线的构成

线在造型中具有特别重要的作用，它不仅是表达形体的基本要素，也具有很强的造型力和情感的表现力。线不仅作为形态的轮廓线存在，而且还可以表现物体内部的色彩（黑白灰）层次，线的特性在于线自身的表现力强。

（一）线的平面构成方法

一是将线作等距离的水平密集排列，由于线的密集，会使视觉从上至下移动形成面化的线，见图1–14（a）；二是将线按不同距离垂直排列，在排列的线条间形成疏密变化的线，有透视空间的视觉效果，见图1–14（b）；三是以线的粗细变化排列，形成虚实空间的视觉效果，见图1–14（c）；四是将排列规范的线条作一些切换变化，形成错觉化的线，见图1–14（d）。线的有序排列能产生规则感，曲折无序的线则可产生杂乱、烦躁的心理感受。

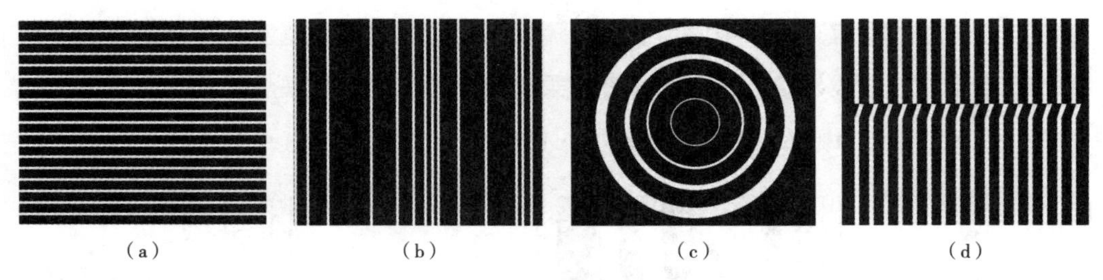

图1-14　线的构成方法图解

线的这种抽象的心理感应与联想，是以线的个性特征经组合构成集中地表现出来，运用不同种类的直线和曲线结合线的特性构成，可以表现特定的设计意图和主题要求，传达出特定的情绪。例如，欢乐、柔情、迷茫、悲哀的情绪性表现，或者是战争、和平、暧昧、坚定的主题性构成，见图1-15（a）；以尖锐的刀口形线、具有速度感的细线、似在流淌血滴的线迹等，表现出一种战争恐怖的联想，见图1-15（b）；以粗实的竖线、直线构成，表现出坚固、肯定、明朗、力量感与硬度的效果，见图1-15（c）。另外，用曲缓粗细不定的扭曲线形进行组合，传达出不明确或暧昧的情绪，见图1-15（d）。

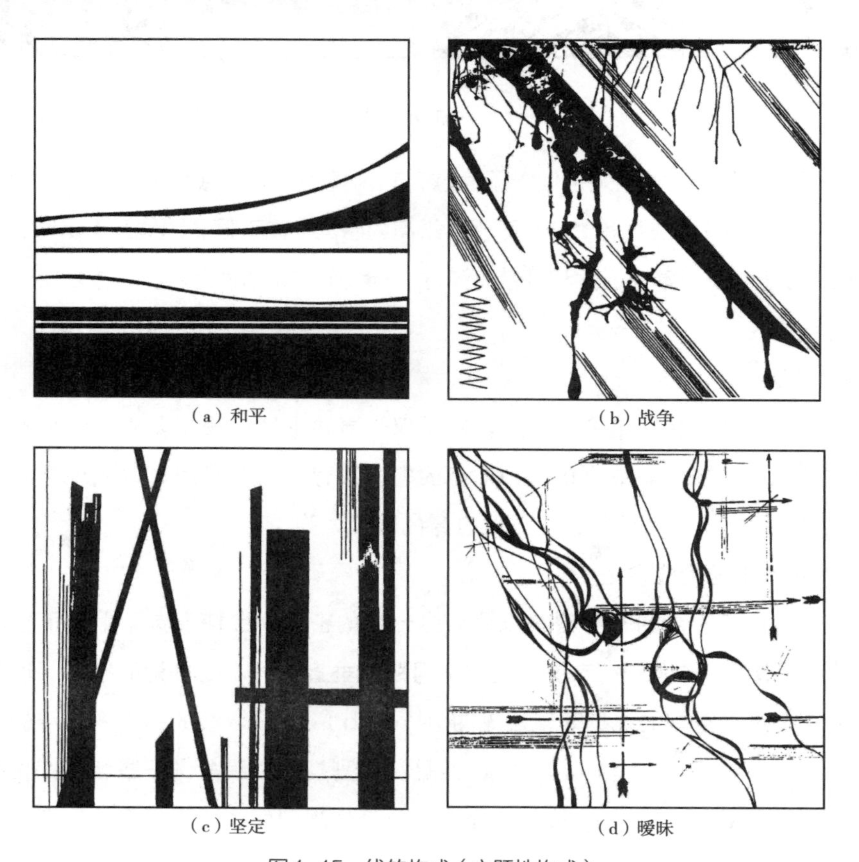

图1-15　线的构成（主题性构成）

非主题性构成是以线的视觉特性为依据，进行不同的粗细线或直曲线排列，产生出视觉迥异的艺术形式美感，图1–16所示为以7根线设计的非主题性构成。图1–16（a）中，以7根直线作为限定要素，依黄金比例多次分割画面，并延伸至画面左上角，形成焦点，线条由细渐粗加强了视线移动的“路径”，画面传达出线构成的严谨性和分割形式的美感。图1–16（b）中，7根线垂直90°自然排列，探求不对称的均衡美感的构成形式，极细的线或极粗的线甚至有块面的感觉，经错落有致地编排，给人井然有序的美感。图1–16（c）中，7根弧线依然有序编排，从长到短、由窄渐宽的线条和向隐晦中心点聚拢的整齐规律的节奏感构成。图1–16（d）中，7根弧线作自由排列，从隐晦中心点向三方逐渐散开构成同样给人一种流畅、舒适的形式美，有柔和、优美的视觉效果。

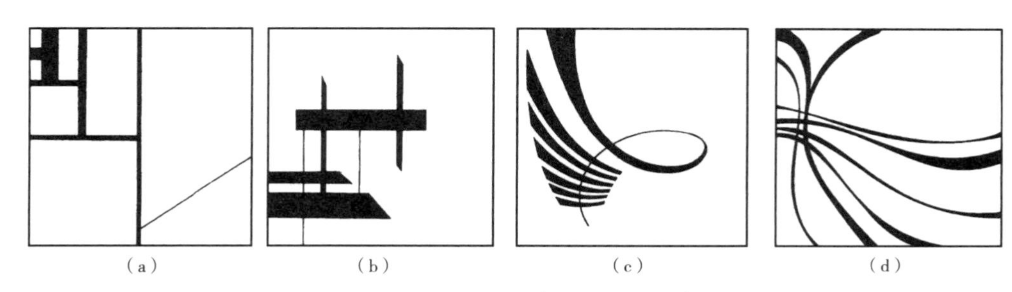

图1–16 线的构成（非主题性构成）

（二）线的空间构成方法

1. 线的面化方法

面化的线有空间虚实感，将线进行密集、等距离排列，使线条明显地趋向于面的视觉效果，再将这些线形成的面经过组合，这样的构成可以体现出平面的体积感、纵深感、空间感，并能表现出平面的明暗调子，是较为常见的透视空间的表现技法，见图1–17（a）。采用线的曲直、粗细、起伏，线与线的重叠、遮盖、疏密排列等方法，可以塑造具象的形态，见图1–17（b）（c）。

2. 线的变化方法

运用线的粗细、宽窄、间隔、曲折、明暗等变化手段，可以在平面空间上形成一定的空间起伏，组合线条的变化可以构成一个具有强烈空间感的图形或塑造自然与具象的形态，见图1–17（d）。

线本身是很生动的，无论直线、曲线、折线等，其运动感和空间导向感都很强，当线依据明确的运动轨迹进行排列时，线的形态也可以具有一定的方向性，表现出立体体积感，见图1–17（e）。如果将排列的线由粗至细旋转式地向中心点集中，则可表现出动感和空间深入的导向感，见图1–17（f）。

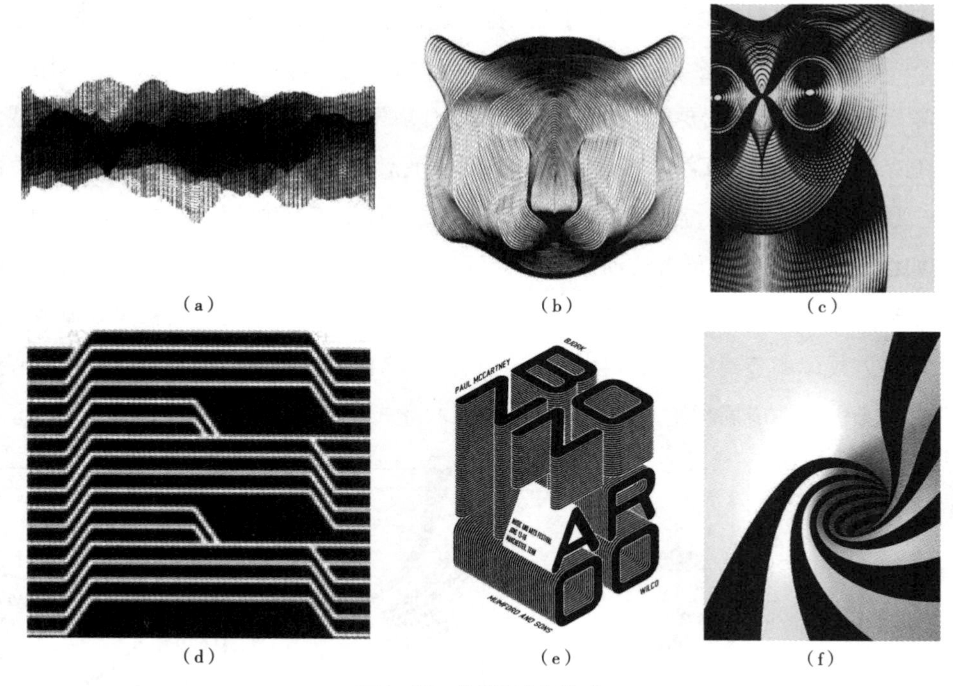

（a）（b）（c）（d）（e）（f）

图1-17　线的面化与构成

另外，线的表现还与工具有关，不同的工具画出的线条各具特征。例如，曲线板画线，线条流畅、饱满；针管笔画线，线条细而有速度感；竹笔画线，线条拙而涩，并有强劲感；毛笔画线，线条圆润、丰厚；另外还有些不是书写工具表现的线，如用纸板边缘压印的线、绳索蘸墨弹印的线等，见图1-18（a）（b）。为了表现不同的情趣、线条传递的视觉语言，可探索寻找用不同的绘画工具和非绘画工具来尝试线的情感表现力。知其特征，方可以加强线在构成中对主题的表现力度。

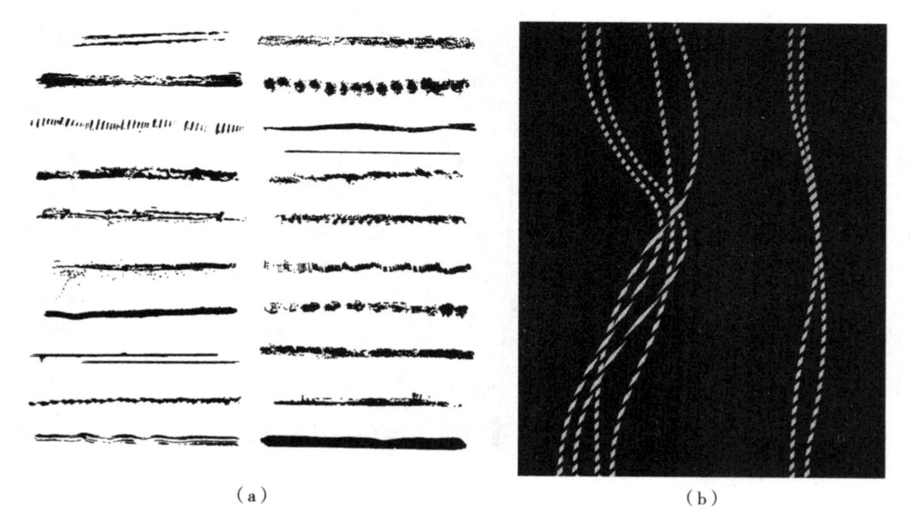

（a）（b）

图1-18　不同手段与工具表现的线

在线的构成学习中，要去认识体验线的变化在平面构成中的作用和目的，掌握线的传达语言和构成形式，在实践中仔细经营编排线的方向、宽窄、疏密、节奏韵律与均衡等关系，以达成对线的处理、线的传达方式和线性格的多样化表现的目的。

第四节 / 面

一、面的概念

面是线移动而形成的轨迹，面具有长度和宽度而无深度。与点与线相比，面比点面积大、比线短而宽，面与点和线一样，也存在相对性。当面的长度和宽度与画面比例产生巨大差异时，面的性质就开始向线和点的性质转化。

二、面的形状

面在构成中，是以一定的形出现，而没有形的面是不可能存在的。面的形状变化千姿百态，在视觉图形中，直线平行移动可以形成方形的面，直线旋转移动可以形成圆形的面，斜线平行移动可以形成菱形的面，直线一端移动可以形成扇形的面，见图1-19。形是构成形态的必要元素，它不仅指物体外形、相貌，还包括了物体的结构形式。宇宙万物虽然千变万化，其外形都可以分解为点、线、面等基本要素。

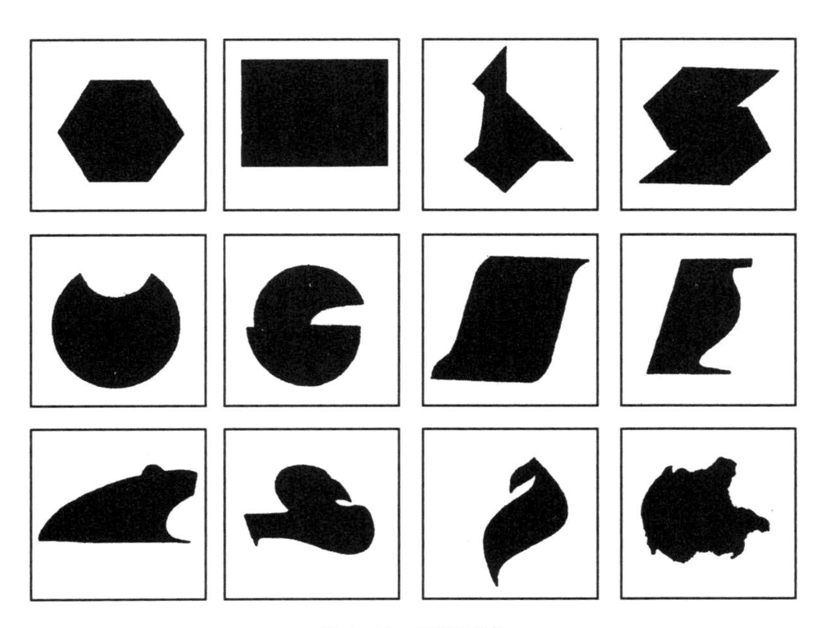

图1-19　面的形状

（一）几何形的面

由直线形的面，或用直线组合的形，包括正方形、三角形、长方形、多边形、圆形、半圆形、椭圆形等，可表现出规则、平稳、较为理想的视觉效果。

（二）自然形的面

以自然形态的剪影形式出现的面，或以面的形式传达某物体的外形形成的面，都会给人简洁、明了、生动的视觉效果。

（三）人工形的面

人工形态是指人类有意识地从事视觉要素之间的组合或构成活动所产生的形态。它是人类有意识、有目的的活动创造的结果。例如身边的生活用品、器皿、桌椅、工具等，其面形有较为理性的优雅与人文的特点。

（四）偶然形的面

偶然形的面即为用特别表现手段获得或意外获得的形，其形态自由而活泼。

上述面的图形可以感受到面的形象体现了充实、厚重、整体、稳定的视觉效果。当不同的面放在一起时会产生空间感、韵律感，大、小面的对比还会产生透视感。

三、面的构成与特性

面在构成中具有一种幅度感和面积的量感。不同的面形，具有不同的特性，它给人的视觉感受和心理作用也各不相同。例如，几何形的面有明确、安定、简洁、秩序、直板、僵硬的特性，直线形的面表现出一种正直、安定、刚直的性格；正方形具有一种正直感和稳固感，三角形有着尖锐、醒目的效果，正三角形表现出一种稳定感，倒三角形则表现出一种动感。

人工形和曲线形的面则有自然、柔软、流动、轻松、饱满的特性；曲线形的面表现出一种有数理性的秩序感。例如，圆形是一条连贯、循环的曲线，有永恒的运动感，象征完美与简洁。圆又有集中的象征性，表现为形的集中、精神专注。自然形和偶然形的面表现为形象自如、轻松活泼、富于变化，在心理感受上可产生一种较强的趣味性。

面在组合中，一方面可以形的变化来体现构成效果；另一方面，可以表面肌理的变化来丰富图形的表现力。如果把一片叶形或一个正方形的表面填满黑色，则它们会具有充实的量感，同时这些面形还具有硬度感。如果同样的形，是用点或者用线组织来表现面形表面的质感或明暗，那么面形将具有柔软感，见图1-20、图1-21。可见，点、线、面丰富了图形表面质感的视觉效果，在平面上表现出黑白灰的层次关系与图形的前后关系。

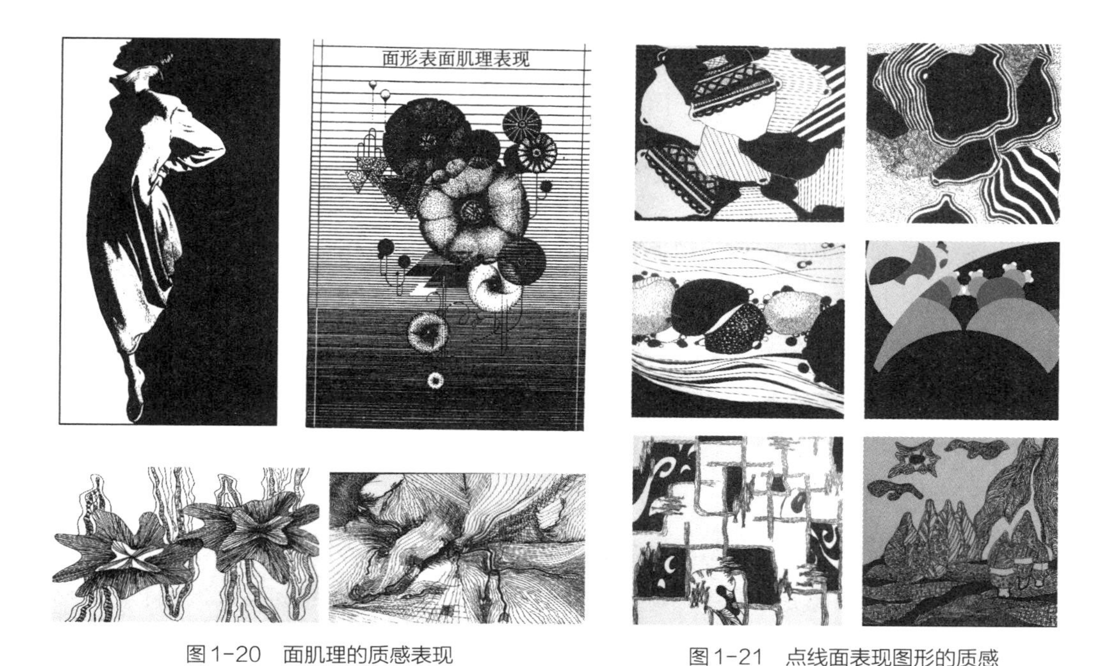

图1-20 面肌理的质感表现

图1-21 点线面表现图形的质感

点、线、面之间有区别又没有绝对的界限，如同细小的形象视为点，点移动成线，线扩展成面，面向深度发展而成体，这在平面上其实都是一种假设。就构成来说，没有这种假定就不能构成画面，而设计构成又必须以形为基本单位。因此，把点看作是具有面积的形，线有一定的宽度，当点的面积和线的宽度超越了一定的比例，就会使点和线的形象减弱而有面的倾向。三者之间在构成中其形象关系的确定，一是与形象自身的面积大小有关，二是由其形象周围的环境因素和框架来确定其视觉效果。

第五节 ╱ 图形的组合与装饰

所谓形是指形象、形体或形态，也指图形的外轮廓。在平面构成中，出现在平面之上的都是形。但是形象的表现各有不同，有纯粹平面的形象，也有借平面的形式表现出来的立体形象。依据视觉要素点、线、面、体的形态，在形的组合中，以最简单的圆形为例，其组合方式有八种。

一、形的组合方式

形与形的组合可以产生新的形，不同的组合方式又使形与形之间产生不同的关系，探讨形与形之间的这些关系，研究它们的变化是很有趣的。下面将形的组合和可能产生的关系及不同的空间效果分几个方面表述，以圆点为例不同的组合方式可产生八种不同的关系和空间效果来进行分析。

（一）相接关系

相接关系即形与形的边缘相遇，产生一个两形相接的组合形，形的组合方式见图1–22（a）。在相接方式中，形与形各自独立且互不渗透，接触部分只起连接作用。两形的空间关系富有弹性，观看时可能与视点的距离相等，也可能一远一近，其空间取决于形本身的色彩明暗。如果两形互不接触，又保持一定的距离，它们即为分离关系，此时它们的空间关系相等。

（二）重叠关系

重叠关系是将两个形移近，彼此相交，使一个形重叠在另一个形之上是重叠关系，见图1–22（b）。在重叠方式中，形象产生出前与后或上与下的空间关系，一个形在另一个形之上或之前非常明显，这种组合方式是强调形象手法之一。

（三）透叠关系

透叠关系与重叠关系大致相同，不同之处是它们的效果不同，见图1–22（c）。像玻璃一样，透叠不掩盖下面的形，或上下或前后两形同时显现，都有透明之感。两形互叠时不会产生明显的前与后的关系，任何一形的轮廓都完整无缺，在互叠的部位会产生色彩变化。在透叠方式中，空间关系的效果暧昧，但色彩明暗的操纵可以造成两形有远近变动的感觉。

（四）结合关系

结合关系结合的方式与重叠相同，它也是一个形叠在另一个形之上，但两形在互叠时不产生透的效果，而是彼此联合成为新的较大的形，见图1–22（d）。在结合关系中，两形互相渗透且互相影响，任何一形都将损失其部分轮廓。在结合方式中，在同一个空间平面上的两形结合成的一体一般无远近变动的感觉。

（五）差叠关系

差叠关系与透叠关系相同，但只有互叠的部分可见。差叠造成新的细小的形象，而原有的两形难以辨认，见图1–22（e）。

（六）减缺关系

减缺关系即一个可见形被一个不可见的形重叠了一部分，使可见形产生减缺现象，这种现象称为两形组合的减缺关系，见图1–22（f）。在差叠关系和减缺关系中，我们见到的都是两形组合后产生的一个新的形，因此，这两种组合方式产生的新形都不会有远近的变动感。

（七）重合关系

重合关系是将两形移近，使其中的一个形覆盖在另一个形上，彼此重合为一体，见图1–22（g）。在重合方式中，如果两形都是圆点（即形状、大小、方向相同），我们只会见到一个重合的形，不会有远近的变动感。如果两形中一个是圆形，而另一个是三角形（即形状、大小、方向和明暗都不同），当一形重叠另一形，或一形包裹另一形时，都不会有重合的情形出现，它们的空间效果则是由其组合方式中的关系来决定。

（八）消失关系

任何形与空间的表现都是以正负、虚实来体现的。当形在空间中为“正”时，该形清晰可见（即黑形白底）；当形在空间中为“负”时，该形同样清晰可见（即白形黑底）。如果形与空间同时都为“正”，或者同时都为“负”，表现时就会有视觉的消失感，见图1–22（h_1）（h_2）（h_3）。

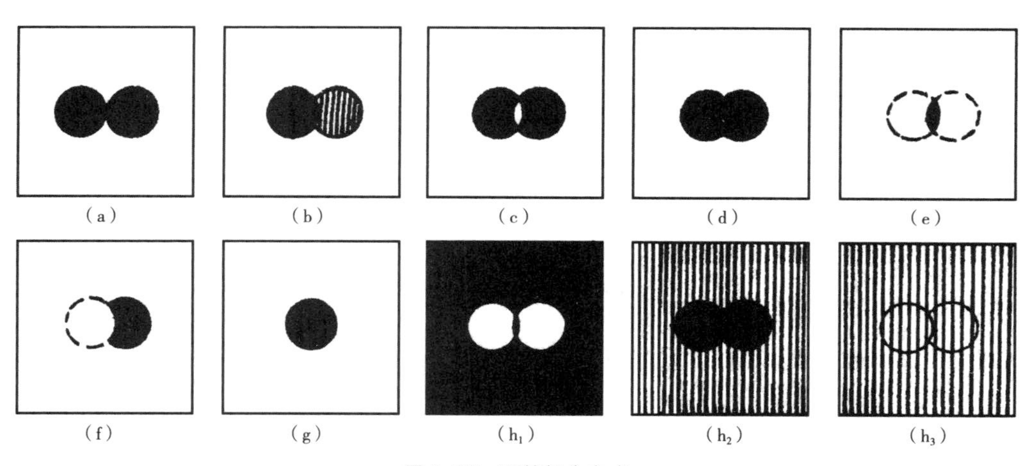

图1–22　形的组合方式

二、单形与复合形

（一）单形

在视觉效果中，只有一个单独成立的基本形称为单形。它不是连续和复杂的图形，而是简单的面或感觉单一的形，应用形的减缺、形的重合和形的相接方式容易形成单形，见图1–23（a）。

（二）复合形

由两个或两个以上的基本形组合的形体称为复合形。形的单一感觉已转化为较为复杂的组合效果。在不同基本形的组合中，使用形的透叠、相交和差叠等关系容易得

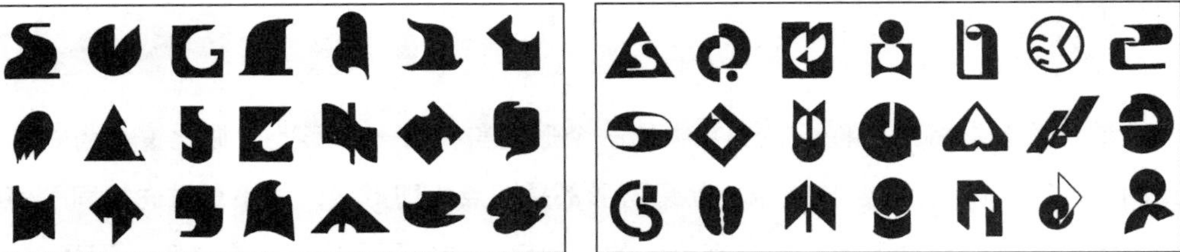

（a）单形　　（b）复合形

图1-23　基本形

到复合形的效果，见图1-23（b）。

（三）基本形群化

复合形的另一种组合方式是由两个以上相同的基本形的组合，运用形的方向、位置变化，探讨数个相同基本形的不同集合的群化形态。其重点是表现形的各种组合排列方式，以及组合后的独立形、完整形、正负形等形式美。基本形的单位可以是一个单形，也可以是一个复合形，但是以简为宜。因为复杂的基本形容易在构成新的图形后成为互不关联的形体，导致复合图形的形象松散。因此，在实际练习组合中，可以将形从上到下或从左到右并置而形成镜式“反映”关系。在注意基本形单一美的同时，更要注意多形组合后的完整性和造型美，并注入平衡、匀称的美感特征，见图1-24。

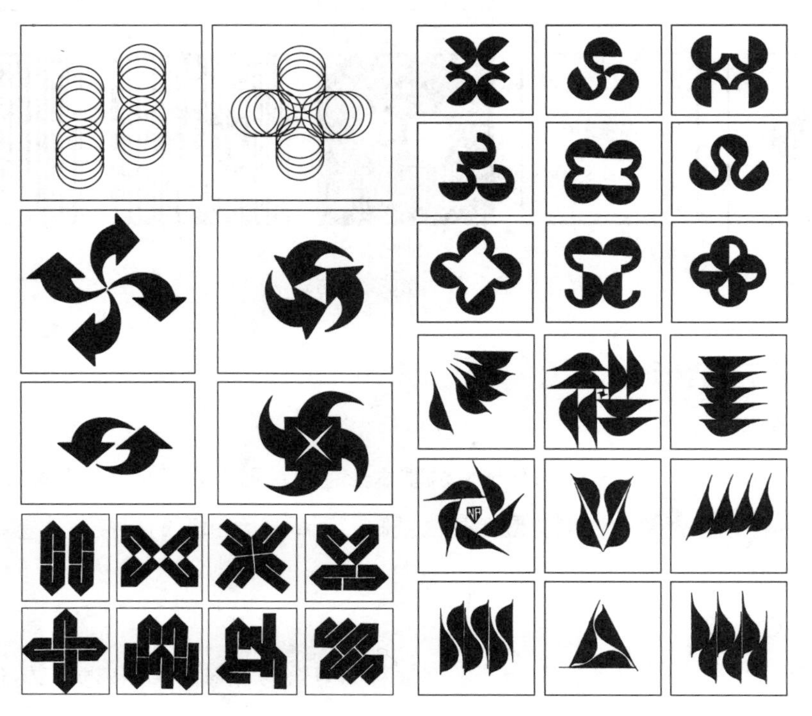

图1-24　基本形群化

三、图形的装饰

图形创作主要来自对自然形体的感受。自然形，包括现实自然物的一切形象，有宏观的天体，有微观的细胞，它们是未经人工加工的形，见图1-25。

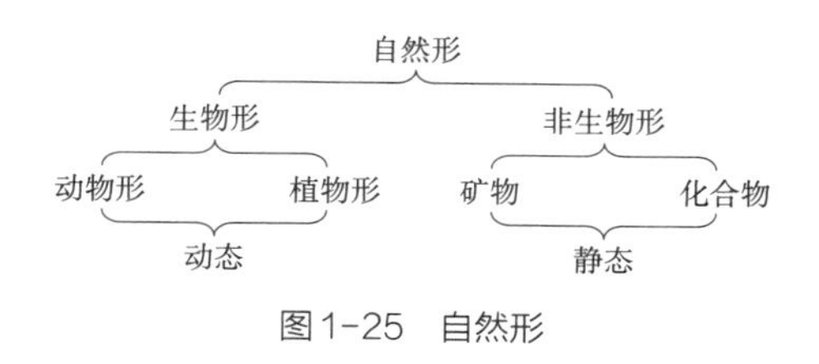

图1-25　自然形

不论是哪种形都会有形状、大小、色彩、肌理的区别。形状是指形象的内外轮廓及特征；大小主要是指形象在画面中所占的面积；色彩是形象本身的颜色差异；肌理是形象表面的不同纹理，这些都是有关图形的装饰，下面将具体讲述三种形的装饰与变化方法。

（一）装饰写实图形

装饰，《辞源》解释为："装者，藏也；饰者，物既成加以文采也。"指的是对器物表面添加纹饰、色彩以达到美化的目的。在造型艺术中，任何物体呈现出的外部形象都是以轮廓、内部形态和结构等方面要素表现出来的，它们都是由点、线、面形态要素经组合构成后，表现出对物体对象进行设计，成为具有审美意味的装饰写实形、装饰具象形和装饰抽象形。

装饰写实形是以自然景物为对象描绘的自然形象为基础，是经绘画技法表现的自然界一切物象的造型，是绘画的一种表现手法，属于具象艺术。自然形象是自然物或自然物象赋予我们感受的一个侧面，通过对自然物象的观察和描摹，亲历的感受和理解再现外界的物象。这类作品符合一般的视觉经验，提供感官的审美愉悦。从设计角度来说，收集自然形象与绘画创作一样，是创作的源泉，是设计最基本的形象资料。不论是进行设计还是创作，都要理解和掌握自然形的规律，做到："深入其理，曲尽其态"。

如何将写生形转化为装饰写实形，将自然形转化为几何形，将自然色彩转变为装饰色彩呢？第一步必须从自然形的写生开始。按照平面设计的要求，写生一般不采用绘画式的素描写生，而是采取以装饰性为目的的写生，即装饰写生。用装饰写生表现对象，一是要求形美；二是要掌握形的生长规律。这种写生，着重于细致观察、认真分析物象的特征和形态变化的规律，有目的地选择形象、变换角度、移花接木、施以文采。构图可根据需要改变对象，不追求外形的相似，只求抓住特征，突出表现自然美的结构和形态美感特征，见图1-26。装饰写生必须做到概括、取舍、变化、提炼和有装饰性。

图1-26 装饰写生

（二）图形的装饰方法

形的装饰方法是运用点、线、面技巧，在选择的具象形上对明暗、调子、外轮廓线等进行装饰性的处理。运用装饰写生的方式，可以得到变化不大的可辨认的形象——接近自然形的具象形体；变化大的具象形，则难以辨别出像什么形，而是较接近于抽象形。图形装饰的对象有：动物、植物、人物、风景、器皿静物等，主要运用填充的手法来表现画面效果。在平面上，凡较写实的具象形，一般都是立体的形象，但接近于抽象的具象形，可能是平面装饰的，也可能是立体图形的装饰与创意，见图1–27。

（三）形的置换

形的联想与变化方法是在装饰图形的基础上，进行同类创意联想，联想和添加同类或异类景与物象，或将图形进行解构后重新组合构成的图形图像，应用并置、添加、置换、解构重组等手法，表现画面独特新奇的效果，见图1–28、图1–29。

形的置换方法：形的置换也称为异质同构或同质异构。置换构成是运用异质同构设计理念的一种表现形式，即选择一个图形为具象形，保持其原形不变，根据创意置换新的元素，进行图形创意的方法。这种表现手法，虽然保持物与形之间的结构不变，但逻辑上的张冠李戴却使图形产生了更为深远的意义。设计要点是借助一个原形，在保持形态主要特征的前提下置换新的元素以完成再创造。

图1–30是形的置换方法在广告设计中的应用作品，设计师福田先生以贝多芬头像作为基本形态，对人物的头发进行元素的置换。从一定距离观察，可以辨识出海报中的人物形象，但当我们仔细观察人物的头发时，又可以看到它是由不同的图形元素组成的。在这里，音符、鸟、马等并不相关的异质图形元素都被福田先生运用到他的海

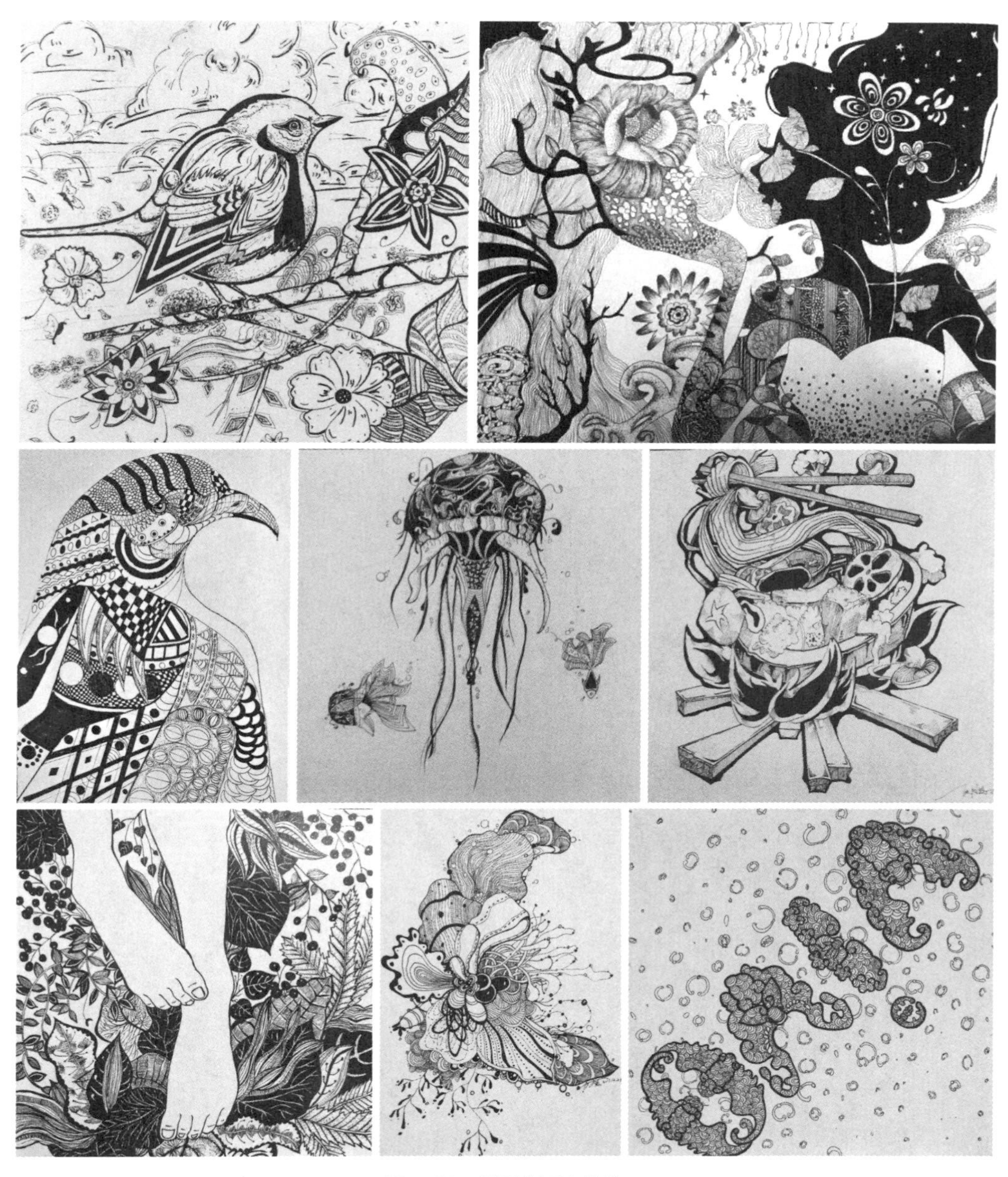

图1-27　图形的写实装饰

报之中，使这些元素丰富了主题海报的内涵，同时充满趣味性和丰富的想象力。形的填充、形的添加，形与形置换的方法，见图1-31。这些置换、拼置、填充手法是同形同构、异形同构等表现形式，见图1-32。从图中可以看出，利用形式上或含义上同质或异质的双重性元素置换来表现形象，可以得到丰富想象力的画面和视觉趣味组合的惊奇。

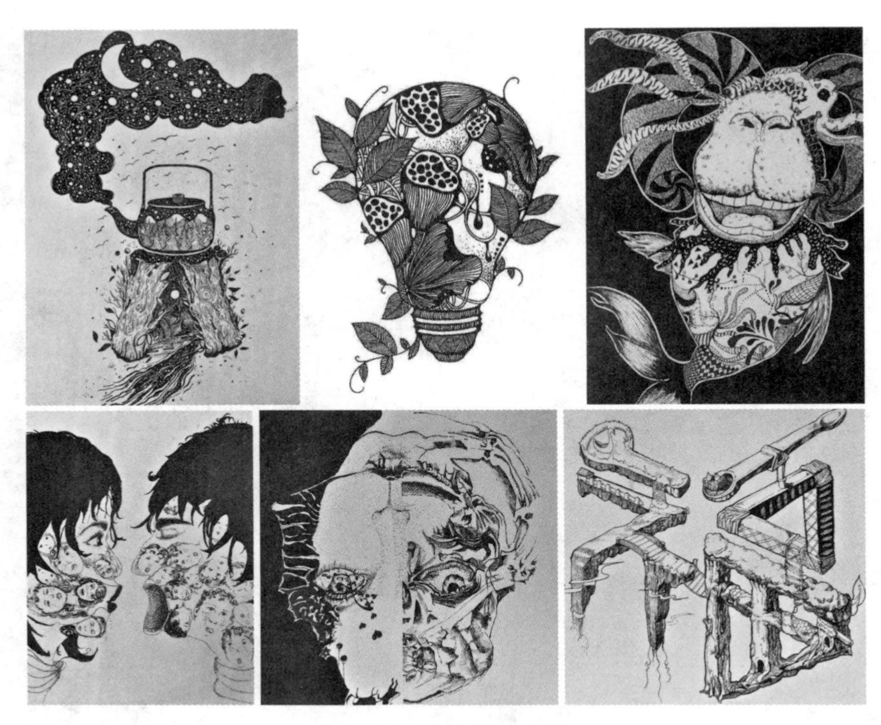

图1-28 图形联想与置换

图1-29 图形解构与重构

图1-30　图形置换构成：著名的作品《贝多芬第九交响曲》海报系列（1985~2001年）

图1-31　置换图形

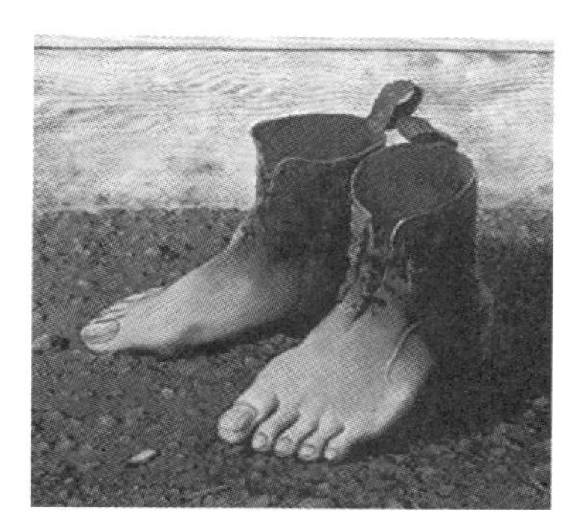

图1-32　同形同构和异形同构

四、正形与负形

所谓正形与负形就是绘画中的图形与底形的关系。一般情况下，“图”作为主要形象，就称为正形或实形。而“底”作为背景与空间的衬托，就称为负形或虚形。

“图”是正形，与生活中的视觉现象相符，它具有明确、醒目等特征。“底”是负形，与生活中的视觉现象恰好相反，使人产生被忽略及后退的感觉。但也有前景和背景难以区分的情况，即正负形互补现象，也称为共生图形。在共生图形中，可以说前面的是图，也可以说后面的是图，或两者作为整体来看，也是一个图。这时图形展示出一种极为有趣的现象：前景与背景在知觉中频繁交替；或者说，在前一分钟被视为前景的形，在后一分钟则变成了背景，再过一分钟又变成了前景。反之亦然，从图1-33中可以看出，任何一个正形的显现，都需要有背景或是负形的衬托。

正负图形在一般心理学中被称为“模糊图形”。现代艺术中最常用的“模糊”手段是使两形共用一条边线来表现。当你注意正形时，负形为虚，产生消失感；当你注意负形时，正形为虚，产生消失现象，形成的图就是底，底就是图的共生图形。在民间图案中把它们称为“双关图形”，互借图形，见图1-34（a）（b）（c）。图1-34（d）

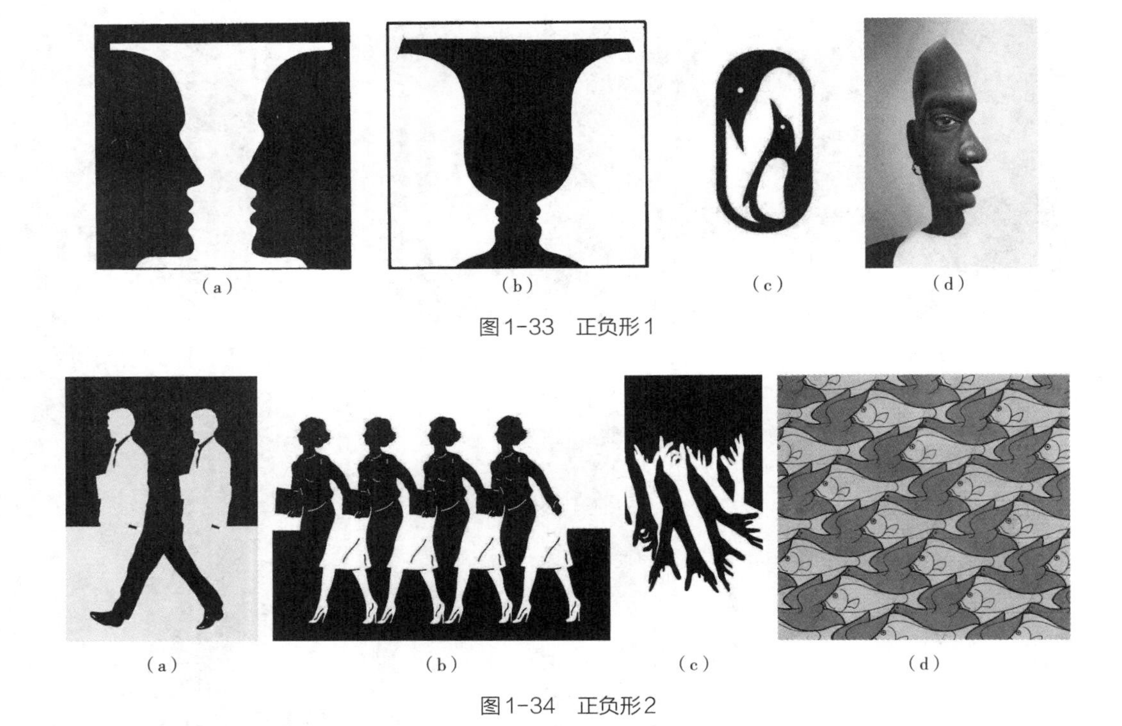

（a）（b）（c）（d）

图1-33　正负形1

（a）（b）（c）（d）

图1-34　正负形2

是设计师埃舍尔的作品，在图形的反复排列构成中，一会儿飞鸭在上，一会儿飞鱼在上，形成非常有趣的图形。因此，图与底或正形与负形之间有着互相影响、互相补充、不可分割的紧密联系，正负形可以产生图形借用的错视效果。

平面构成的基本要素包括：点、线、面的形态要素，它们是绘画造型与构成的基本单位。构成的视觉元素有：形态的大小、形状、色彩、肌理等，它们是传达图视语言的要素，用以丰富图形的视觉效果。构成关系元素有：形态组合的方向、位置、空间、重心等，它们是组织经营画面的关系要素，视觉构成的审美效果、设计所表达的含义的传达清晰与否都和这些要素的排列优劣有关。

第六节／空间

一、空间的概念

空间是各种造型活动的“环境”。平面构成的空间表现主要是以框架和形象的关系来体现的。应该说，构成的空间是先于形象存在的空间，当形象未表现时，空间或框架里一片空白，当形象出现之后，形象占据空间，并决定空间的性质。形象大时，空间相对小；形象小时，空间则相对大。形与空间大小比例的变动可以使画面产生不同的构成效果，这是因为，在平面构成探讨的空间中具体的可视形象作用于人眼后产生的视觉效果和心理感应。而画面中，形和空间构成的意境更是由空间感觉所造成的气氛来决定的。

基本要素构成的形象或空间都具有客观可度量的尺度，比如框架的长与宽、线的长度、面的宽度、形的尺寸以及形与框架的尺寸比例等。同时，在形与框架的比例变化中，还会形成主观无法度量的心理空间。因此，平面构成的空间是具有多重含义的空间，它不仅包括平面的二维空间，还包括虚拟的三维空间和主观的超现实空间。

二、虚拟的三维空间

空间感和体积感一般表现在有立体感的形象中。这种立体感的造型一般是通过透视来表现的，因为我们是在平面的纸上塑造形体。这些感觉的产生是根据光学和数学的原则，用线条来表示物体的空间位置、轮廓和光暗投影的形体透视现象。在平面上借助透视原理使用点、线、面来表现形象的体积感和空间感，这在设计构成中是经常运用的。在平面中，虚拟的三维空间构成一般是应用透视中的重叠和投影等表现手法来达到三维形体或三维空间效果。

（一）透视

透视是绘画中常见的一种观察和表现的方法，它是利用透视学中“近大远小”的原理，并借助近大远小的空间观念和模式，在二维的平面上把需要表现近的物体画大，将需要表现远的物体画小，从而产生一种主观的三维空间感觉。在平面构成中线的长短变化并依次排列，表现出具有深度的空间感，见图1–35（a）。图1–35（b）中借助线的粗细变化，并依次排列，表现出具有远近的空间效果。

（二）重叠

当两种或两种以上的形重叠在一起时，就会有一前一后的三维空间的属性或有纵深的视觉效果。因此，在平面的二维空间中有意识地把几个形画成重叠形，使之产生A物体遮住一部分B物体的效果。这种图形传达给感官的现象是在有深度的三维空间中产生的，所以人的思维模式就习惯性地将这种物体形象认作三维空间了。使一个形穿透另一个形或一个形在另一个形之上都会有这种重叠后产生的空间效果。图1–35（c）中使用面的减缺变化，也是一个形遮住另一个形的局部，并依次排列的重叠，产生了具有远近、前后的空间感觉。

（三）投影

投影是使形象立体的依据。我们在制作美术字体时常有这样的体会，在字体下方或上方加上投影，这些字体马上就有了立体效果。在摄影中，影子更是三维空间的标志，使用线或点排列成面的投影，也可以制造出具有空间效果的、虚拟的立体形，见图1–35（d）。当人的视觉看到物体时是光线照在物体上，受光部分是明亮的，而物体转折或背光部分处在阴影之中，这阴影一直延伸到邻近的物体上就形成了投影。在有光照的世界中，任何物体都有影子，因此，影子成为三维空间的标志。

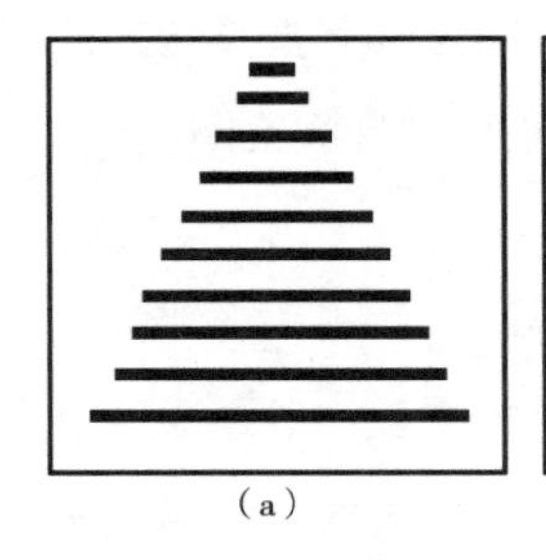
（a）

（b）

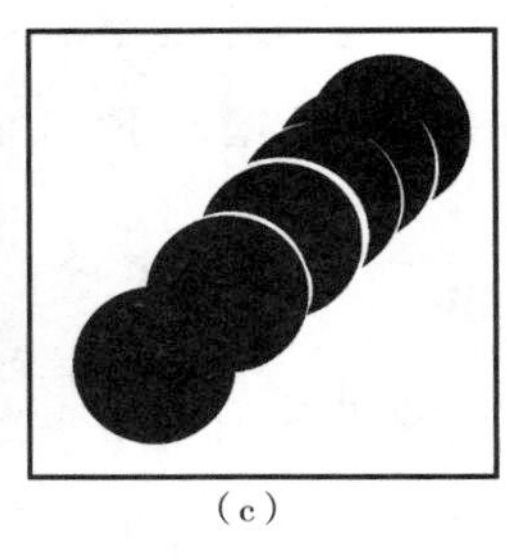
（c）

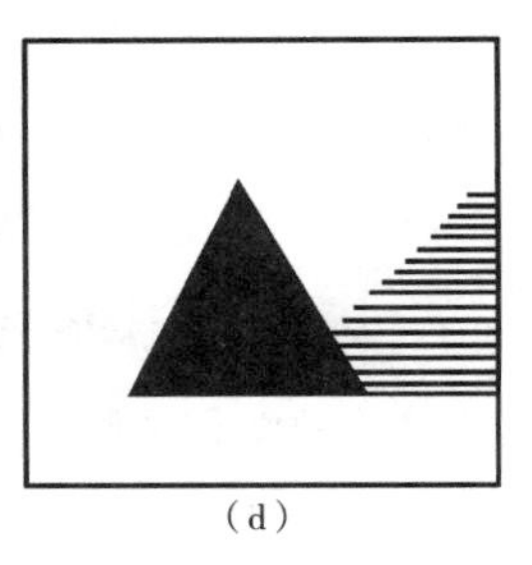
（d）

图1–35　线、面表现的空间感

（四）明暗表现的体积

关于明暗可以利用素描关系来理解，凡是有光线投射物体时，可以看到物体明暗形成的体积。依照透视、重叠、投影等构成立体感的原理，将点、线、面元素经组合可表现出物体的体积感和深度感，应用点、线、面表现的体积与空间构成，见图1–36、图1–37。

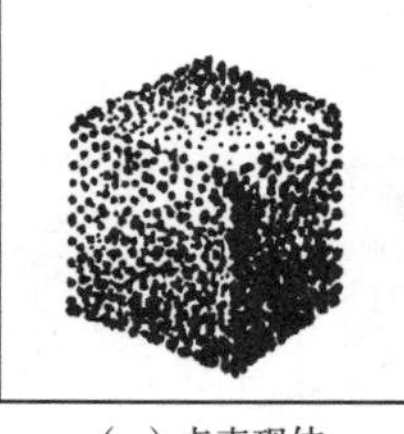
（a）点表现体

（b）线表现体

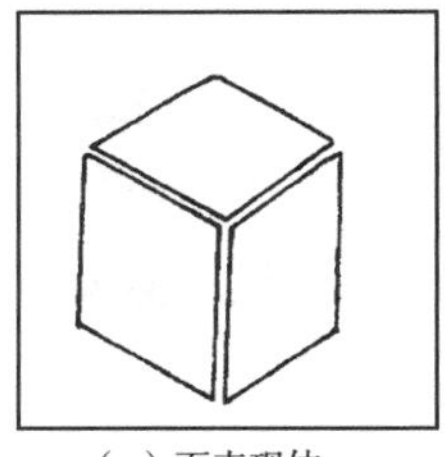
（c）面表现体

图1–36　点、线、面表现体的图解

三、错视

错视，指在特殊条件下，正常人对图形和色彩产生的视觉错误或是形成的错觉。产生变形的错觉现象，一般有

图1–37　点、线表现的体积感和空间感

生理因素、心理因素和环境干扰因素的影响。视觉对象由于受到这些因素的干扰而对原有物象产生错觉变形，这本来不是一种正常现象，但如果将这种不正常转化为艺术造型的有利因素，在错视的影响下去发现美的意蕴，错视便成为美学研究的对象。服装设计就是常常在比例分割、色彩搭配中利用错视这一现象，起到弥补人体的不足或产生美的协调印象。

图1–38（a）中相同面积的中心圆，周围圆较大的形使中心圆显小，周围圆较小的形使中心圆显大，受外圆大小的影响会使人感觉有不一样大小的错视现象。这是物体形态在空间中因对比而产生的错视。

图1–38（b）中A线段与B线段相等，但在附加条件以后会使人感觉B线段长于A线段。

图1–38（c）中A与B空间距离相等，在B线段中加入线条后，会引导视线作横向移动，因而使人感觉B比A长。

图1–38（d）中AB原是一条直线，被两条竖线分割开后，一条直线的两部分好像出现了错动。图中直线的影响力较大，因而产生斜线的错动感。

图1–38（e）中黑、白两个方形的面积相等，但感觉白方形比黑方形大，这是因为深色有收缩的错觉作用。

图1–38（f）中同样两个正方形A和B，在同心圆的影响下，A方形呈凹下感；而

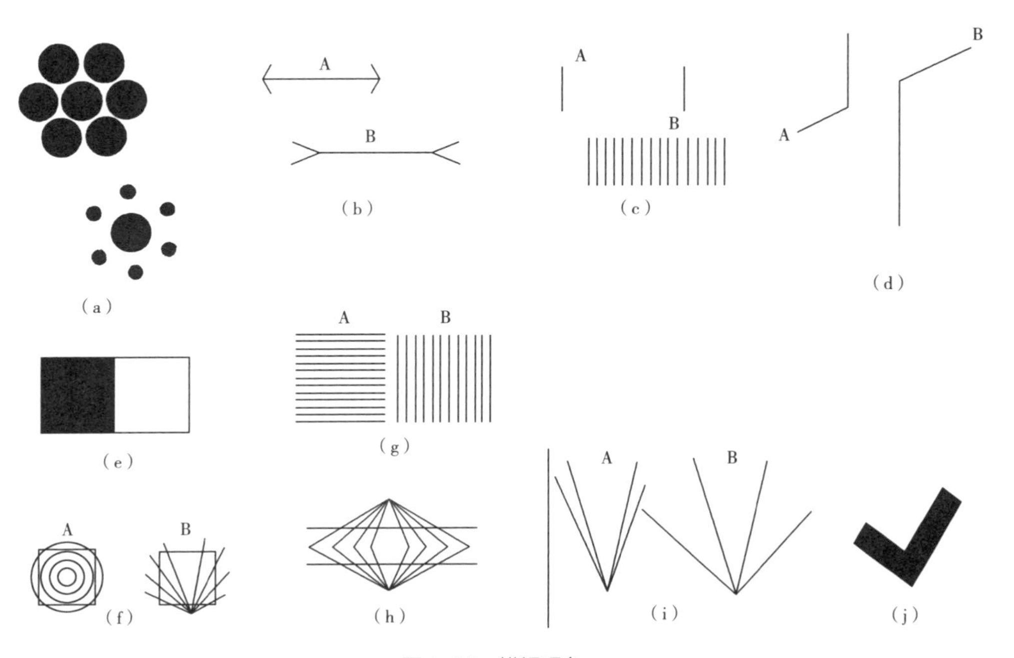

图1–38　错视现象

在发射线的影响下，B方形则有梯形的错觉。

图1-38（g）中A、B两个方形面积相等，当做了横线和竖线排列之后，就感觉A窄B宽。这里密集直线的排列引导视线运动，A图引导视线作竖向移动，于是显窄；B图引导视线作横向移动，因而显宽。

图1-38（h）中水平方向的两条线由于折线的影响，平行线产生不平行或向内弯曲的错觉。

图1-38（i）中A、B两个尖形的角度相等，由于相邻夹角的影响，感觉A角大于B角。

图1-38（j）中的一条线形由于受到另一条线形的干扰影响，呈现出错视现象。粗壮的实线本是一样长，但看上去左边比右边短，这就是错视现象的存在。在构成设计中，可以充分追求这种意外的有趣现象，来组合新的图形。

四、超现实空间

所谓超现实空间是借助二维空间平面来表现的非客观性的空间构成。这些空间构成是在三维物质世界中不存在的，并且与人们的视觉习惯、思维定式完全不同，看上去是矛盾的、怪诞的空间图形。

矛盾空间是在超现实空间表现形式中，为形的矛盾构成形式。它是在平面空间中可以画出来而真实空间中不可能实现的空间，是在空间体积的表现形式上求取变化的一种独特的方式。例如，在平面上绘有体积感的图形，一般是由透视原理中视平线和消失点来表现的。矛盾空间是对形体透视的消失点加以变化，打破了严格的透视法，追求前后、上下、左右都能同时见到的多个体面的图形表现，见图1-39（a）。按正常透视表现的体积最多能同时看到三个面，但在矛盾空间中的体积能同时看到五个面。

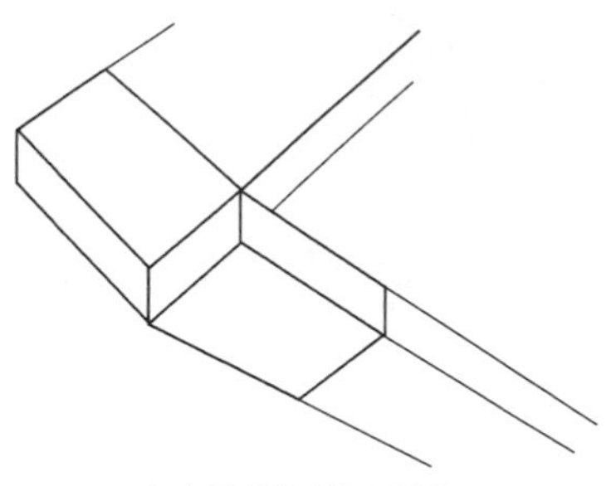
（a）矛盾多个体面的表现

矛盾空间构成有两种表现方式：

一种是模棱两可的表现图形，称为“暧昧空间”，见图1-39（b）。当注意图中左边的棱角或是一个面时，它是向前或在前；如果视觉稍一移动，这一棱角或面则会感觉向后或者在后，这是利用视点的转换和交替呈现出模棱两可的空间效果。

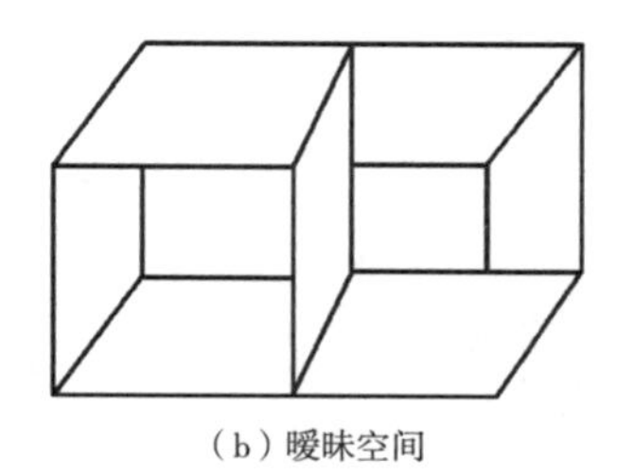
（b）暧昧空间

图1-39　矛盾空间图解1

另一种表现是左右两个形同时都视为在前，并互不相容，形成较强的矛盾感的形体，如图1-40中的矛盾空间图形，并列着多个凸凹感觉转换的立方体，或者在俯视和仰视之间转换的立方体。矛盾空间的表现初看似合理，但细看会感到毫无道理。所谓矛盾，就是在“无理”中表现“合理”，并产生新奇的效果。矛盾感的构成，虽然使人感到不可思议，但却能令人回味无穷。

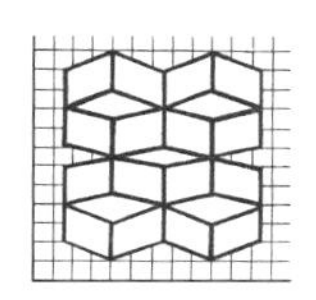

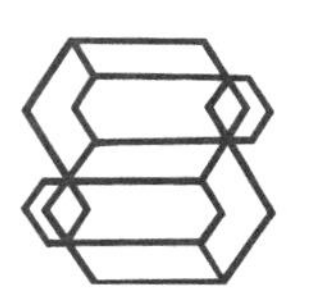

图1-40　矛盾空间图解2

矛盾空间的立体感，只要求成立，而不要求实际的存在，重点在于体面构成矛盾后的迷幻感，这是充分发挥想象力的构成，具象图像的矛盾空间构成，见图1-41。

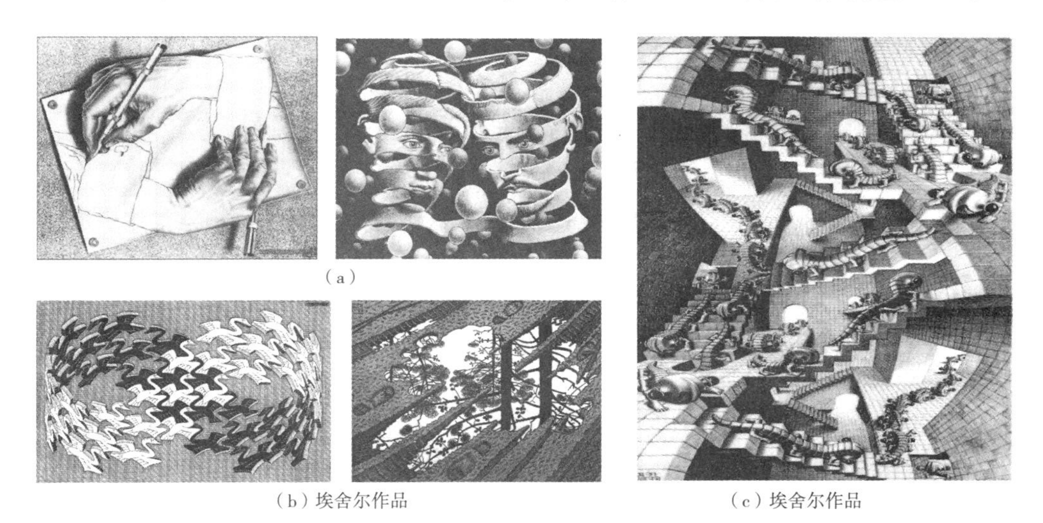
(a)
(b) 埃舍尔作品
(c) 埃舍尔作品

图1-41　矛盾空间构成

第七节 / 材料与工具

材料是造型的要素之一，它可以烘托完善图形表达的效果。因此，广泛地了解材料，积累对不同材料表现的丰富经验可以对造型设计起到重要的作用。材料在加工的过程中要使用工具，而工具又是表现技巧或显示材料特征的先决条件，因此对材料的了解和工具的掌握都是非常重要的。

一、平面构成的材料

一般情况下，平面构成的表现都是使用笔和颜料在纸上完成的。这里将材料分为着色材料（即颜料）和被着色材料（即纸张），并作简单介绍。

（一）着色材料

颜料：水粉颜料、水彩颜料、油画颜料、印刷油墨等。

剪贴材料：有色纸、玻璃纸、印刷图片、报纸、各种纺织品等。

（二）被着色材料

各种纸张：卡纸、白板纸、绘图纸、水彩纸、宣纸、铜版纸、瓦楞纸等。

二、平面构成的工具

描绘用具：铅笔、钢笔、针管笔、记号笔、鸭嘴笔、圆规、分规、圭笔、毛笔和浓缩黑墨汁等。

尺类：直尺、三角尺、比例尺、曲线板等。

在掌握这些基本材料和工具后，可以尝试其他更多的着色材料和被着色材料，应该尽可能多地知道和掌握不同材料的功能、使用方法和表现形式，这对设计的构思、想象力的多样化和构成技巧的丰富都有极大的帮助。所谓“材美工巧”就是这个道理。

【练习题】

1. 点的形象练习16种（选做）。规格：5cm×5cm；装裱规格：32cm×32cm。

2. 点的构成4张。任意选定点的数量组织画面，通过积点成线反映某种特定的感受，如时间、节奏、空间、速度。规格：14cm×14cm；装裱规格：32cm×32cm。

3. 线的练习16种（选做），体会不同工具对线条的表现效果。规格：5cm×5cm；装裱规格：32cm×32cm。

4. 线的构成练习（3选2）。

（1）任意选定一根线形，经反复变化排列后，表现出一种空间感、流动感，或秩序感等（参考线构成图）。规格：25cm×25cm，1张。

（2）限定用7根线，线形可不一样做构成练习，探讨线的组合方式和美感形式。规格：14cm×14cm，4小张；装裱规格：32cm×32cm。

（3）运用线本身具有的特性，组合构成表达某种特定的主题，如战争、和平、坚定、暧昧等。规格：14cm×14cm，4小张；装裱规格：32cm×32cm。

5. 装饰写生1张。规格：28cm×28cm；装裱规格：32cm×32cm。

6. 写实形至抽象形变化。从写实的线形到抽象的线形，分6步完成。规格：9cm×9cm；装裱规格：32cm×32cm。

7. 形的变化。从一个形变化到另一个形，分6步完成。规格：9cm×9cm；装裱规格：32cm×32cm。

8. 具象形的装饰练习1张。形象不限，作非规律组合构成，重点是点、线、面元素的运用合理、和谐。规格：28cm×28cm；装裱规格：32cm×32cm。

9. 单形练习、复合形练习各9个（选做1种）。规格：28cm×28cm；装裱规格：32cm×32cm。

10. 正负形构成练习1张。规格：28cm×28cm。

11. 异质同构练习1张。规格：28cm×28cm。

12. 矛盾空间练习1张。规格：28cm×28cm。

第二章 平面构成的骨格

第一节 骨格的组织结构

骨格是一种空间的分割形式，它主要表现在二维空间构成中，体现一种内在的规律性或形象编排的秩序性。例如，建筑物的钢筋、屋梁，象棋的棋格，蜜蜂建造的蜂巢等都是骨格的不同形式。任何一种精心安排，都是在编排中受到一定规则制约的形式。

骨格的组织结构是由两个最基本的元素组成的，即水平线和垂直线，它们是骨格的基础。骨格在平面构成中有两个作用，一是固定基本形的位置；二是分割画面的空间。根据骨格不同的分割方式，可分为规律性骨格和非规律性骨格；依基本形在骨格限定的空间内所占位置的不同，又可分为有作用骨格和无作用骨格。

一、规律性骨格

规律性骨格是在水平线和垂直线上按规定的数据以严谨的数学方式平均分割画面组织的骨格线。例如在一个框架内，平均分为9等份或16等份。规律性骨格中主要有重复、渐变、发射等分割方法，这类骨格具有组织编排的连续性以及对形的限制性作用，见图2–1（a）。

二、非规律性骨格

非规律性骨格的构成线是相对较自由的形式，一般没有严格的规律可循，水平线和垂直线的安排有极大的随意性和自由性，见图2–1（b）。非规律性骨格中主要有对比、密集、自由分割等方法。有些是规律性骨格的演变，也有一些是更为灵活和自由的形式。

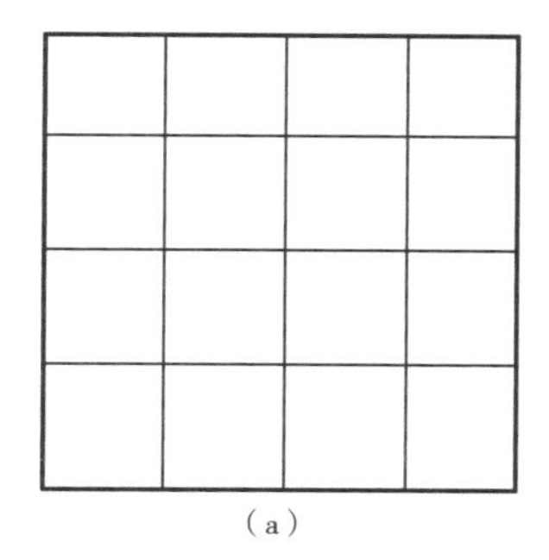
（a）

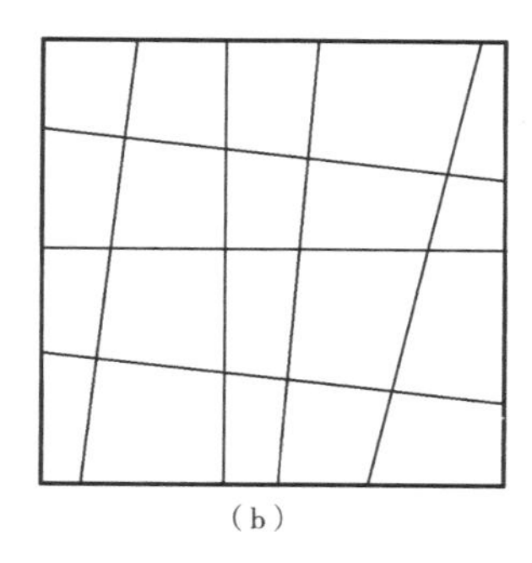
（b）

图2-1　规律性与非规律性骨格线

三、有作用骨格

在画面完成后，若仍然可以看到明显的骨格单位，视为有作用骨格，形被编排在骨格线所组成的单位空间之内，骨格线分割画面并管辖基本形，而且骨格的形式起主导作用。图2-2（a）表示基本形在骨格线内，图形为正，底形为负，分割清晰、明确，骨格线明显地影响着画面的造型效果。图2-2（b）表示基本形在骨格线内，骨格线分割的空间作正负交替表现，但也能明显地显示出骨格线的存在。图2-2（c）表示骨格线限制基本形的大小，把多出的部分去掉，利用骨格线为切割线，使基本形产生变化或产生新的形，但骨格线仍然清晰可见。

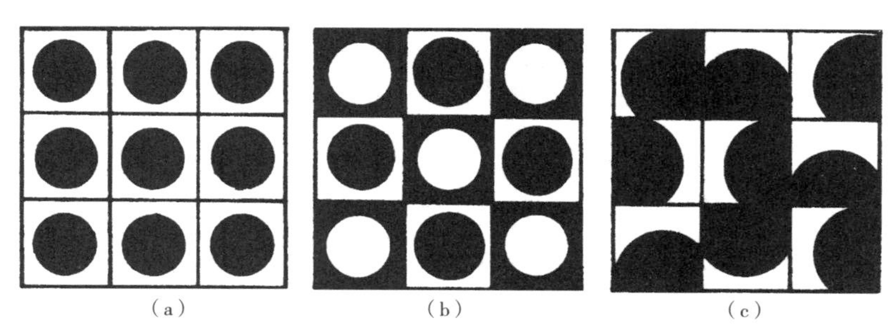
（a）　（b）　（c）

图2-2　有作用骨格

有作用骨格构成中应注意:

第一，基本形必须限定在骨格单位内，用正负或者正负交替的表现方法来显示基本形和骨格线的存在。

第二，当基本形大于骨格单位时，移出的部分要去掉。基本形的大小、数目、方向、位置均可以在单位空间内自由设计与编排。这是在有作用性骨格中，追求形的变化的重要方法。

第三，骨格线在构成效果中明显具有作用性，它起到分割背景并界定空间大小的作用。

第四，有作用骨格，一般为正方形，也可以设计成长方形、三角形、圆形、多边形等多种外形。

四、无作用骨格

在画面完成后，若不会显示出骨格线的存在，而是以显示形为主，则为无作用骨格，见图2-3。无作用骨格的骨格线，只起引导基本形位置的作用，骨格线不构成独立的骨格单位。

图2-3（a）表示无作用骨格的编排，将基本形设置在轴心上，骨格线只是固定或引导基本形的位置，不起分割空间背景的作用。完成画面后，骨格线需擦掉，好像没有使用骨格线一样。图2-3（b）表示当基本形大于骨格的引导线时，上下或左右形相遇时可采用结合、透叠、差叠的方法。图2-3（c）表示轴心上的圆形，大于基本骨格线，采取四分之一圆正负填色，使形有联合、减缺或变形的感觉。

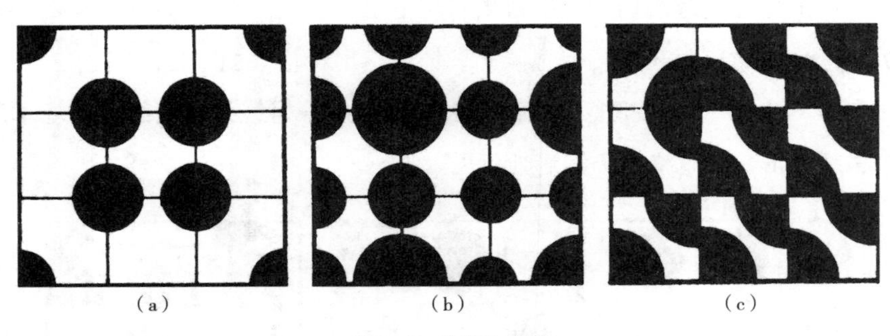

图2-3　无作用骨格

无作用骨格构成时应注意：

第一，基本形须放在轴心上。

第二，骨格线主要引导基本形的位置，组成画面后骨格线要去掉，不构成独立的骨格单位。

第三，基本形可大可小，不起分割背景的作用。

总而言之，在有作用骨格中，基本形独占空间，因而骨格为有作用性。无作用骨格与基本形共有空间，因而骨格为无作用性。在构图中，骨格决定了基本形彼此的关系。有时，骨格也成为形象的一部分，它的不同变化使构图图形效果发生变化。

第二节 ╱ 骨格的种类

骨格的运用是人类对自然的再创造，特别是针对现代工业生产出现的系列化、标准化的产品，都促使人去探索与表现具有反复的节奏或规范化的美感形式和富有规律的组织结构。这就创造了一系列有规律的骨格形式，并作为一种艺术形式表达人为心境。骨格决定构成的整体，并界定所有的空间因素。骨格的形状一般都是方形，也可以设计成其他的形状，如圆形、椭圆形、菱形，甚至是不规则的形。骨格的种类有表现规律性构成的重复骨格、渐变骨格、发射骨格等；也有表现非规律性构成的密集、对比等；还有同时表现规律性和非规律性构成的变异骨格。

一、重复

重复骨格是在有规律的表现形式中最基本而又简单的方法。所谓重复是把视觉形象的基本形秩序化、规范化、规律化。重复的构成具有统一、整齐的视觉效果。

（一）基本形重复

当同一形象在构成中反复排列和反复出现时，称为重复的基本形。在构成中，它在形状、大小、色彩、肌理方面都应是相同的，表现出形的一致性和相同性，当基本形确定之后，将基本形作重复排列，使构成规律而整齐，见图2–4（a）。如果基本形重复作方向和正负黑白变化的构成，其方向上的变化和正负表现上的变化，会使得简单的基本形构成产生丰富的视觉效果，见图2–4（b）。当基本形重复作二分之一分割后再作正反方向排列，产生了基本形图形的变化，当正负填色变化时，其构成即打破了整齐划一的效果，见图2–4（c）。基本形作跳动式排列，使图形变化，且细腻而丰富，见图2–4（d）。基本形作四分之一单位重复排列，构成单位变大其构成效果强烈，重复图形突出而明显，见图2–4（e）。基本形在框架内作左右方向变化，粗实线加强了骨格线的视觉编排性，强调了骨格线与图形的穿插效果，见图2–4（f）。当重复排列的基本形，面积小而繁密，则呈现出由细小单位构成的肌理效果，见图2–4（g）。

上面所述的是最基础的基本形重复和有作用重复骨格构成形式，重复排列的基本形，面积大而重复单位少，其构成的效果简洁、强烈、有力。如果构成单位面积小而重复单位多，其构成的效果呈现细密成片，则会有视觉肌理质感。

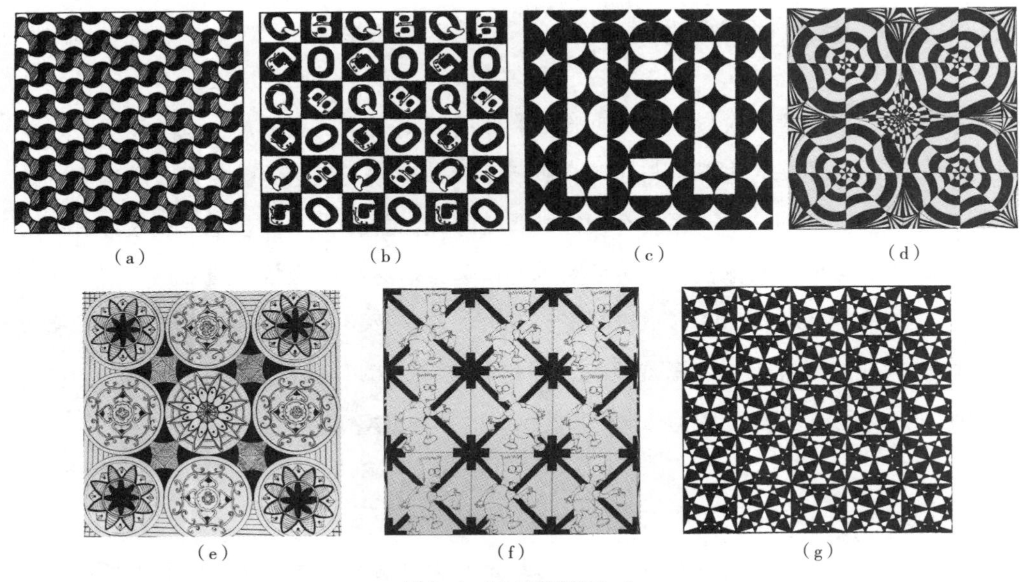

图2-4　基本形重复构成

（二）骨格线重复

骨格线重复是指骨格线平均分割空间，使分割后的单位空间在形状、大小方面都相等的骨格形式。将骨格线的两个基本元素（即水平线与垂直线）加以变动，或是线的方向变化，或是线的宽窄变化，或是线质的变化，可以得到重复骨格的变化形式。

1. 宽窄变动

将骨格线的宽窄加以变动可形成骨格中各组线的空间变化。如果对水平线和垂直线的其中之一加以变动，则称其为单元宽窄变动，见图2-5（a）。如果将两种线元素同时作宽窄变动，则称其为双元宽窄变动，见图2-5（b）。

2. 方向变动

将骨格线作方向变动，变化垂直线或水平线为斜线，或30°倾斜，或45°倾斜等。如果只改变其中一种线的方向，称为单元方向变动，见图2-6（a）。如果将两种线元素同时变动，则称为双元方向变动，见图2-6（b）。

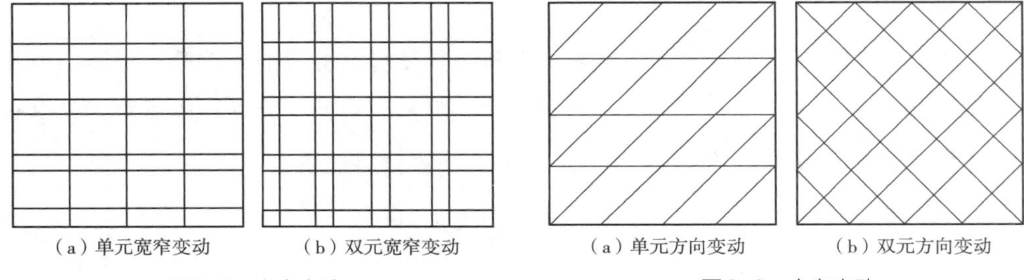

图2-5　宽窄变动　　　　图2-6　方向变动

3. 线质变动

将水平线和垂直线变为弧线、曲线或折线等，称为线质的变动，见图2-7。

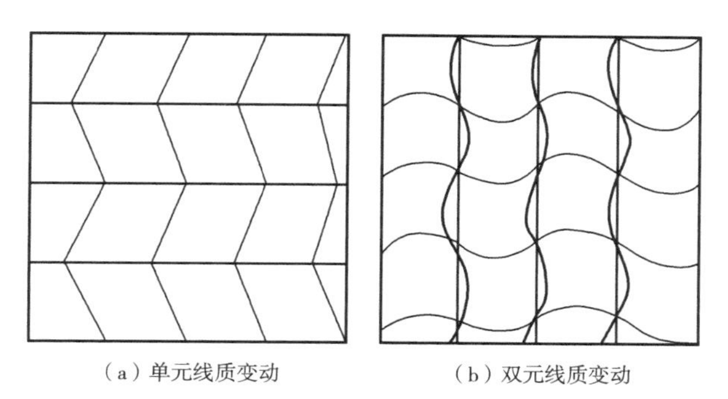
（a）单元线质变动　（b）双元线质变动

图2-7　线质变动

4. 线质、方向、宽窄的混合变动

将上述变动同时表现在一个画面中，使同一空间内的骨格线呈现方向与线质、方向与宽窄、线质与宽窄等多种混合变动的构成，见图2-8。

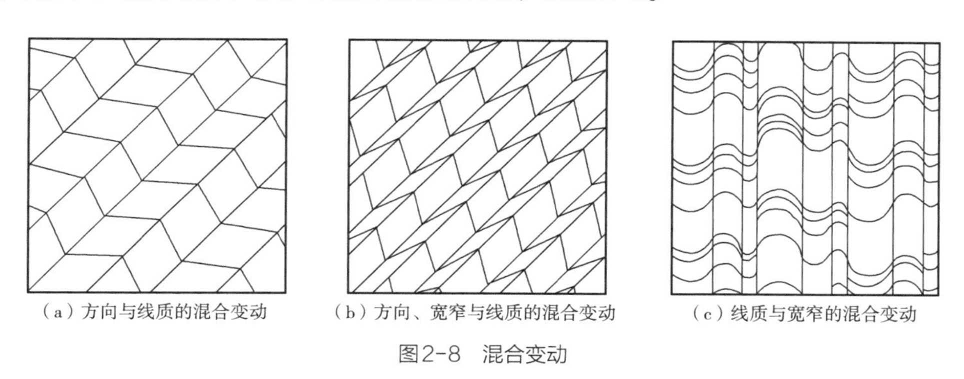
（a）方向与线质的混合变动　（b）方向、宽窄与线质的混合变动　（c）线质与宽窄的混合变动

图2-8　混合变动

5. 联合与分离的变动

将骨格的单位以合二为一或一分为二或一分为四的方法，作骨格线的联合与分离的变动，见图2-9。

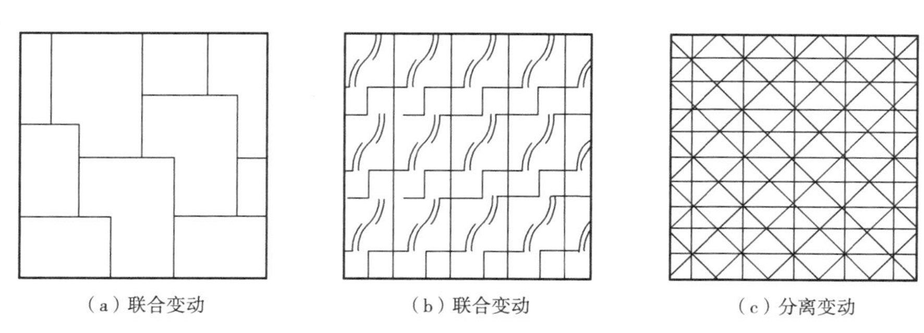
（a）联合变动　（b）联合变动　（c）分离变动

图2-9　联合变动与分离变动图解

6. 分条变动

将水平线或垂直线作分条迁移的变动。分条变动中还可以结合线质加以变化，见图2-10。重复骨格与基本形的变化，见图2-11。

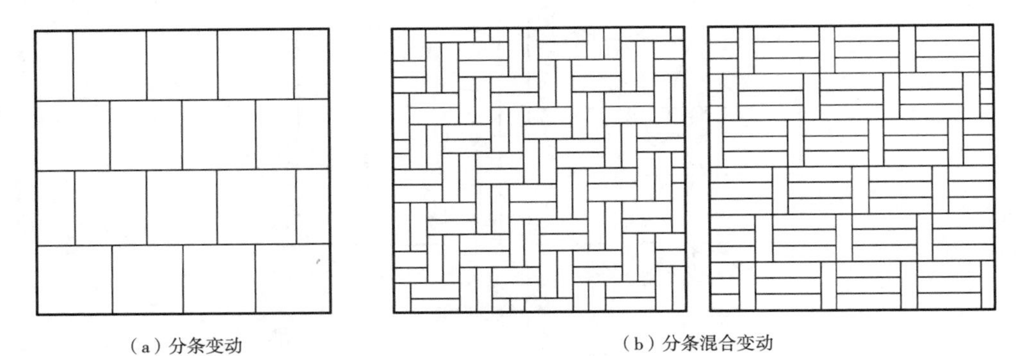

（a）分条变动　　（b）分条混合变动

图2-10　分条变动图解

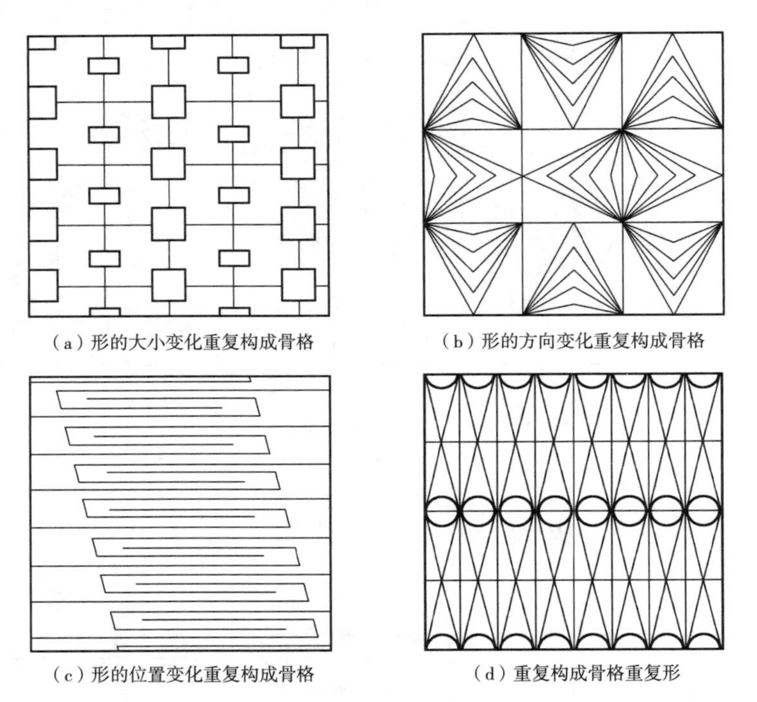

（a）形的大小变化重复构成骨格　　（b）形的方向变化重复构成骨格

（c）形的位置变化重复构成骨格　　（d）重复构成骨格重复形

图2-11　重复骨格与基本形变化图示

综上所述，重复是利用骨格线和基本形的一致性与组织编排的差异性，以寻求其构成形式中的视觉形象秩序化、整齐化，在图形中呈现和谐统一、整体感强的效果，上述六种骨格的变化都会影响基本形的编排。一般而言，直角线构成的重复骨格最为通用，适合承纳多种基本形。而其他的重复骨格，有的可承纳特殊形状的基本形，也可以用非直角线本身的结构，直接填上黑白正负来表现重复骨格的构成。它是一种安定、整齐、规则、有秩序感的构成。设计时，可以从基本骨格线入手逐渐展开。如果骨格简单，可设计较为复杂的基本形；如果骨格较为复杂，基本形应力求简单，以免造成画面的杂乱。

重复构成要注意：掌握骨格形式的种种变化，骨格与基本形的运用关系。在保持骨格线的重复时，不要在一个画面中出现两种骨格形式。

绘制方法：

第一，先设计一个简单的几何基本单位形，设计重复骨格形式和基本形在骨格内的方向变化排列，并用线表现出来再填色，基本形的排列方法，见图2–12。

第二，确定填色的正负块面，考虑填充后的连接效果，填色后是重复构成重复形的效果；当基本形一致，排列后填色的方式不一样，会呈现出前后的层次效果。

第三，重复骨格线可以结合上述方法中分条、联合、分离、单元或双元变化，呈现出多种效果的重复构成。

第四，注重造型线的线条流畅、画面整洁。

（a）重复基本形的排列方法

（b）基本形填色变化

图2–12　重复骨格与重复基本形的绘制方法

二、近似

近似骨格是在重复骨格的基础上求取变化的一种构成形式。所谓近似是表现同中有异或异中有同的形象。在同一画面上形的变化，属于大同小异的变化，比较容易辨认。例如：同胞兄弟、姐妹，他们的眼睛、鼻子或脸型长相虽有不同，但近似的地方很多，一看就知道是同一家族的人。这些都是自然形象的近似。在平面构成设计近似形时，要注意近似的程度是否适当。近似的变化可以破除重复的单调感，增强构成中的探索趣味。

（一）基本形近似

基本形的近似是重复形的轻度变异，在形与形之间保持一定的近似程度。任何形象，只要具有明显的统一性，又具有差异之处，就是近似变化。这些形初看没有多少差别，细看则各不相同，相似的目的是为了强调变化中的统一。设计近似基本形时，可以先设定一种基本形，然后在这一基本形的基础上变化出各种近似形。下面介绍几种获取近似形的方法，见图2-13。

图2-13（a）表示外形相同、当中变化，可得到一组近似形；图2-13（b）表示利用两个形象相加并变换方向，可以获取近似的基本形；图2-13（c）表示利用形的减缺并变换方向，可以获取一组近似的基本形；图2-13（d）表示利用两个形象相加，变化一个形的大小和方向进行组合，也可以得到一组近似的基本形。在有作用重复骨格中，进行基本形近似的变化，可以丰富基本形的创新表现性和多样性探索。

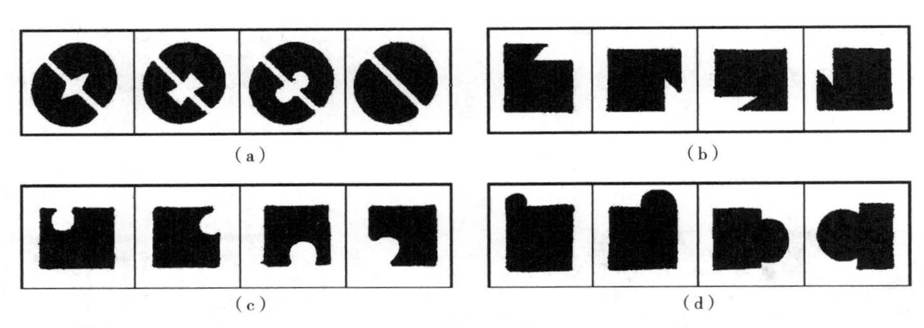

图2-13　近似形变化图解

（二）近似骨格

近似骨格也是在重复骨格的基础上变化较小的骨格形式。近似骨格的骨格单位的形状、大小、方向不完全相等，但有些近似。近似骨格没有重复骨格那样严谨，但骨格的结构要在有作用性的骨格中才能感到它的存在，见图2-14。

近似构成，将分割的骨格线作为基本形时，形与形之间的距离排列大体相同或者运用适当的色彩明暗变动，可表现出近似骨格近似形的效果，以及无作用性的近似构成效果，见图2-15。此外，利用同体的字母、文字、数字等进行组合变动，也可以成

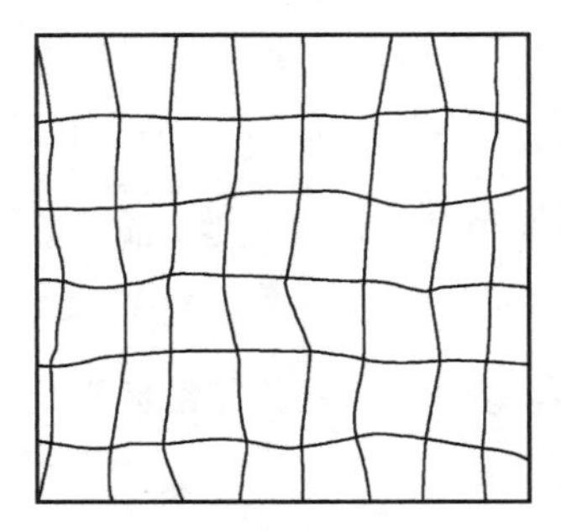

图2-14　近似骨格图解

图2-15　近似骨格近似形构成

为一种很好的构图，主要是基本形近似变化的构成形式，一般都是在重复的骨格中表现，见图2-16。

总之，近似构成主要掌握形的变化程度，即近似范围。

图2-16　重复骨格近似形构成

三、渐变

渐变骨格是在有规律形式中进行变化的一种构成形式。渐变是独具一格的方法，它是指形象和骨格在变化中，表现出有节奏的循序变动。渐变从形象上分，有形状渐变、大小渐变、方向渐变、色彩渐变、肌理渐变等；从骨格线的排列来分，有位置渐变、方向渐变、骨格单位渐变等。在构成中，形象的渐变可以一种形状开始，逐渐地转变为另一种形状。

渐变是一种自然现象。例如自然形象因时间性而产生变化，人由婴儿到老年，种子发芽、抽枝、开花、结果或花开花落等都是自然现象的渐变。渐变也是一种人们日常的视觉经验，因时间、空间、位置变化而产生的渐变有：由宽到窄、由明到暗、由大到小、由长到短等变化现象。

渐变是归纳自然界的现象，将基本形和骨格线编排成由疏到密、由小到大、由窄到宽等逐渐变化的构成，以表现自然规律的韵律感、时间空间的推移感或生长的节奏感。经归纳表现的渐变构成可以造成视幻空间、立体错视、阴阳交错、光影变化等视觉效果，它充分地显示出和谐与统一的关系。

（一）基本形渐变

基本形的渐变是将某一形象作有规律的变化，逐渐过渡为多种渐变形。形的变化因素很多，一切视觉形象的要素都可作为渐变的对象。例如形状渐变、大小渐变、方向渐变；形与形的疏密、间距、方向、位置、层次，色彩的深浅、明暗等都可以产生渐变的效果。将其中之一作有秩序、有规律的循序渐次变动，即可得到一组渐变形。渐变是变化运动规律，是对应的形象经过逐渐的规律性过渡而相互转换的过程。以形象作变异对象，即以某一形开始渐渐地变成另一形，或从具象形渐变为抽象形等都是形的变化方法，在前面图形装饰与变化一节中已经讲述，下面进一步详细讲述以圆形为基本形的几种变化，见图2–17。

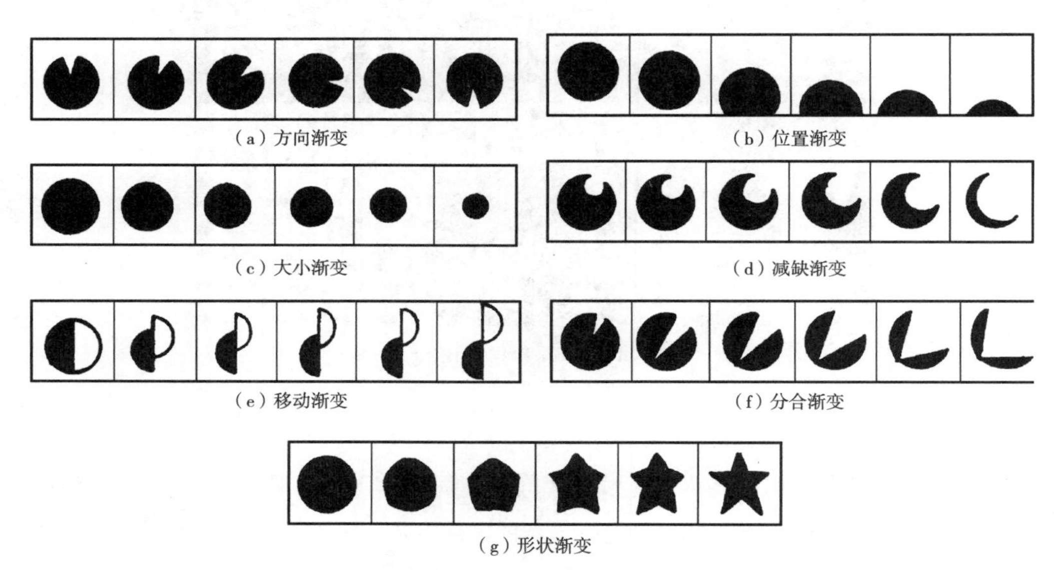

（a）方向渐变　（b）位置渐变　（c）大小渐变　（d）减缺渐变　（e）移动渐变　（f）分合渐变　（g）形状渐变

图2–17　基本形渐变图解

1. 基本形的方向渐变

利用基本形在框架内作方向变动，把一个圆形的上缺口，从正中方向开始逐渐变化到下中方向，或者利用形本身的透视，作由正至侧方向的变化排列，见图2–17（a）。

2. 基本形的位置渐变

基本形在单位骨格内作上下或左右位置的移动，把超越骨格线的部分切除，使形的位置渐变，见图2–17（b）。

3. 基本形的大小渐变

基本形在单位骨格内作从大到小的排列，使基本形由大至小渐变，见图2–17（c）。

4. 基本形的减缺渐变

基本形被另一形重叠，重叠的形逐渐变大，使圆形逐渐减缺成月牙形，见图2–17（d）。

5. 基本形的移动渐变

将基本形的二分之一分割，然后将分割后的两个半圆逐渐地作分离移动，使基本形产生移动渐变，造成形状的变化，见图2–17（e）。

6. 基本形的分合渐变

将基本形的缺口逐渐加大、分开，使基本形产生分合渐变，造成基本形的形状变化，见图2–17（f）。

7. 基本形的形状渐变

将基本形圆逐渐地变成五角星，完成从一形开始变化至另一形的渐变过程，这是基本形的形状渐变，见图2–17（g）。

（二）具象形的变化方法

从具象形变化至抽象形，或从一个形变化成为另一个形，是这一节讲授的重点。在平面上的形象间接传递一些日常视觉感官所见到的具体形象或具体形态，即是抽象形。抽象形主要是由几何形发展而来的，数学上的几何形象，或不规则的形，或意外得到的形都可视为抽象形。抽象形有平面的，也有立体的。构成中，几何形的运用已不是几何学的概念，而是以美学的观念形成一种抽象的代表视觉符号的形象元素，并用来构成画面，传达出思维活动的“语言”或“词汇”。

从具象形变化至抽象形有两种表现形式：一种是规则的抽象形（即称为定形），它是具有数理规则性构造的形，也称为几何形；另一种是不规则的抽象形（也称为非定形），它是不具有数理规则构造的抽象形。抽象形中的定形容易表现，而非定形的表现则较难把握。

从自然具象形到抽象几何形的变化过程，是对自然形基于理想的、美的需要来变异，是对自然形的高度升华。例如，将一个具体的视觉对象简化为一个只具有基本特征的抽象线形。图2–18（a）是一只写实的小刺猬简洁成放射状的几何线。图2–18（b）是一匹写实的骏马被简化为形象、有力、饱满的曲线。图2–18（c）是一只旅游鞋抽象变异成几根抽象、有序的线。抽象形如抽象的雕塑一样，它们不是直接传递感官的具体形象，只是一种意象或是一种美的形式，在你欣赏品味中，给人造成一种奇妙、新鲜、振奋的感受，并产生审美的愉悦。

从一个形变化至另一个形，这是具象形变化的另一种方法。图2–19（a）是从一个人的正面图变化为一辆公共汽车的正面图形，其中有一些似乎自然的联想；图2–19（b）

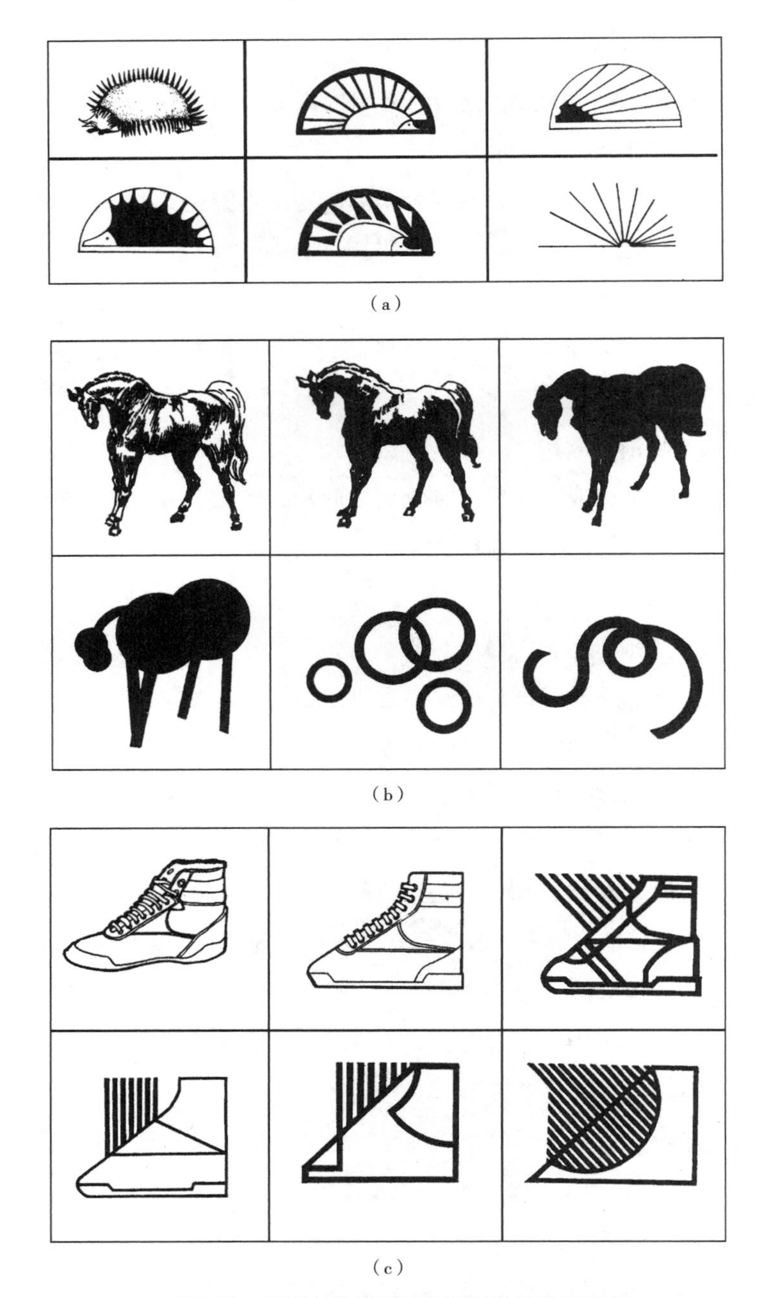

（a）

（b）

（c）

图2-18　形的抽象变化（具象形变化至抽象形）

是从一个电器变化为一只趣味球鞋；图2-19（c）是从一个装饰字母逐渐变化至关联的头像；图2-19（d）是从一片树叶变化成一只装饰意味的昆虫；图2-19（e）是从鸟变化至手，从手变化至鸡，从鸡变化至狮子，从狮子变化至骆驼，外形相似又有小的变化。

从具象到抽象或从一个形至另一个形或经透视变化从大到小的形的变异过程中，虽然物体的外形和内部细节可以变得模糊不清，但却以简洁的抽象形和相似性表现出物体的本质结构，或者是代表某种内在的情感和富于想象的有一定关联的图形，见图2-19（f）。

图2-19（g）为设计师埃舍尔的作品，从一个鱼形变化到另一个雁形的联想式变化，以及从具象形变化至抽象形，其中形的变化过程非常巧妙且合理。

设计渐变的形状时要注意：首先，确定渐变的方式；其次，注意形状变化的自然性以及形状变化的程度；最后，注意形变化后的大小比例，不要出现忽大忽小的变化形。

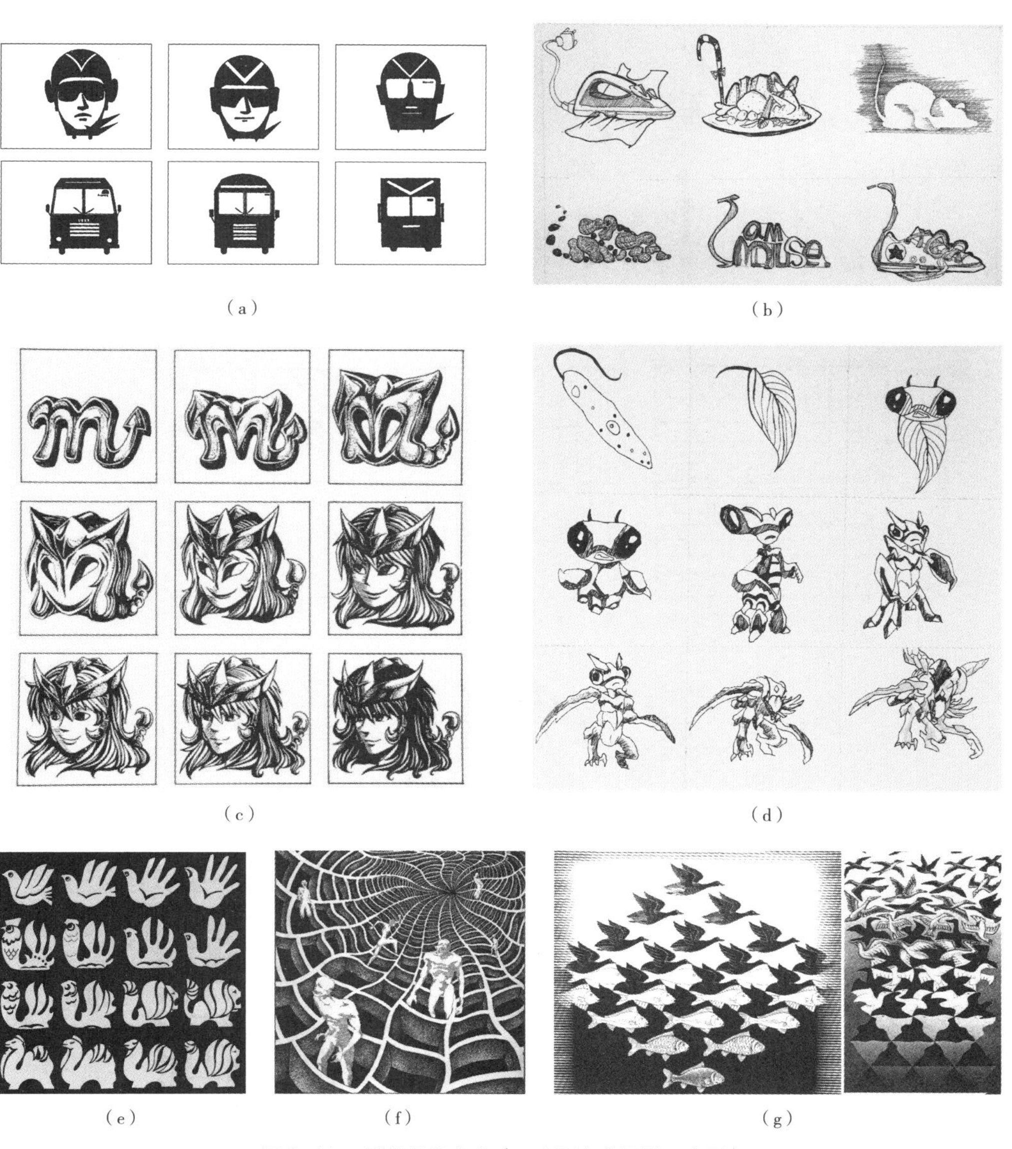

（a） （b） （c） （d） （e） （f） （g）

图2-19 形的具象变化（一个形变化至另一个形）

（三）渐变骨格

渐变骨格是移动基本骨格线（水平线和垂直线）的编排秩序与位置，并按疏密比例排列的一种骨格形式。

渐变骨格与重复骨格的不同之处在于骨格单位不作连续、反复排列，而是遵循着某一方向按一定比例作规律性的顺序变动。其骨格的编排，可以从左至右、从上至下，或从中间向四周散开，或作多次从疏到密的编排。方法灵活多样，构成的渐变效果层次分明，具有韵律感和空间的推移感，还可以造成光影、视幻空间等。

渐变骨格有下列几种：

1. 单元渐变骨格

单元渐变骨格是以单元的骨格线作空间宽窄或疏密的渐变，即一组线是等距离，而另一组线产生渐变变化，见图2-20（a）（b）。

渐变中，骨格线变化密的部分要少于疏的部分，形成焦点。焦点部分就是密的部分，其位置可以上下、左右变动，若将骨格线的方向线质加以变化，可获得更丰富的变化效果，见图2-20（c）（d）（e）。

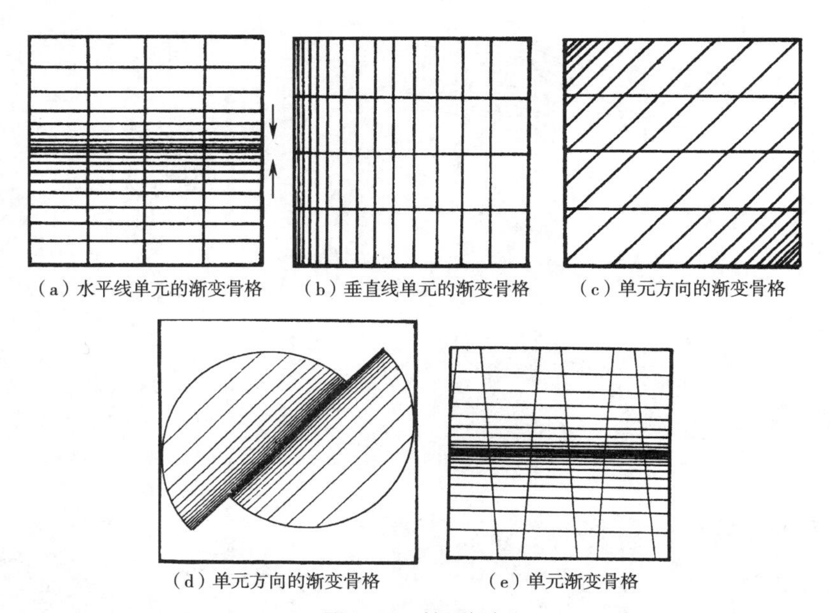
（a）水平线单元的渐变骨格　（b）垂直线单元的渐变骨格　（c）单元方向的渐变骨格
（d）单元方向的渐变骨格　（e）单元渐变骨格

图2-20　单元渐变

2. 双元渐变骨格

将水平线和垂直线同时作宽窄变动为双元渐变。双元渐变的构成比单元渐变要复杂，同时还会具有立体感或动感的视觉效果。双元渐变中，也可以将骨格线的宽窄、方向、线质同时变动以获取不同的构成效果，见图2-21。

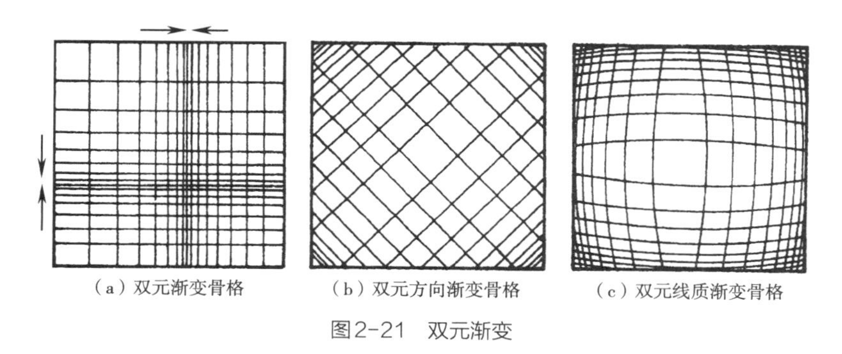

图2-21　双元渐变

3. 分条渐变骨格

分条渐变骨格是将骨格线其中之一作分条的宽窄变动。双元的分条渐变更为精细繁复，见图2-22。

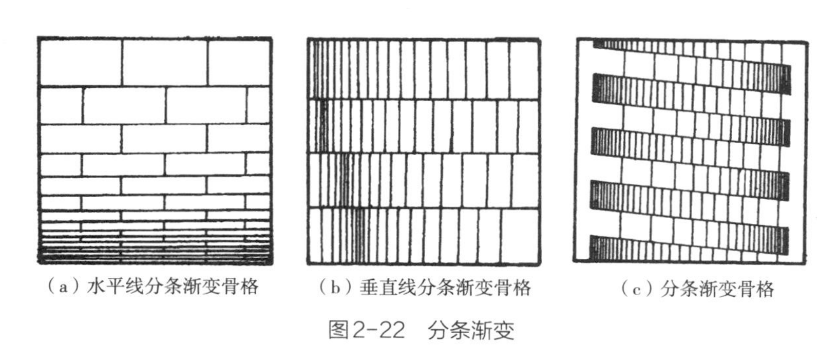

图2-22　分条渐变

4. 阴阳渐变骨格

阴阳渐变骨格是将骨格线的粗细扩宽，并直接填上黑白正负，不承纳任何基本形也会产生渐变的效果。双元阴阳渐变也可加上线的方向和线质的变化，见图2-23。

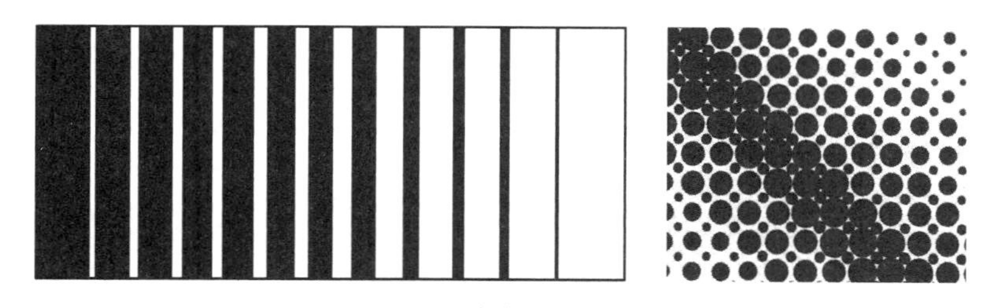

图2-23　阴阳宽窄、大小渐变图示

渐变构成能使画面产生焦点。骨格线的编排能引起强烈而特殊的视觉效果。当疏密夸张时，对比更明显，密的部分常常会成为画面的中心。因此，中心焦点的位置安排对画面构成有很大的影响，它是渐变构成形式的重点，是表现渐变特点的关键。特别是当渐变骨格中不纳入基本形而直接填黑白时，渐变的骨格比形更显重要。渐变不仅能以渐变骨格的渐变形构成，还可以使渐变骨格结合其他骨格一起运用。如重复骨格的渐变形构成、发射骨格的渐变形构成、渐变骨格的发射形构成等，再结合学习到的渐变表现手段，使得构成有凹凸感、立体感、空间感、流动感、闪烁感等多样视觉效果，见图2-24。

图2-24 渐变构成

绘制方法：

第一，首先设计骨格线的形式，是重复骨格渐变形，还是渐变骨格的渐变形或渐变骨格的发射形等。图2-25（a）（b）为重复骨格渐变形，画出重复骨格方格线，再在外层画出图形，从外向内逐渐变大画出图形的线稿，然后再填底色为黑色，图形为白色，填色完成后，其构成效果与线稿有较大的视觉差异，可以看出形在渐变中的意味和完成后在方形构成中呈现出菱形的层次感及画面交错对比的效果。

第二，按线稿填实骨格线的正负形状绘制方法同上，其效果是渐变骨格渐变形，填色后与线稿差异不大，但加强了图形整体构成的凸出感和光影效果，见图2-25（c）。

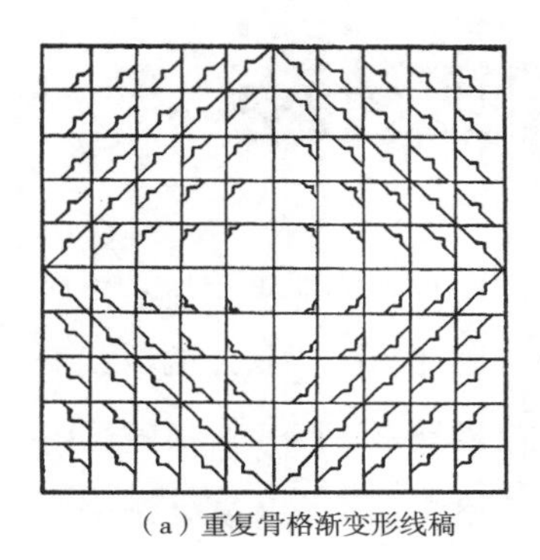

（a）重复骨格渐变形线稿

（b）重复骨格渐变形

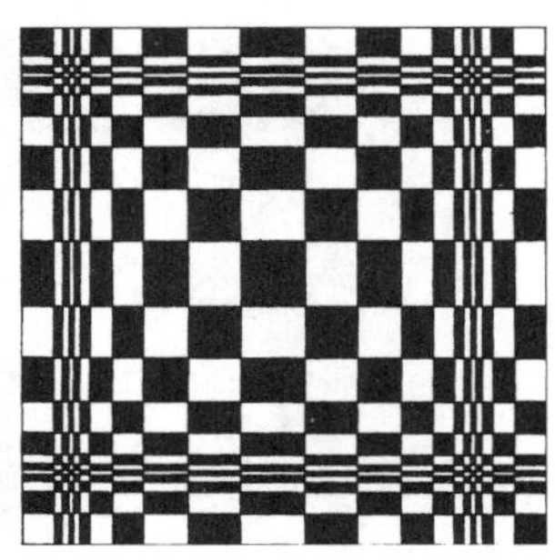

（c）渐变骨格渐变形

图2-25 渐变构成绘制方法与构成效果

四、发射

发射骨格是一种特殊的重复构成的表现形式。发射是由中心点和发射线构成的骨格，并以发射线环绕一个或几个中心点，向中心或由中心向四周扩散，按秩序性的方向变动而形成的。发射也是自然界中常见的现象。例如石投水泛起的涟漪、树木生长的年轮、发光体的光芒等都是均匀而有层次的散开形式，都具有发射的特征。构成发射的前提是确定发射点：一个、两个或多个发射点，或是移出画面之外等。因为发射点是画面的中心和焦点，中心点又是画面中发射线方向变化的依据，所以，发射点的确定对构成效果有很大影响。

发射有两个显著的特征：其一，发射具有很强的聚焦，这个焦点会很容易形成视觉中心；其二，发射有一种深邃的空间感，容易引起视错觉，形成闪烁不定的光效应。因此，一般中心点的安排与确定是画面构成的主要部分。发射线由中心发射，形成发射骨格的主体，发射线的方向变化应有一定的规律，发射构成的优劣主要在于中心点和发射线的变化与安排。

（一）发射中心点的种类

发射中心点的变化是丰富的，在表现方法上，一般发射点位于画面的正中央。它可以表现为明显的或隐晦的，可以移动变换，可以是一个中心点发射，也可以是多个中心点发射，见图2–26。

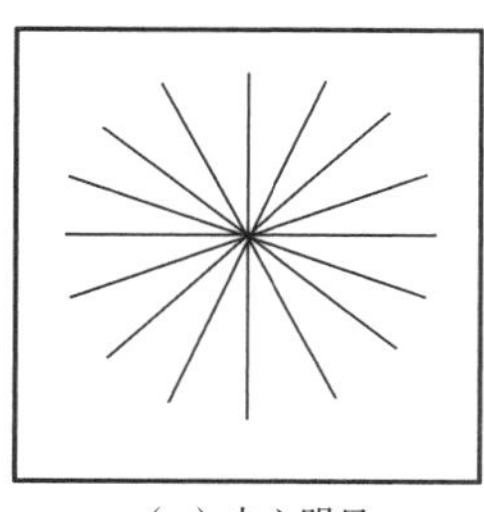
（a）中心明显

（b）中心隐晦

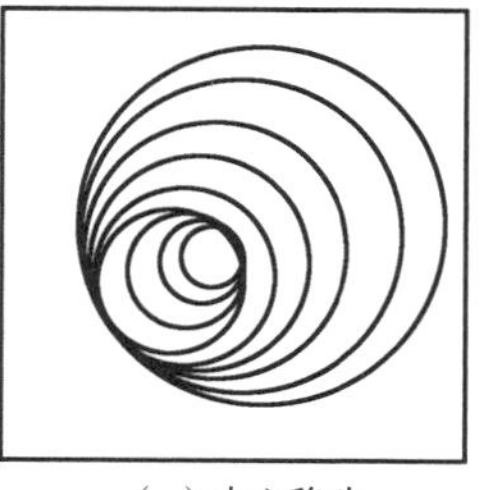
（c）中心移动

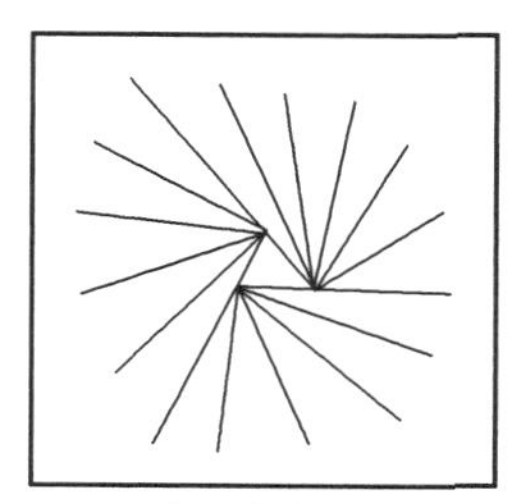
（d）多中心点

图2–26　发射中心点的变化图解

（二）发射骨格

发射线的变化主要是随中心点的确定来编排骨格线的方向，同时可以加上发射线的线质变化。依发射线与中心点的关系，有下列几种骨格形式。

1. 离心式

离心式发射是发射点在中心部位，其发射线从中心向四周散开，有向外扩张之感，其发射形式明显。它是一种较为普遍的发射形式。离心式发射变化可以将中心点扩大，或将中心点迁移或多心发射，其骨格线的线质变化，或直或曲或折线或弧线等，见图2–27。

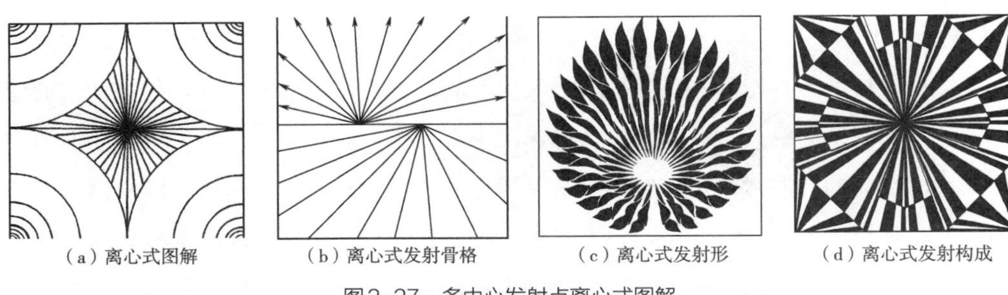
（a）离心式图解 （b）离心式发射骨格 （c）离心式发射形 （d）离心式发射构成

图2-27 多中心发射点离心式图解

2. 向心式

向心式发射是骨格线的方向都向中心点集中或迫近。向心式发射的骨格线可以表现为平行线层或渐变弧线层等多种形式。向心式构成有向中心点收拢的感觉，或由外向内的集聚感，见图2-28。

（a）向心式图解 （b）向心式发射骨格 （c）向心式发射骨格

（d）向心式图解 （e）向心点重复发射骨格 （f）向心式旋转发射骨格 （g）向心点分段发射骨格

图2-28 向心式发射骨格线与构成

3. 同心式

同心式发射是指骨格线层层围绕同一个中心点的发射形式。发射骨格线形依中心点的形而变化，同时也是一种由内向外扩散、比较典型的投石落水形式。它的骨格线随中心点或方形、圆形、花瓣形、曲线形等展开，在一层一层发散开的骨格线基础上，同心式形状还可以转动或与渐变形式结合，会构成有晃动的光感、凸出感和扩散的感觉，见图2-29、图2-30。

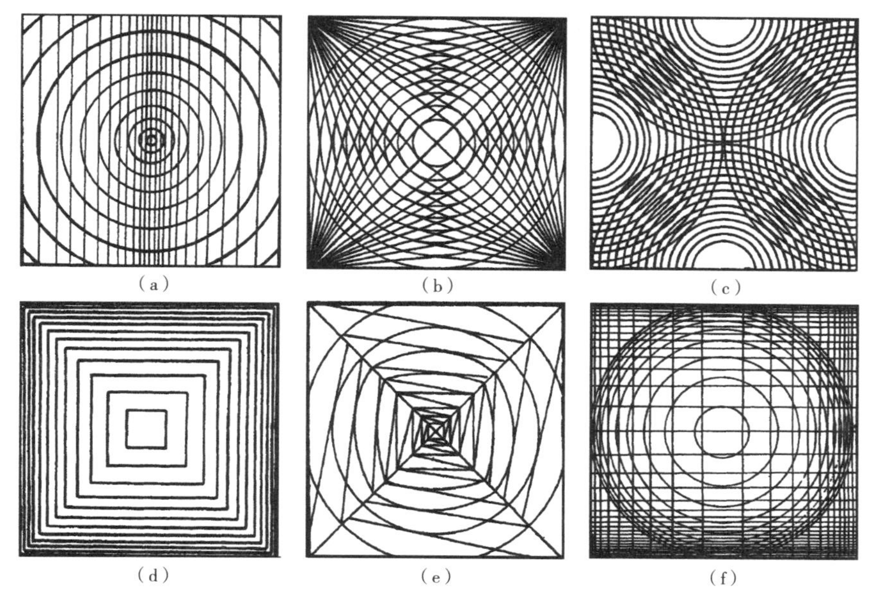
(a) (b) (c) (d) (e) (f)

图2-29　同心式发射骨格线

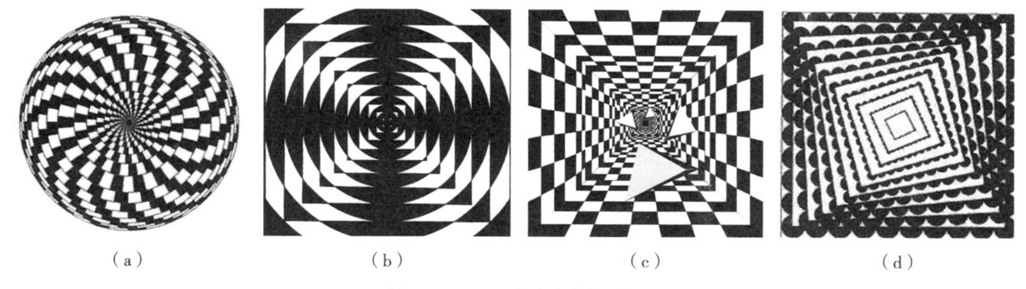
(a) (b) (c) (d)

图2-30　同心式发射构成

4. 移心式

移心式发射是指中心点移动或迁移位置，其移动后的中心点和骨格线形式不变，只是位置的迁移，骨格线重叠，这种构成常给画面带来更为丰富的效果，见图2-31。构成中也可以结合多心式等其他方式，形成有趣的图形效果，见图2-32。

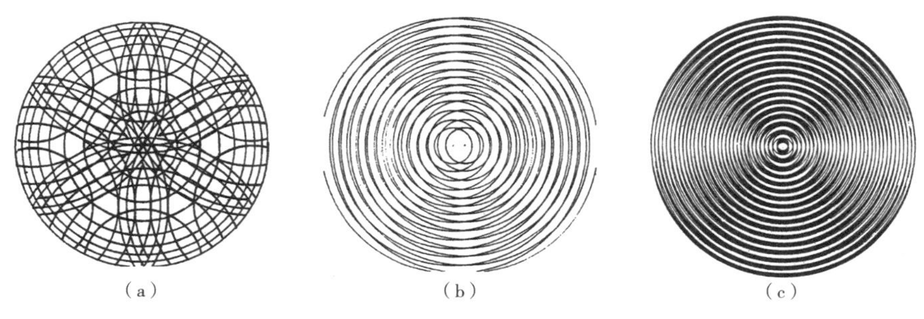
(a) (b) (c)

图2-31　移心式发射骨格线

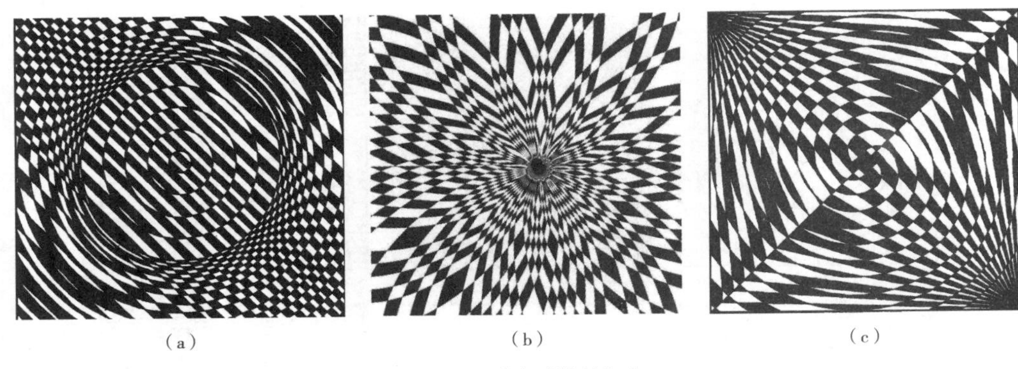

（a）　（b）　（c）

图2-32　移心式发射构成

5. 多心式

多心式发射是指同一画面中有多个中心点。多心式发射骨格，其中心点和骨格线可造成离心式、同心式、向心式等发射线。它通常表现为重复骨格发射形的效果，见图2-33；多心式发射构成，见图2-34。

图2-33　多心式发射骨格线

图2-34　多心式发射构成

发射骨格构成的绘制方法（图2-35）：

第一步，先确定图形外框大小，绘制基本“米”字骨格线；

第二步，在每个边上平均分出20等份；

第三步，绘制平行和垂直线上的点与边线等分点的连线；

第四步，在对角线上，由外向内等分5mm为一个单位；

最后，绘制对角线等分点的连线并间隔填充黑、白两色，完成发射构成图形。

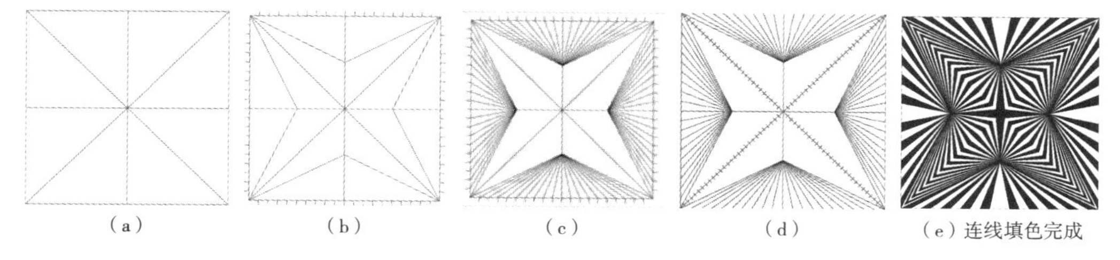

图2-35　发射骨格线与构成表现方法

上述五种骨格，前三种是基本的发射骨格，后两种是在前三种基本骨格的基础上发展的、较为复杂的骨格。可以看到，在发射骨格中，如果使用双元变动、发射点变化，会营造出发射中的重复形式、发射中的渐变形式和发射骨格发射形等多种样式。当发射骨格线又表现的是发射形时，其构成效果最强。当发射线环绕中心点，作疏密循序比例变动时，发射中具有渐变的特殊形式，这类构成效果强烈或繁复。当发射线等距离编排又有多个发射点时，可以说它是重复骨格的一种特殊形式，这类构成较强或平稳。相同的发射形或发射的骨格线彼此覆盖、透叠、联合会构成新的发射骨格和发射形。纳入双元表现的发射骨格，发射骨格可叠上渐变骨格线，发射骨格也可叠上发射骨格线，或发射形纳入重复骨格中等多种骨格形式。

总之，当中心点和发射线变动，并结合重复或渐变其他骨格表现时，其构成效果总是以发射形式为主。其实，构成中任何一种形式都不会是孤立的，都会与其他骨格线交叉，只是在构成中我们要以一种形式思维为主，构成的综合形式见图2-36。

图2-36　发射骨格构成

五、特异

特异，是依赖于规律性构成进行变化的构成形式，可称为突变和变异。构成整体是以规律性骨格为主，即以重复、渐变或发射骨格为主，以局部变化的方式来突破骨格的秩序或整齐的规律，可以认为是局部变异，或打破规律。这样，使变异部分成为规律中非秩序表现的一小部分，并使它成为吸引视觉的主要部分，引起注视，加深印象，突出主题。也可以说，它是重复骨格的连续，是渐变骨格的一种特殊表现。它同近似变化的目的一样，是为了打破重复的单调感，只是采用的方法不一，变化程度及表现方式各异。例如，在几行排列的鸡蛋中，突然出现几只小鸡；整整齐齐摆在书架上的几排书中，有两本书歪斜着；军营中，床下一排放置整齐的鞋子中出现两只倒过来的鞋底等，这些都是明显的变异现象。变异是比较性的，并混杂于规律之中。它必须具有大多数的秩序才能衬托出少数或极小部分的变异。变异部分与不变异部分之间的关系，是整体与局部的关系，并且在数量上是多与少的关系。

（一）基本形的变异

基本形的变异指在整齐排列的形象中出现一个或少数几个不合大体规律的形象，任何视觉元素都可作变异的表现。例如，形状变异、大小变异、方向变异、色彩变异、肌理变异等，见图2-37。

1. 形状变异

形状变异是在有规律编排的基本形中，变异少数基本形的形状，即在同一画面内出现两种基本形，一种是规律性的形（多数），另一种是变异的形（少数）。变异时基本形作形状的变化处理，见图2–37（a）。在重复式近似的基本形中，出现一小部分变异的形状，以形成差异对比，成为画面上的视觉焦点。

2. 大小变异

大小变异是在有规律的基本形与变异的基本形中作大小的比例变化，大小变异的比例不能过分悬殊或者相互太接近，否则就达不到大小对比和形成形的特异效果，见图2–37（b）。

3. 方向变异

方向变异是指同一种基本形排列中有方向的变化。在多数规律性的基本形方向一致的编排中，有少数基本形的方向按相反或侧向编排，即产生基本形的方向变异，形成特异效果，见图2–37（c）。

4. 色彩变异

色彩变异是指同一种基本形排列中有明暗对比变化，用色彩或黑白加强特异的效果，见图2–37（d）。

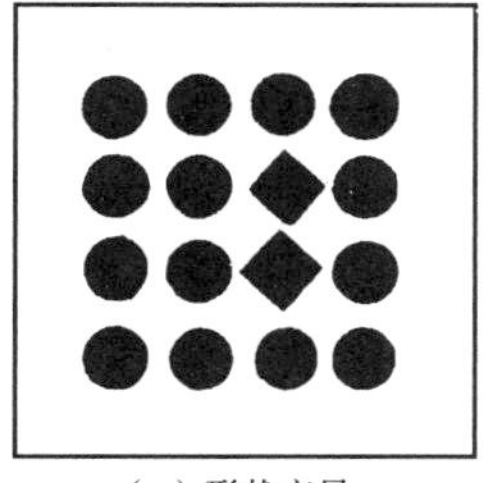
（a）形状变异

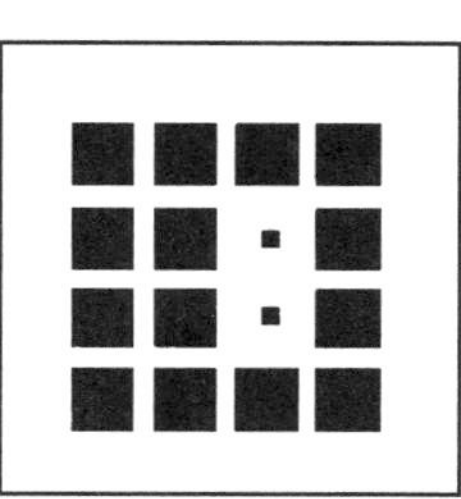
（b）大小变异

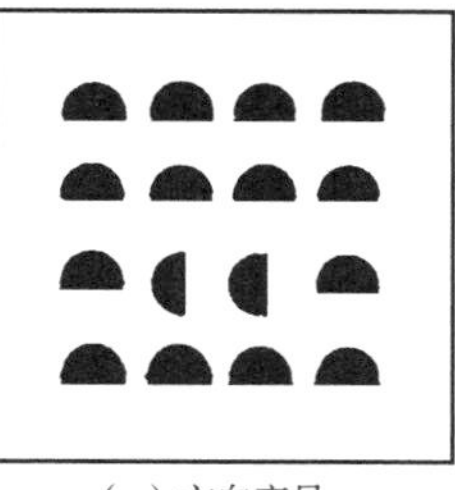
（c）方向变异

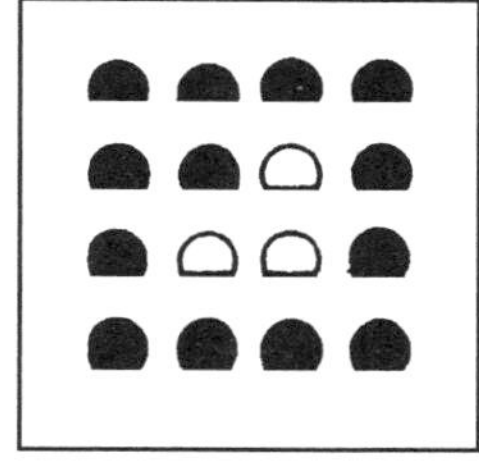
（d）色彩变异

图2–37　基本形特异图解

（二）特异骨格

特异骨格是在规律性骨格的基础上造成特殊变化的一种骨格形式，有下面两种方式。

1. 转移规律

转移规律是骨格产生变异的部分，是从一种规律性骨格经转移点进入另一种规律性骨格或转入原来相同的规律性骨格中，见图2–38（a）。

2. 破坏规律

破坏规律是在规律性骨格与整齐的基本形中，故意用破坏规律或破坏形的整齐排列的方法来获得变异的部分，这是一种追求静中有动、获取新奇的特殊构成，见图2-38（b）。

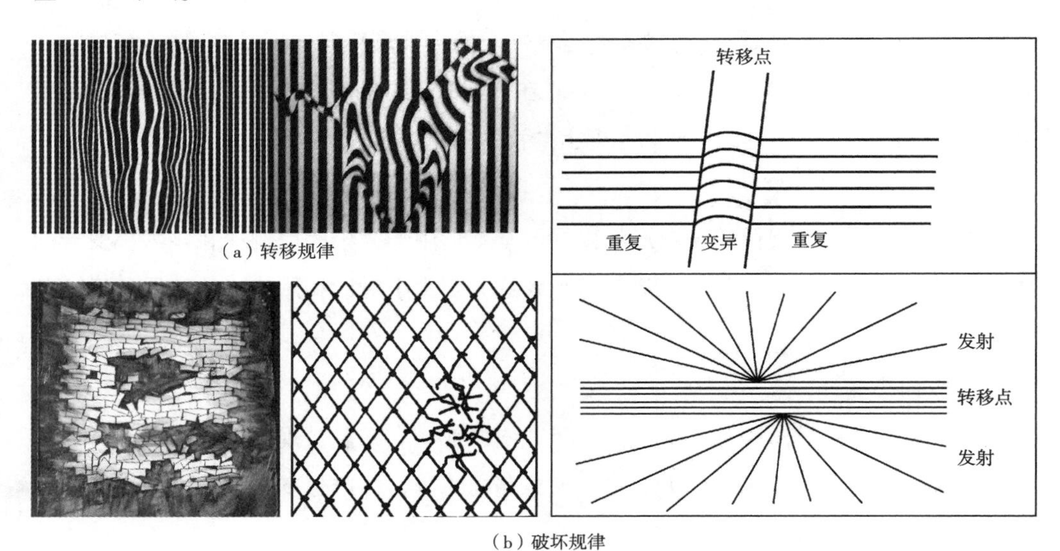

（a）转移规律

（b）破坏规律

图2-38　骨格线变异图解

特异骨格设计要点：

第一，特别变异部分与规律性部分必须形成一种对比关系，变异的部分必须是整体规律中相对小的部分。

第二，骨格的转移与骨格的破坏，前者是经转移点转进规律性骨格，后者是对规整形的破坏或者破坏规律的排列，是规律性骨格与变异形的结合。变异部分要能使画面吸引视觉兴趣，使构成产生焦点，具有新奇的构成效果。

第三，重点考虑：变异形适当，若变异部分与规律部分过分相同或数目均等，都不会产生变异的特有效果。并且，变异部分太多，画面难以协调；变异部分太少，则有被埋没的感觉，失去了应有的视觉效果。

总之，在变异构成中，变异部分变化强度的大小或多少均由设计者自己决定。变异骨格线相对于规律性骨格线，应协调在有规律骨格线的构成中。变异形相对于规律形，它们又应协调在有规律形的表现之中。变异部分虽是整体的局部，但也是画面的主要部分。在视觉注意力上起着以少胜多或突出的作用，基本形的特异与骨格特异构成，见图2-39、图2-40。

图2-39　特异构成1

图2-40　特异构成2

第三节 / 比例与分割

比例是形式美的规律之一。它指画面分割形式上部分与部分、部分与整体之间构成一定的比例关系。比例是任何造型作品的结构基础，正确的比例有助于达到设计构成的和谐、严谨、完美。

比例分割是将一个整体框架的面积按比例划分，分割后成为若干个块面形的一种方法。分割后的块面将构成一个全新的结构整体，即在平面上，将形或整个面的大与小、长与短、宽与窄等按一定的比例关系通过空间来考虑计划，并调整画面的组织形式。在任何设计和造型艺术中，比例起着重要的作用。例如，建筑物的宽度、深度、高度的正确比例关系是建筑物的美和坚固性的重要因素。视觉艺术中描绘造型的准确比例是绘画和雕塑忠实于原型的条件之一。而现代组合家具、橱窗陈列、广告设计、服装设计等，都必须按照美的比例分割，才会具有形式的美感与和谐。例如，一幅广告设计，有文字、图片、图形等，如何将这些“素材”很好地安排在一个空间内，首先就是比例的分割问题。在规定的空间内进行分割，确定空间的大小比例，才能够安排好这些图片、文字。可以说任何造型设计都与分割有关、与比例有关。对于构成来说，比例与分割是根本的、重要的基础。

我们知道分割必须是按一定的比例来进行的。然而，比例往往是和“数”相关联的，因为数本身就是一种秩序，所以，运用数的比例来分割是规律性构成的主要依据，特别是在数列分割中均是以数的秩序来排列的。当然，我们在运用数的比例时，并不是强调数字的绝对数值，而是借助它的秩序来表现构成的秩序、节奏、韵律。下面分别介绍几种分割的方法。

一、黄金分割

所谓黄金分割是用黄金比例作为分割画面的数字依据。这种比例关系是：整体与较大部分之比等于较大部分与较小部分之比。以数字表示，即1∶0.618。在造型设计中，按这一比例数设定划分的分割线和分割面具有美学价值，能产生最悦目的印象。

（一）线段的黄金比例分割法

有一条线段AB，按黄金比例，求出这一线段的分割点，见图2-41。已知直线$AB=BC$，延长AB线得到D点。以D点为圆心，以DC为半径画圆，相交于AB线段上得到E点。E点即为AB线段上的黄金分割点。它们的线段比为：

$$(AE+EB):EB=EB:AE$$

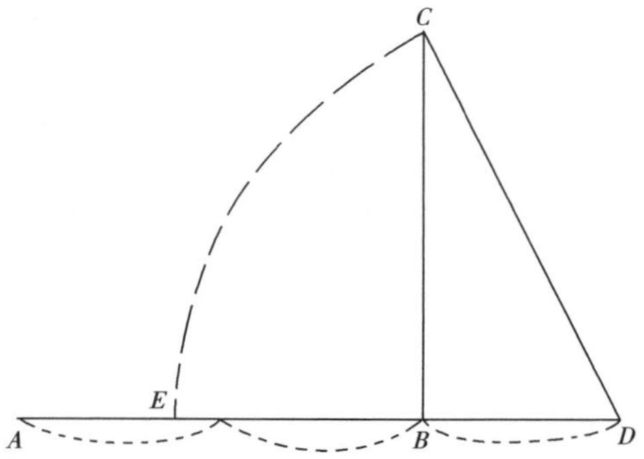

C

E

A B D

图2-41　黄金比例线段图解

*AE*线段并不恰好是全线段*AD*的三分之一，也不是*AB*线段的二分之一。如果再将*AE*+*EB*与*AB*相比，也会产生同样的关系，以至无穷。（小＋大）：大＝大：小，在大小比的关系中，以1作为大，小就是0.618；以1作为小，则大就是1.618，这样的比例关系被称作黄金比例。一般取其近似值1：2、2：3或5：8。这一比例在日常建筑、生活用品、工艺美术设计中得到广泛的应用。

（二）黄金矩形分割法

已知正方形*ABCD*，求黄金比例的矩形，见图2-42。将正方形底边的二分之一*E*点（即*AE*=*EB*）与*C*点连接，连接线段为*EC*。以*E*点为圆心，*EC*为半径画圆弧，使其相交于*AB*的延长线上得到*F*点。再延长*DC*水平线，在*F*点处作垂直于*AF*的直线，并交于*DC*延长线上得到*G*点，*AFGD*即为黄金矩形。

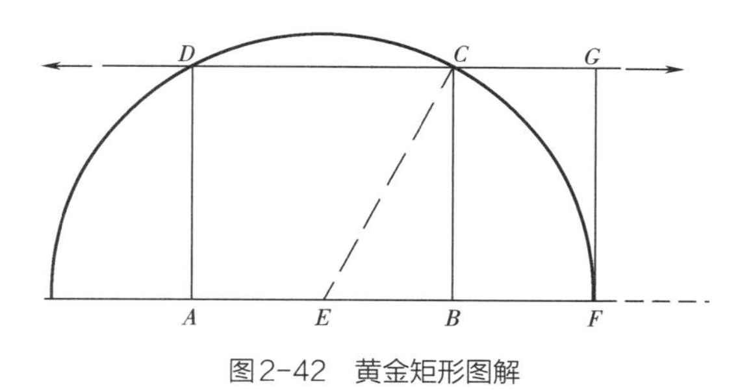

图2-42　黄金矩形图解

黄金比例分割从古希腊至今为许许多多的建筑、雕塑、绘画、设计等应用，如著名的巴黎圣母院、雅典的巴特农神殿、米洛斯的维纳斯雕像等，其中重要尺寸的分割都含有黄金比例。这种美的分割比例在近代应用更为广泛，从现代设计构成到视觉触及的日常用品，都与黄金比例有着密不可分的联系。一般来说，接近或符合黄金比例的比例都是美的。但是，在造型艺术和现代设计中，也不宜将黄金比例作为一成不变的绝对形式来加以运用。

二、重复分割

重复分割是指画面分割后的空间形是相等的或等分的。在分割后形与量相等是一种等量的数比关系，给人以十分整齐、有序、明快的感觉。这种重复分割可用以下两种方法来表现。

（一）等形分割

等形分割指画面分割后，其形状、面积都要求完全一样，是较为严谨的造型。其数据可以是1：1、2：2、3：3、4：4等，这种分割一般表现为对称形式，有2等分重复分割、4等分重复分割、16等分重复分割等，见图2-43、图2-44。

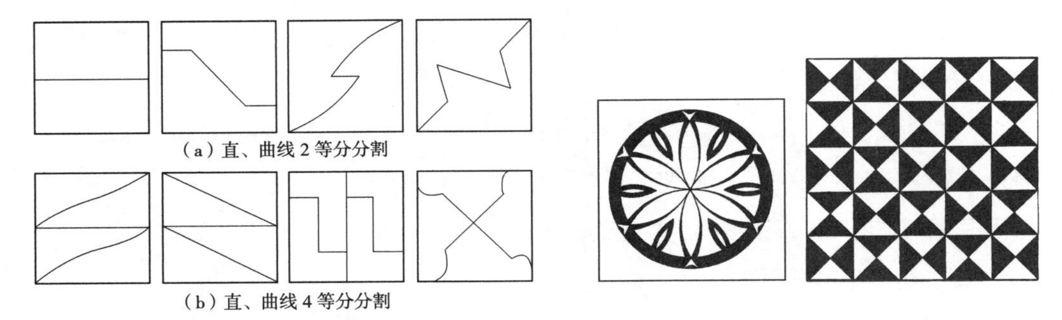

（a）直、曲线2等分分割

（b）直、曲线4等分分割

图2-43　等分分割图解

图2-44　等形分割

（二）等量分割

等量分割是指画面分割后，空间形的“量”相等，而不重在形的相似。在等形分割中，2等分与4等分的形都完全相同。而在等量分割中，由于分割后形状不同但“量”相等，因此，它比等形分割更富于变化，见图2-45、图2-46。

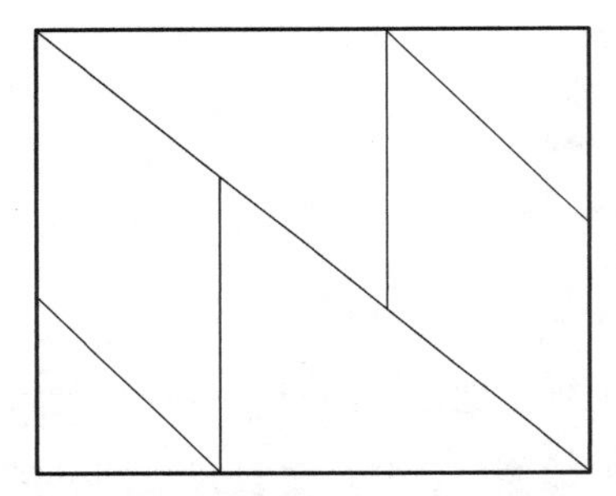

图2-45　等量分割方法一

图2-46　等量分割方法二

三、数列分割

数列分割是指在构成中各骨格线之间有一定的逻辑关系，并充满“数的秩序”。它是一种富有理性的分割构成。数列分割有下列4种数列方式。

（一）等差数列

所谓“等差”是指每个相邻数字之间有一定的差数，我们称其为“公差”。数与数之间的公差数相等即是等差，而组成的数列即为等差数列。其数的排列方法是前一项数加上公差数为后一项数。如果公差数是为“1”的等差数列，其秩序数的表现是：1∶2∶3∶4∶5∶6∶7∶8∶9……如果公差数为“2”，其等差数列的秩序数为：0∶2∶4∶6∶8∶10∶12∶14……在构成中，这种等差数列的分割常体现为渐变的形式。公差数越小，其构成线的渐变效果越均匀柔和；公差数越大，其构成线间隔的距离则越大，见图2-47。

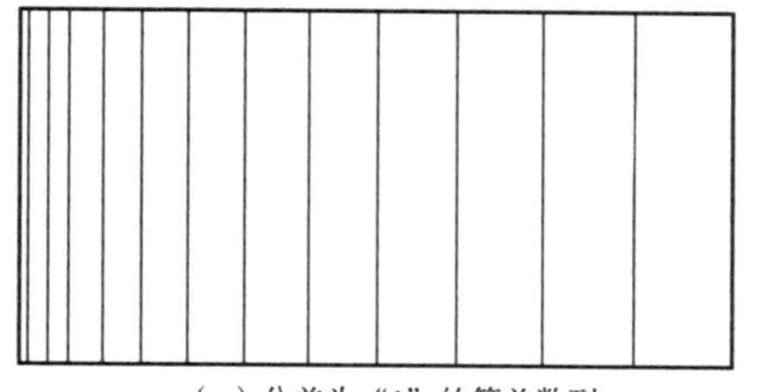
（a）公差为“1”的等差数列

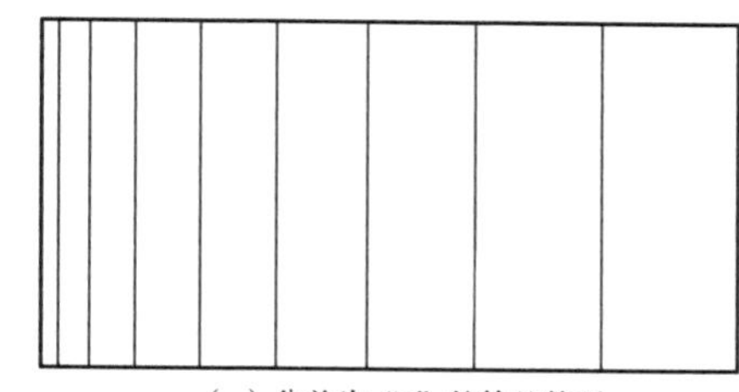
（a）公差为“2”的等差数列

图2-47 等差数列图解

（二）等比数列

等比数列是指数与数之间按相等的比例递增的数列。这个比数我们称其为“公比”。按公比数的比例编排递增的数列即为等比数列。其数的排列方法是前一项数乘上公比数等于后一项数。如果公比数为“2”，其等比数列的秩序数是：1∶2∶4∶8∶16∶32……如果公比数是“3”，其等比数列的秩序数是：1∶3∶9∶27∶81……等比数列比等差数列差距大，它虽然也是一种渐变形式，但常伴有突变的感觉，见图2-48。

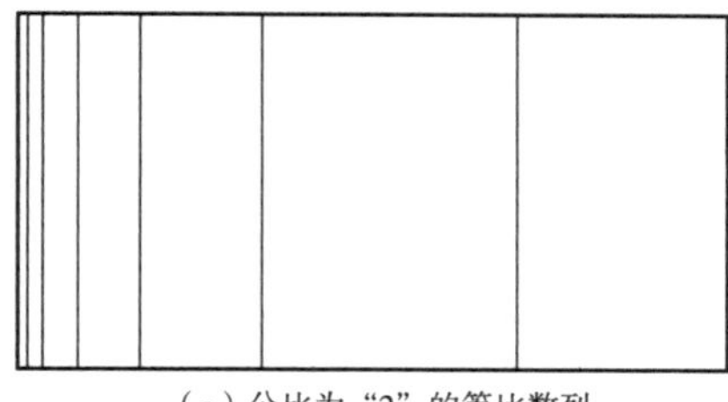
（a）公比为“2”的等比数列

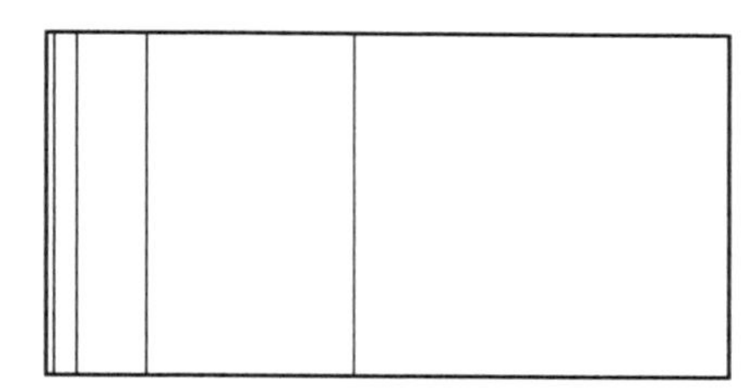
（a）公比为“3”的等比数列

图2-48 等比数列图解

（三）斐波纳奇数列

“将前二项数之和作为次项的数而造成的数列秩序”是斐波纳奇数列。如1∶2∶3∶5∶8∶13∶21∶34……其增加率具有规则性而又均匀平稳，是比较容易作图的数列。

（四）调和数列

调和数列的秩序数是：$1:\frac{1}{2}:\frac{1}{3}:\frac{1}{4}:\frac{1}{5}:\frac{1}{6}:\frac{1}{7}:\frac{1}{8}$……因分数状态的数较难运用，我们将其分数转换为小数来表示：1∶0.5∶0.33∶0.25∶0.2∶0.16∶0.14∶0.12∶0.11∶0.1……为了方便使用将其顺序倒过来，并将各数增加10倍，其数列表示为：1∶1.1∶1.2∶1.4∶1.6∶2.0∶2.5∶3.3∶5……这种数列的排列效果比等差数列中公差为1的数列形式更显均匀、柔和。

如果将以上4种数列放在一起用图形作比较的话，便可以看出等差数列是变化固定的数列，等比数列在开始时变化不大，越往后距离变化越显著。如果我们用曲线来表示，那么等差数列呈直线变化；等比数列呈抛物线变化，其美感在于可以急剧增加或减少；斐波纳奇数列呈缓慢的直线变化，远看有曲线的感觉，调和数列呈曲线变化；见图2-49。

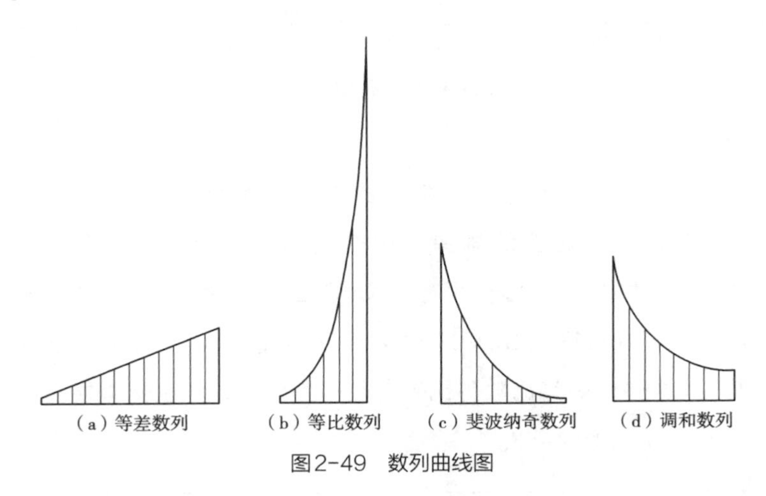

图2-49 数列曲线图

四、规律性分割

规律性分割可以依据上述重复、数列、黄金比例等分割进行画面的安排构成。探索创新图形的可行性，前面学习的重复、渐变、发射骨格都是有规律线形的分割。选择一幅摄影具象图片，或将一幅自己完成的创意装饰图形，进行合理的有规律性的分割，对分割后的块面进行分条移动，交错变化排列重组，可形成有趣的图形，见图2-50（a）。或者在移动中，穿插其他图形，在变化中求取其合理性和趣味性，见图2-50（b）。

（a）

（b）

图2-50 具象形规律性分割重组

五、自由分割

自由分割是一种任意又多变不定的分割方式。分割线安排较随意，构成效果生动、活跃。在自由分割方法中，可以不依一定的数作分割时的依据，但在设计构思确定分割线时，可以假定“象形”，以取形象的局部边缘线为划定分割的依据，或者在感觉中，分布线的排列使画面具有平衡感，见图2-51。也可以选用现有的一张图片分割后错动排列或参入另一张图形的局部，组成新的有趣的图形。编排中，“割”而不断，“分”而不离。从分割的局部到整体进行周密的安排，使构成效果虽自由而不显零乱，似无意却有意安排，追求有趣、生动的画面美感形式。分割应注意整体的统一，在多变、流动、变化的形式中，寻求画面构成的合理性、平衡性和趣味性，见图2-52。

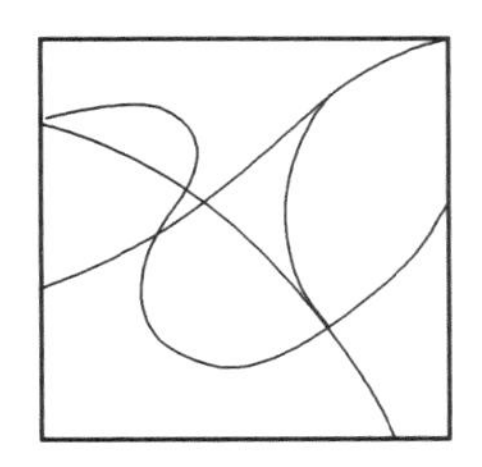
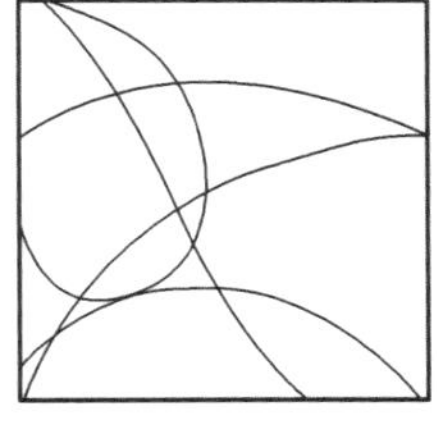
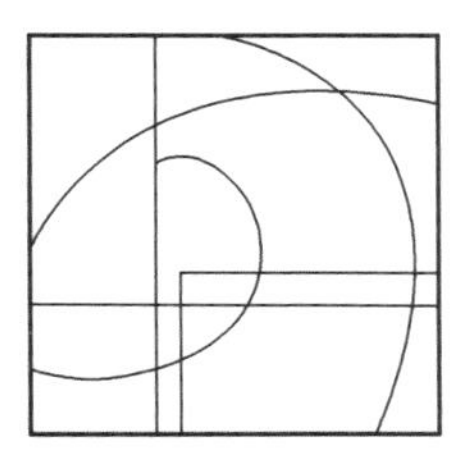
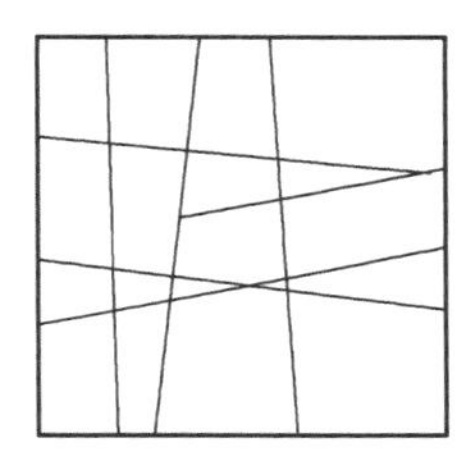

图2-51 自由分割骨格线

图2-52 抽象形分割构成

第四节 对比

对比是依形象本身的对比因素编排组合的一种构成形式。在形象与形象之间、形象与背景之间都因有不同之处而形成对比关系。从广义上讲，任何视觉元素之间都存在着若干对比的成分。从范围上讲，设计构图可以从特殊的对比观念来讨论。例如，变异、密集也可以说是对比观念的一部分，对比是美的形式法则之一。在构成中，对比往往是通过运用对比元素中，加强同一元素的差异或减少某一元素的数量来体现对比效果，在对照比较中取得一种聚散、疏密、大小、多少等相互对比的美感形式。无论是形的对比，还是骨格的对比，效果都会呈现一种呼应动态平衡的美感。

大自然中充满着各种各样的对比现象：高原与平地、山峦与江河、繁花与野草、枯枝与嫩芽等，形与形之间、物体与物体之间的种种对比处处可见。但凡画面有两个以上的形出现，就会存在对比关系。没有对比，画面构成就会平淡而缺少生动气息。构成选择自然形象、具象形、抽象形进行对比练习，需要寻求产生差异性、对比性，使画面构成生动而有趣，但需注意形与形对比所产生的情趣意境和协调。对比构成分为以下六种。

一、形状与大小对比

形状对比指形与形（包括自然形、具象形、抽象形）的形状比较。形状的对比有：简单形与复杂形、直线形与弧线形、圆形与方形、规则形与不规则形等。在图形组合中，形状还会有大小区分，大小对比可以应用同一形象的大与小之比较或不同形象的大与小之比较。如果是同一种形状作大小对比，其对比会更明显。根据近大远小的透视原理，大小对比也会产生远近对比的效果。另外，一般大者为重，小者为轻，如果放在同一水平线上，大小对比还会产生轻重对比的感觉，见图2-53。

图2-53　形状与大小对比

二、色彩与明暗对比

色彩对比指形与形之间色彩的色相之比、明暗之比、冷暖之比、色彩的鲜与晦的比较等。这里主要指明与暗、白与黑的对比，当然还包括不同层次的灰与白、灰与黑的对比。在所有明暗对比中，白与黑的对比是视觉中最强烈的对比。当黑变为深灰或白变为浅灰时，其对比效果均会减弱，见图2-54。

图2-54　色彩（黑白）对比

三、方向与位置对比

方向对比指同一种基本形或不同的形编排时考虑方向变化而产生的对比。从角度来看，与一种垂直方向放置的形的对比有：倾斜30°、倾斜45°、倾斜90°成直角方向或相反方向排列的形都有对比的感觉，见图2-55。

位置对比指基本形在画面中因位置不同而形成的对比。它依框架来显示其上与下、左与右、中心与侧边的位置关系，见图2-56。如果图形偏于画面中心就会有不稳定

图2-55　基本形的方向对比

感，这就是画面构成的重心问题。图形还会因轻重感不同而产生对比，只要是非对称形式的构图，都会出现轻重现象。运用位置对比时要注意形象在画面里与整个空间的协调性，包括左右、上下空间的均衡，要在视觉上调整图形的大小、黑白等要素，使构成趋于视觉上的重心平衡，见图2-57。

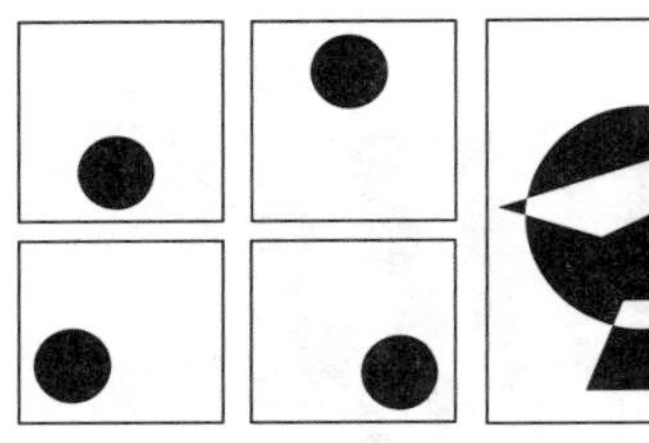
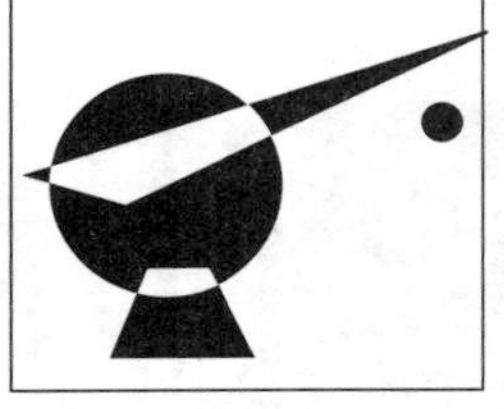
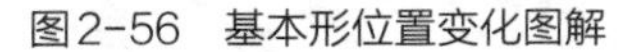

图2-56　基本形位置变化图解

图2-57　基本形位置对比构成

四、虚实对比

虚实是借用素描的“虚实”关系而言，简单的理解是模糊和清晰的比较。对于构成而言，虚实对比指画面中形与空间的对比，“留白”的概念也是一种有与无的对比，或者是正与负的对比，形象的正形和空间的负形都很重要。依正负形概念图为实，底为虚，虚实是在形与形构架之间表现出来的，没有绝对的虚实对比之分。有刚为实柔为虚，总是虚中有实，实中有虚，虚实互换，不可截然割裂开来，见图2-58、图2-59。

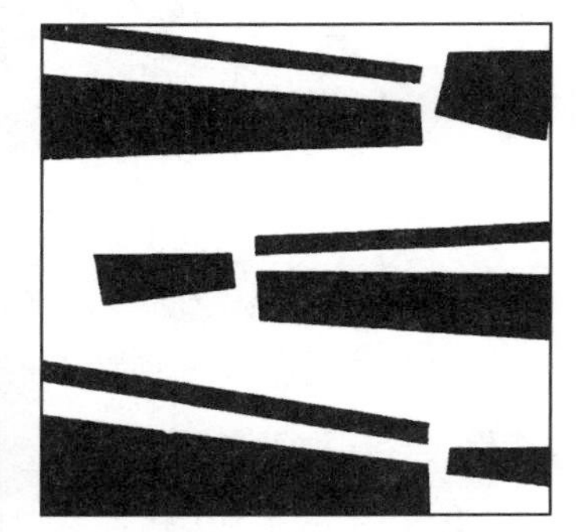

图2-58　抽象形虚实对比

图2-59　具象形虚实对比

五、密集对比

密集指形在空间中向点或线集中，形成的画面构成图形在数量上的聚集与分散，造成疏密不同而形成的对比，这是形与形集中与分散的排列对比。一般聚集的群体形会成为画面的焦点，表现密集的方法主要有以下三种。

（一）趋于点的密集

趋于点的密集是以假定点作为画面中形的集中点，即焦点。其基本形趋附于这些点的周围。假定点的位置安排在画面中心或者中心偏上一点，见图2-60。这种密集，有如生活中的影院观众在散场或入场时，或者都向剧院这一点集中，或者由这一点向四周散开的情景。

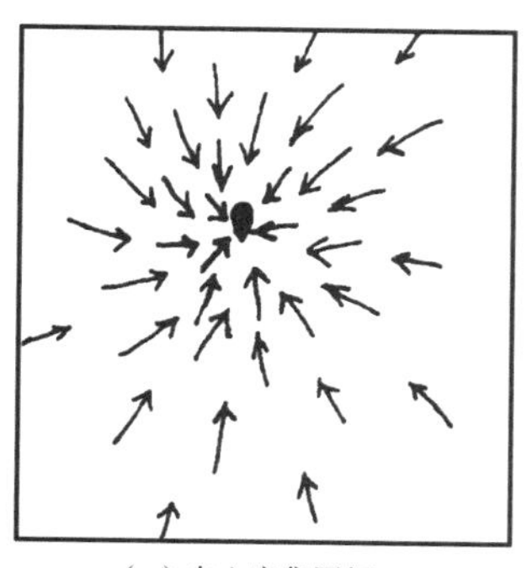

（a）向心密集图解

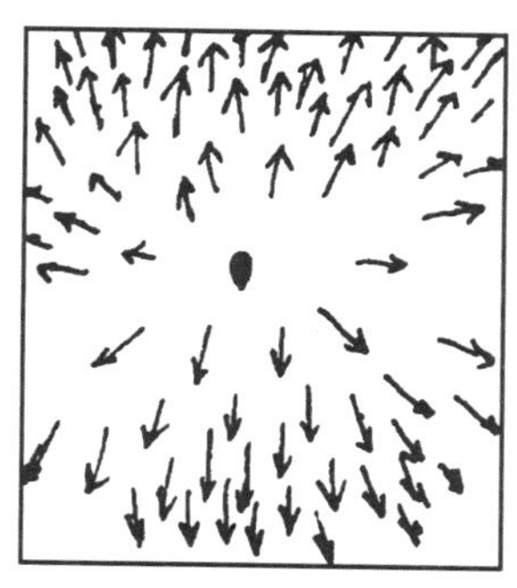

（b）离心密集图解

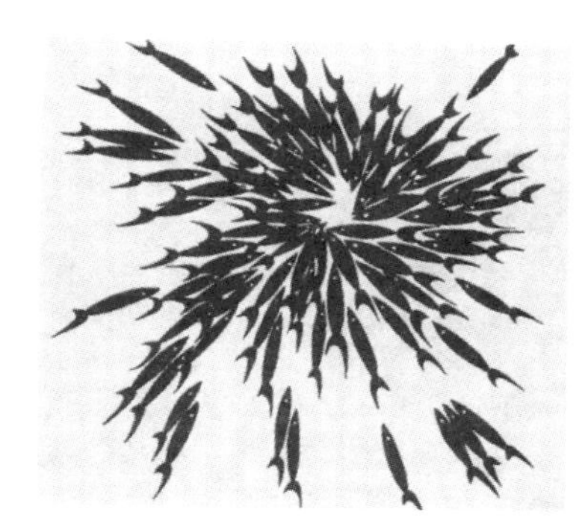

（c）向心密集构成

图2-60　趋于点的密集

（二）趋于线的密集

趋于线的密集是以假定线形为画面中基本形最集中的地方，其基本形趋于这些线的周围。密集时，假定线的地方就成为基本形的聚合处，见图2-61。在密集表现中，点与线的集结都是假设中心点和线作为画面最密的地方，并引导其基本形的排列。

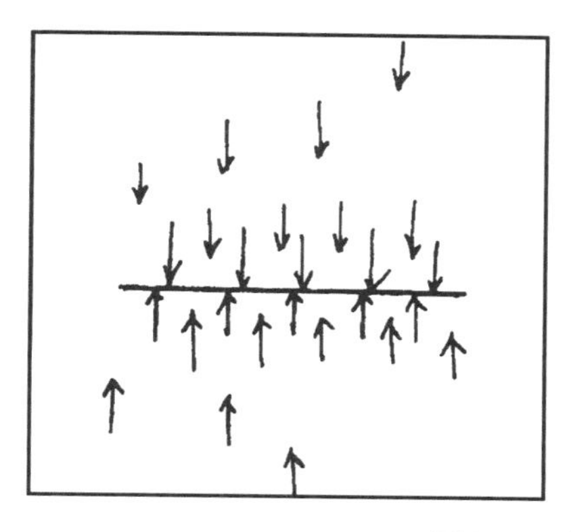

图2-61　趋于线的密集

（三）无定性的密集

无定性的密集没有明显的假定点和假定线，而是从画面的某一位置以基本形分散的自由密集。点与线聚合的形有面的感觉，或从左向右，或从上至下，或向周围和旁边逐渐变稀疏，这是一种较为自由的构成方式，更多注意多与少、疏与密的编排，见图2–62。

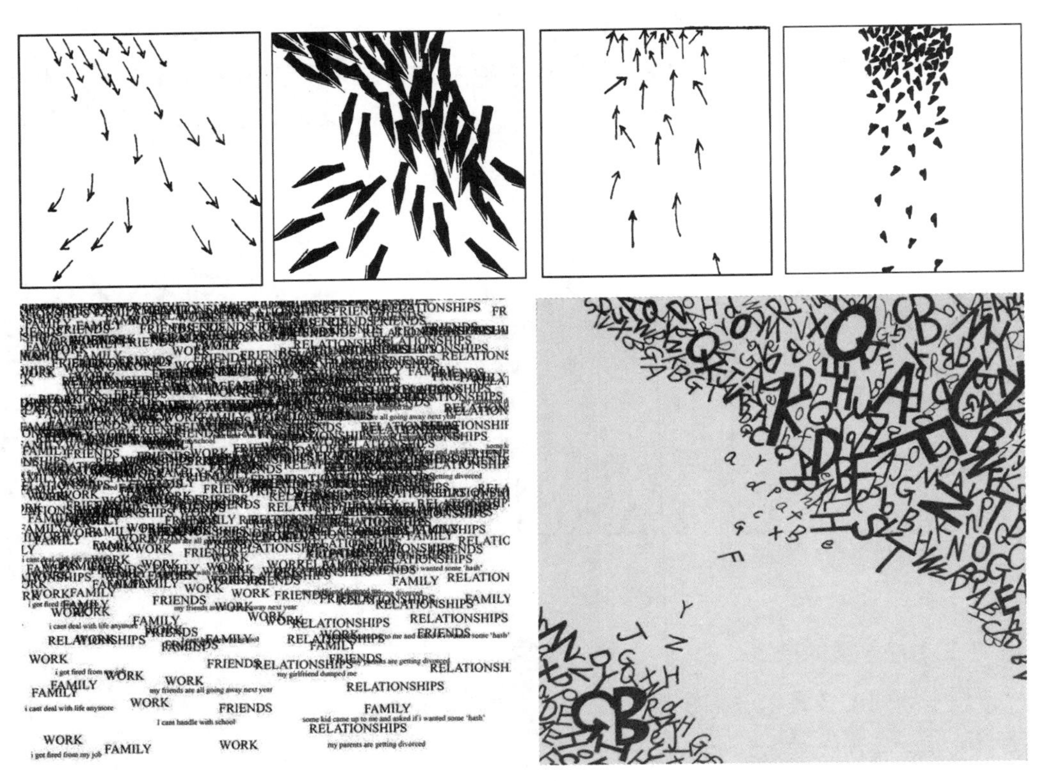

图2–62　无定性的密集

六、肌理对比

肌理指基本形的表面纹理，因任何基本形在构成中其形的表面都会用不同的纹理来表现，如有黑实的平滑感与细小分割的纹理。在前面重复构成中，构成单位小的图形远看就成了肌理一样，进行手绘的图形细小时，在一定的距离就有了视觉的肌理感。细小单位的文字形成的视觉肌理效果，将此方法在广告、书籍设计中应用也会有较好的效果，见图2–63（a）；平面图形的纹理表现，见图2–63（b）；有肌理感的表现方法，如图中人物头发由细小的图形组成与面部形成了不同的质感，就有了肌理的对比，见图2–63（c）。

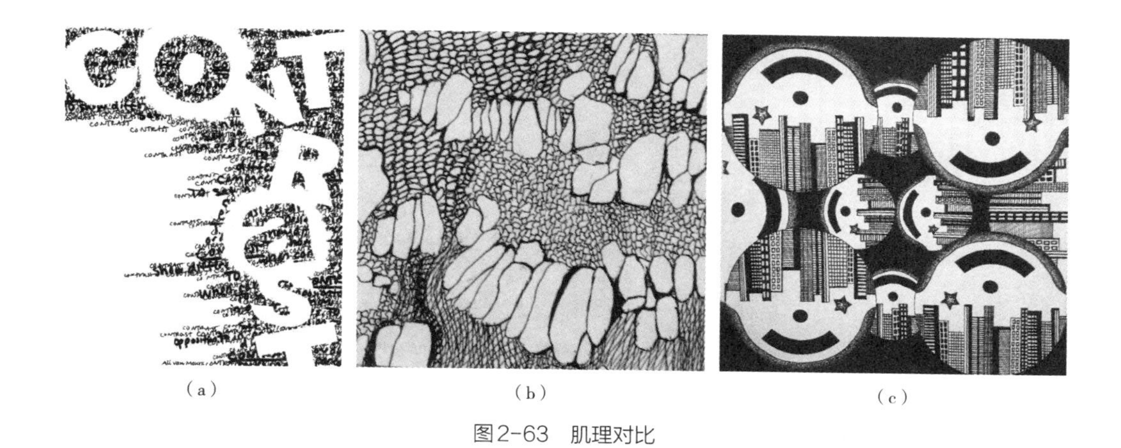

（a）　（b）　（c）

图2-63　肌理对比

在服装的面料中，不同的印染图案和面料再造都会形成不同的肌理效果，对于服装质感来说是很重要的造型要素，如粗糙感、平滑感、光泽感、绒毛感等，皆是形容质感的，下面一节将着重讲授肌理的内容。

对比种种，无论是哪一种对比方法，都是能使画面构成产生动态的那一部分，或吸引眼球的那一部分构成。在上述对比要素中，形状对比包括了大与小、粗与细、点与线、线与面、方与圆、复杂形与简单形、几何形与自由形、完整形与残缺形等；空间对比包括了多与少、疏与密、聚与散、实与虚、显与晦等；性质对比包括了软与硬、干与湿、明与暗、透明与非透明、光滑与粗糙等。形与形在形状、空间和性质的构成中，主要在于平衡或均衡的排列，各要素需各自彰显其独立性，又要有协调性，方能制作出富有美感意味的、有创意的对比图形构成。

第五节 ╱ 肌理

肌理是指形象表面的纹理或形象表面的各种视觉特征。例如，触感、手感、质地、性质等用语都包含肌理的概念。在上述的各种构成形式和基本形表现中，点、线、面与装饰图形都含有肌理概念和表现，以及呈现图形质感的表现技巧与方法，它们是塑造和渲染形态的重要视觉要素。肌理在很多时候是被设计的物质材料表面的有效处理手段，能体现设计造型物的品质风格，并成为人们接受的特定样式及时尚因素的有效手段。肌理的表现形式主要分为视觉肌理和触觉肌理两种。

一、视觉肌理

（一）概念

视觉肌理是指一种平面的、细小单位的视觉图形。肌理作为一种对自然物象观察方法的定位，将对认识物象的基质产生强化作用，它诱导人们用视觉或用心去体验、去触摸，使人对物象产生亲近感和视觉上的快感。我们观察物象的肌理有助于对形态的认识、理解、表现与再创造，同时有助于深刻地认识形式语言的意义与作用。肌理是所有物体形象外表的基本元素，同一种造型因原料的不同、加工手段的不同、结构表现的不同会呈现出表面不同的肌理，在给人不同视觉印象和心理感觉的同时，加强视觉形象的作用与物体美的感染力。

（二）肌理图形

肌理图形的题材表现，也是来源于或有感于大自然中纹理现象的提取与归纳，有真实肌理、模拟肌理、抽象肌理等。大自然赋予我们的肌理有：树木纹理、水质的纹理、岩石的纹理、动物毛皮的纹理等。而仿自然设计的各种较密的纹样，或者是几何形组成的较密纹样，以及纺织品表面的粗糙与光滑的质感等，都是受自然物肌理的启发而人为造成的特有的艺术形式。不论是宏观的天体，还是微观的细胞，凡是人类能感知到的物质都会给我们提供丰富繁多的物质表象，并传递出不同的信息，是我们取之不尽的原始素材。

（三）肌理表现的技法

人为肌理的设计，可以用具象形、抽象形、具象形与抽象形相结合来表现，也可用偶然形与必然形相结合表现。凡是视觉形象肌理的构成单位都非常细微，其质地看上去近乎一种色彩。

从设计肌理表现形式与技巧看，有显性肌理（强烈），有隐性肌理（微弱）；有手绘与印花形成的视觉肌理是平面的，也有手工技巧形成的肌理是有凹凸感的、半立体的。从形态看，有仿自然形态肌理、抽象几何形态肌理；从构成形式看，有规则和不规则形态肌理，肌理构成制作的核心是将直接的视觉和触觉感受有秩序地转化为技巧表现与传达的方式。

肌理的表现技巧与手法多种多样，手绘视觉形式有：点状肌理、线状肌理、面状肌理、彩色肌理、非彩色肌理、有规律表现肌理、非规律自由表现肌理等。手绘图形表面的视觉肌理，如对植物、水果图形手绘肌理，见图2-64。在纺织面料设计的印花图形中，应用印花和细小的纹样，可以形成视觉肌理，见图2-65。服装面料手工表现的肌理，也称为面料再造或者对面料进行加工刺绣等方法，会有一种触觉上的肌理感，即半立体的触觉肌理，见图2-66。肌理在服装构成设计中的应用，见图2-67。

（a）点状肌理

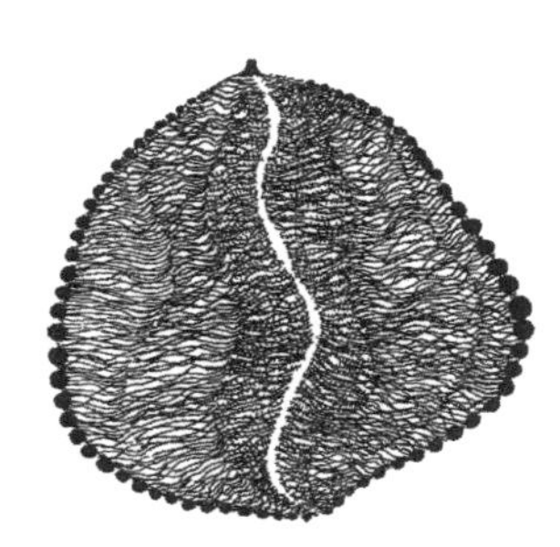

（b）线状肌理

（c）面状肌理

图2-64　视觉肌理

图2-65　印花视觉肌理

图2-66　触觉肌理

图2-67 肌理设计应用

（四）肌理的制作实践

如何表现有趣的肌理？可以从肌理的特性方面入手进行尝试。例如，真实肌理学习、模拟肌理学习、抽象肌理学习等表现训练，去理解从自然到艺术表现的实践过程。

1. 写实肌理

写实肌理是对物象本身的表面纹理的感知。通过“视觉触摸”来获得对物象材质的感觉与经验，而这些感觉与经验可以用绘画速写、摄影、文字记录与整理，再用工艺手段来制作出来。例如，模拟斑马纹的质感、毛皮、毛绒质感等，以动物毛皮的真实感设计的肌理，采用了印花设计的方法来表现，见图2-68。

图2-68　以动物毛皮的真实感设计的印花肌理

2. 模拟肌理

模拟肌理是在平面上再现物体的写实，模拟性着重提供肌理的视错觉与某种幻想。通过观察来“触摸”物象的表面，如模拟电路板的肌理，或模拟指纹的肌理，或模拟自然大地农田的肌理等，通过点、线、文字、块面等来表现这种“质感”，达到模拟的效果。对肌理的模仿是对艺术表现形式的追求，见图2-69、图2-70。

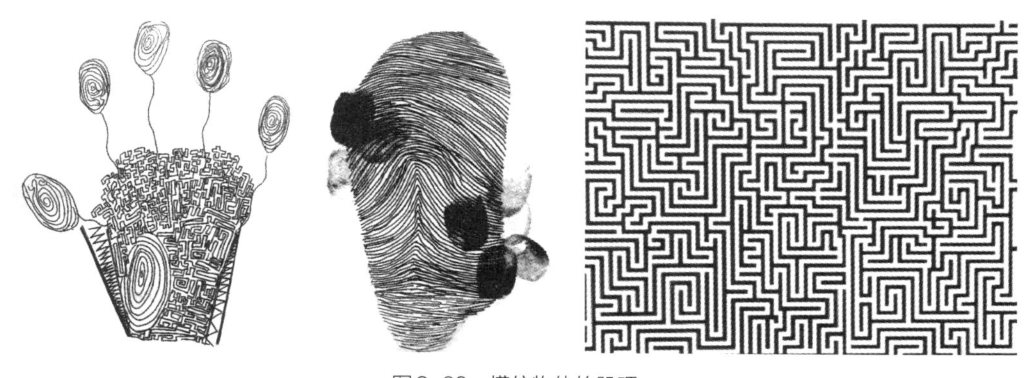

图2-69　模仿物体的肌理

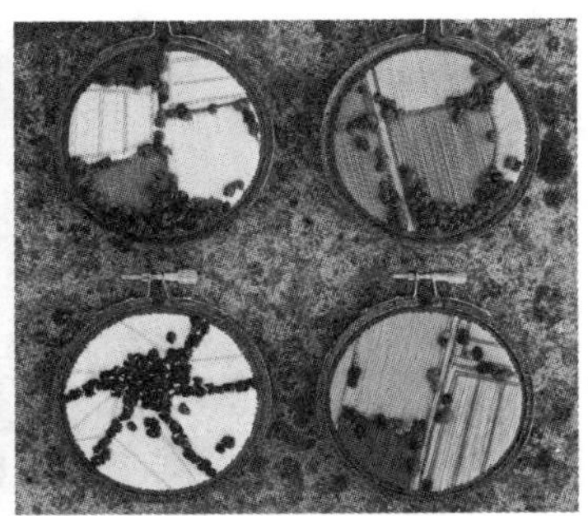

图2-70 手工刺绣表现的肌理

3. 抽象肌理

抽象肌理是对物象模拟真实图形肌理的抽象表达或几何图形的表达。它常显示出原有的表面肌理的特征，但又可根据特定要求做适当调整，使其清晰化。物象表面的纹理图案，其构成主要取决于材料表面的纹理。这种象征性的材料广泛地应用在简洁图案的设计中，而不花时间在复杂的模拟质感的表现上。当我们从构成的角度看一幅构成图时，抽象肌理可以用来强调或减弱某些局部，使之成为一种更为有效的构成手法，见图2-71。

图2-71 抽象肌理的表现与应用

（五）特殊肌理制作技巧

1. 绘写方法

用笔进行自由绘写或规律绘写就可以表现肌理的效果。绘写时注意肌理元素的形象越小越好，否则会失去肌理的感觉。其实，当我们在前面的章节中进行创意图形装饰“填充”和“置换”装饰手法的时候，已经应用到这种方法来表现物象的肌理了。

2. 特殊技法

特殊技法是有意外成分并带有实验性的方法。如果细加推敲，可增进对工具、材料的理解与表现力，见图2–72。

（1）渲染和吹墨法：是将纸张先浸湿后再开始画图形，颜料透过水分的增减、渗化或流动；或者进行吹开，这时在简单的图形边上就会有许多细线吹散开，使单调平凡的点或线马上生动起来，让平常的图形产生新奇的效果，见图2–72（a）（b）。

（2）拓印和压印法：是把油墨或颜料涂在有凸凹起伏的线绳物体上、网格织物上或玻璃上，直接将涂有颜色的物体盖印在纸上就会形成图形；或者用宣纸盖在涂有颜色的物体上，拓印出纹样来；还可以试用海绵头涂上颜色压印，采用不同的材料进行压印其效果是不同的，会产生意想不到的效果，可获得意外的肌理图形，见图2–72（c）（d）（e）（f）。

（3）墨纹法：是把颜料滴进旋转的水中自然形成的图形，也称大理石纹法。墨纹法的图形制作方法为：在平而宽的容器内，注入深2～3cm的水，轻轻地搅动水后，将毛笔蘸墨汁滴入水中，当墨汁入水后随水转动变化形成图形，再用纸张很快地放在水面上，图形就吸附到纸上形成很美的大理石纹。纸的种类很多，最好采用能充分吸收墨纹的纸为佳，见图2–72（g）。

（4）抗水法：是利用油与水相互排斥的特性获得的肌理。例如，用油性颜料（油画颜料、油漆、油画棒等）和水性颜料（水彩、水粉、彩色墨水等）放在一起或覆盖便会产生相互抗拒，从而得到有趣的肌理。先使用油画棒画出图形，再用颜色画上去，涂有油性颜料的地方就会显露出来，用这种抗水法表现的肌理有厚重感，见图2–72（h）（i）。

（5）拼贴和重叠法：是以报纸文字或头像图片剪辑重新组合、重叠拼贴，从而产生有趣的视觉肌理效果。如利用条形码排列再经印制，表现的图形构思形成独特的视觉肌理。如果将各种纸材和其他印刷材料，通过剪切、分割、重叠、拼贴在一个画面上表现的效果，则会有触觉肌理之感，见图2–72（j）、彩图1。

（6）烟熏和破损法：烟熏是利用点燃的蚊香，将图形纸边或中心熏成焦煳的痕迹，仿造火山喷发后的印象，形成意外而特别的视觉效果；破损是利用工具剪开裂缝，或

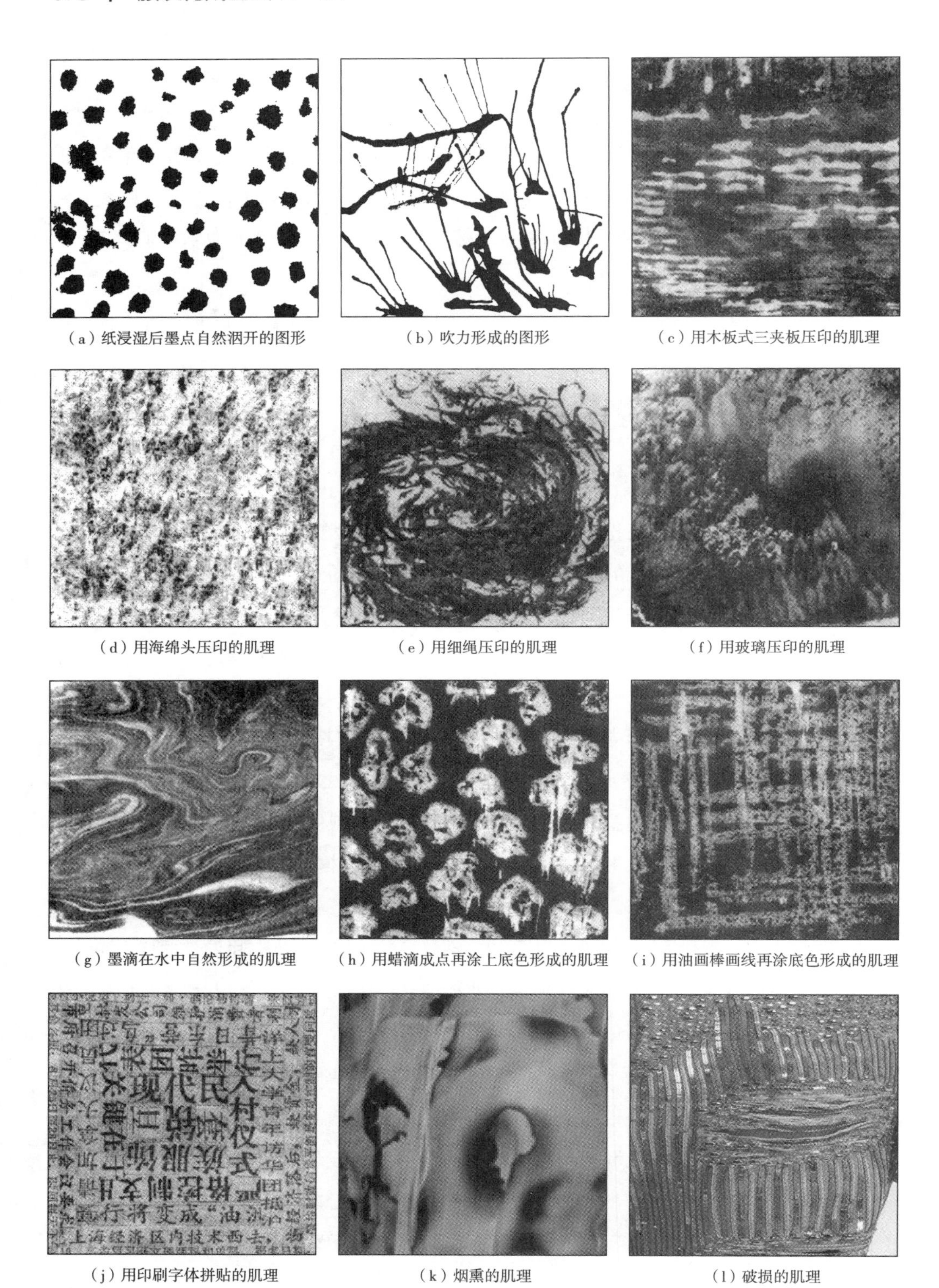

（a）纸浸湿后墨点自然洇开的图形

（b）吹力形成的图形

（c）用木板式三夹板压印的肌理

（d）用海绵头压印的肌理

（e）用细绳压印的肌理

（f）用玻璃压印的肌理

（g）墨滴在水中自然形成的肌理

（h）用蜡滴成点再涂上底色形成的肌理

（i）用油画棒画线再涂底色形成的肌理

（j）用印刷字体拼贴的肌理

（k）烟熏的肌理

（l）破损的肌理

图2-72　特殊技法表现的肌理

在着色的平面上用刀摩擦、刮刻破坏等方法，以获得物质表面的具有废弃感与破旧颓废感的肌理，见图2-72（k）（l）。

肌理的制作手法多样，只有不断地进行试验、不断探索，才能创造出各种各样的形态。对肌理的学习与制作，使我们的设计增添了新的视觉语言，使形式更加丰富多彩。前面所学的主要是视觉肌理部分的设计构成，下面主要介绍触觉肌理的构成方法。

二、触觉肌理

凡用手触摸能感觉到的肌理，都属于触觉肌理。在平面构成中，凡是能黏附于设计表面的物质都可做成触觉肌理。触觉肌理的效果近似于立体设计中的半立体浅浮雕。下面介绍两种组成触觉肌理的材料与方法。

（一）现成材料的制作方法

现成材料是利用能够买到的纺织材料和非纺织材料，如棉线、丝线、麻绳、花边等现成的材料，在设计的图形上，贴附于设计物体表面，即可产生触觉肌理。也可以采用服装辅料和非纺织材料，如扣子、铆钉、拉链、贝壳、米粒、沙粒、草、树枝、树叶、图钉、大头针、蛋壳、小石头、纸材、塑料粒等，将这些现成材料编排黏合成图形构成画面，见图2-73。利用现有画报、报纸等材料剪贴的服装效果图表现，

图2-73 非纺织材料表现的肌理

见彩图1。

（二）改造材料的制作方法

改造材料是指对所用的材料略加改造而获得的肌理。例如对金属表面的敲打，或将纸张揉搓出凸凹不平的面，或折叠，或穿孔，或镂空，或加工制作成一个基本形的方法，使材料改变原有的表面形态，再将基本形进行编排组合而获得新的触觉肌理效果的图形图像。

编织方法：是利用线、纱、绳、条形纸等材料经过编织加工技法，因针织方法和手编编织技法的组织结构不同，而产生不同的肌理效果，见图2-74。印花后拼接方法表现的肌理与应用，见图2-75。

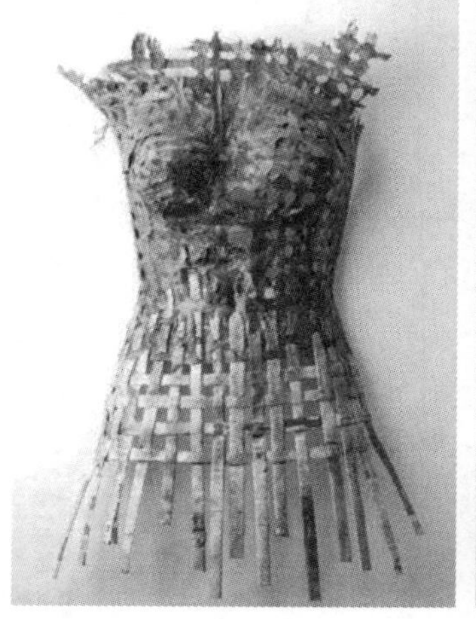

图2-74 编织方法表现的肌理与应用

图2-75 拼接、线绣、贴补绣方法表现的肌理与应用

用同一种材料设计不同肌理的方法：从服装设计角度看，可以把这一点看成是材料和技术加工之间的关系。编织如此，机织面料加工同样可以如此。例如，一种平纹棉布，在同一框架内或同一件衣服上使用不同的材料和操作技术，可获得不同的肌理效果，如运用铆钉、贝壳、塑料粒、线绳、绒布、牛仔布等进行拉毛、针织、绣钉、贴绣等多种技巧表现的肌理效果，见彩图2。这种练习涉及的技术十分广泛，有缝制加工、折叠、起皱、镂空抽纱、拆边拉毛、剪孔钻洞、缉线装饰等。例如，在白布上保持有规律地间隔抽纱，可以形成同一色相而浓淡不同的条纹；如果经纬纱同时有间隔地抽纱，则形成方格状。不同的加工方法会有不同的肌理形式，这些都属于技巧与材料的有关知识，必须有所了解。只有亲自动手，才能在实践中不断发现新的、偶然的技巧，才能开拓思维，有所创意。

【练习题】

1. 重复骨格练习2张，规格：9cm×9cm。
2. 重复构成1张，规格：25cm×25cm。
3. 基本形近似练习1张，规格：25cm×25cm。
4. 近似构成1张，规格：25cm×25cm。
5. 形的渐变练习，规格：25cm×25cm。

要求：选定一个形为变异对象，从这一个形变化到另一个形，分6步完成。注意渐变的方式和变化部位。变化手法要统一，给人以自然可信的美感。

6. 渐变骨格练习2张，规格：9cm×9cm。
7. 渐变构成1张，规格：25cm×25cm。

要求：分别以渐变骨格的重复形和渐变骨格的渐变形来完成。

8. 发射骨格练习3张，规格：9cm×9cm。
9. 发射构成1张，规格：25cm×25cm。

要求：分别以发射骨格的重复形、发射骨格的渐变形、发射骨格的发射形来完成。

10. 变异骨格练习2张，规格：9cm×9cm。
11. 变异构成1张，规格：25cm×25cm。

要求：分别以变异与重复、变异与渐变、变异与发射来完成。

12. 分割练习4张，规格：14cm×14cm。

要求：分别以等分分割、自由分割、黄金比例分割的方式表现。

13. 基本形对比2张，规格：14cm×14cm。

14. 密集对比构成2张，规格：14cm×14cm。

15. 肌理练习。

要求：运用4种不同的方法，分别表现4种视觉肌理；运用4种不同的方法，分别表现4种触觉肌理。

16. 服装材料的肌理表现1张，规格：32cm×32cm。

要求：以各种技巧对同一种材料进行不同的肌理表现。

第三章
平面构成要素在平面设计中的应用

在前面章节里，我们探讨了平面的构成要素，即在构成中，形态要素和构成要素的相互关系与构成效果。本章节则着重探讨构成要素在平面设计中的应用。

第一节 ╱ 平面构成要素在标识设计中的应用

一、标识的概念

品牌标识（Brand Logo）是一种构成品牌的视觉要素。它是以特定的、明确的图形代表或表示某一企业、集团、公司的符号图形。它包含文字标识（如华为公司的中文名“华为”，英文名“Huawei”）和非文字标识（通常称为符号，如华为公司的扇形标志）。一个品牌可以包含两者或其中之一。例如，中国工商银行的Logo中既有“ICBC”文字标识，又有内镶嵌工字的红色圆圈这一符号。

标识是一个企业、集团或公司视觉识别系统的重要标志。在CI企业形象的塑造中，标志是视觉项目基本的设计要素。它是以具体可视的、明确的图形来表达企业、集团、公司的抽象精神内涵的符号。标志不仅代表着企业、集团、公司的有关目的、内容、性质及差别化，而且也代表或传播约定的商品信息整体情况。

标识也是一个企业、集团、公司从事宣传活动行为的标志。在从事商业活动中，标志又称为商标。不论是标志，还是商标，它们都是通过含义明确、造型简洁、统一标准的视觉符号，把企业的理念、经营的内容以及产品的主要特征传达给受众者，便于大家识别和认同。因此，可以说标志不仅具有商品区分、品牌识别的功能，而且还有象征企业形象、保护企业权益与消费者利益的作用。在企业视觉项目系统中，标志应用最多且最为广泛。

二、标识设计的应用

在基本要素中，点、线、面、体是标志设计的重要造型元素。形态要素本身具有独特的造型意义，经组合构成可产生不同的视觉特征。在标志图形的设计中，一般还需要考虑产品的特性、表现的重点和企业形象塑造的需要。标志图形可以是文字几何形，也可以是具象的物体形，但表现方法则主要以点、线、面、体要素综合造型，因此选择适当、合理的要素非常必要。组合构成的图形，应注重标志图形的表现力和独特性。

（一）标识设计中点的应用

点在标识设计中起着重要的作用。点是一切形态的基本单位，它富有延展性。就图形而言，标志图形本身可视其为点。点适合于各种构成原理与表现形式。设计中，可以通过对点的大小变化、形组合的各种手法（如透叠、交切、层叠、减缺、联合等多种方式）来完成标志图形的设计，见图3–1（a）。

（二）标识设计中线的应用

标识设计中线的应用主要是设计中对线的线形加以变化，对线的长短、粗细加以区别以及对线的方向性加以组合变通，多用于表达视觉效果明朗、简洁、富于变化的标志图形，见图3–1（b）。

（三）标识设计中面和体的应用

面是最丰富的造型元素，在设计中可以把面理解为不同形的变化、不同形的组合，不仅是面形外表的变化，而且面形的表面也可做成不同的肌理变化。运用多种设计手法与点、线、面结合，可以设计出一系列充满生机的标志图形。

在标识中，体表现为三度空间的视觉效果。它一般利用文字或图形自身的转折、相交或错视组合构成立体的视感，也可利用光线、阴影使图形产生立体效果，见图3–1（c）。

（a）以点为主要表现形式的标志

（b）以线为主要表现形式的标志

（c）以面和体为主要表现形式的标志

图3-1 品牌标识图形

三、标识设计的基本方法

标识是对企业形象化、视觉化、直观化传达的形式。每个标志都是企业文化精神的“浓缩”。标志设计是通过组合点、线、面形态元素来构成图形的表现形式，它们的组合必须传达出具有表层外延和里层内涵意义的标志图形。

标志主要分为文字标志和图形标志两大类，又可细分为中英文、字首、全名、具象和抽象图形与文字组合等构成形式。

（一）文字标志设计

文字标志是以文字为主设计的识别符号。文字标志的应用范围涉及社会分工的各行各业，不同的标志代表着不同的品牌，反映出不同的信息，显现出企业文化和地域特征等不同内涵的特有痕迹。文字标志还具有装饰美化的作用，在商品包装造型的整体设计中是一个不可缺少的部分，形式优美的文字商标具有装饰美化和简洁易识别的作用，结合Logo图形更具有强烈的视觉效果。

一般文字标志设计是以企业或品牌名称、用中文或英文字母来表现，这是近年来标志设计的一种趋向。文字标志设计的特点在于易识别、易记忆、易传播，因此必须简洁、明晰、整体统一。以文字为主结合Logo的标志图形，其实质上也是以线设计为主的表现形式，见图3-2。

图3-2　以文字结合Logo的品牌图形标识

另外，也有以品牌或设计师名称的字首作为造型设计的主题，如“MK”品牌，就是以该品牌设计师Michel Klein全名的首字母设计的。还有CA、CD、YSL、PG等，这些标志中的识别要素有单纯、独特、视觉冲击力强、易记忆等特征。

（二）文字字体设计

在文字标志中，文字是需要设计的，文字必须按视觉设计规律加以整体的精心安排。当今文字体系有两大板块结构：一是代表华夏文化的汉字体系；二是象征西方文明的拉丁字母文字体系。汉字和拉丁字母文字都是起源于图形符号，最终形成各具特色的文字体系。汉字仍然保留了象形文字图画的感觉，字形外观规整为方形，而在笔画的变化上呈现出无穷含义。每个独立的汉字都有各自的含义，因而在汉字的文字设计上着重于形意结合。拉丁字母文字是由26个简单字母组成的完整的语言体系，拉丁字母本身没有含义，必须以字母组合构成词来表述词义。其字母外形各异、富于变化，在字体整体设计上有很好的优势。

在文字发展形成结构定型以后，文字设计开始以基本字体为依据，采用多样的视觉表现手法来创新文字的形式，以体现不同时期的文化与经济的特征。人们开始讲究艺术效果与科学技术的结合，出现了一种符合人们视觉规律的数比法则与强调色彩、形态、调子及质感的设计字体。由英国人发明的黑体字在字体的形、比例、量感和装饰上作了新的探索，各种符合时代特征的流行字体也大量产生。图3-3（a）为现代字体中最为通行的几种字体。

设计字体首先要考虑其功能需求再决定其形式。字体设计的目的是传播，而传播必须以最简洁、最精练、最有渗透力的形式进行。汉字的构成形式决定了它凭借其独特的表情可以获得强烈的视觉感染力，是一种有巨大生命力和感染力的设计元素，作为高度符号化和色彩传达的视觉元素，汉字越来越成为一种有效的信息传达手段。

文字设计最重要的在于要服从表述主题的要求，要与其内容吻合一致，不能相互脱离，更不能相互冲突，以破坏文字的诉求效果。尤其在商品广告的文字设计上，更应注意任何一条标题、一个字体标志，或一个商品品牌，它们都有其自身的内涵，只有将它正确无误地传达给消费者才能达到文字设计的目的，否则将失去它的功能。例如生产女性用品的企业，其广告的文字必须具有柔美、秀丽的风采，手工艺品广告的文字则多采用不同感觉的手写文字、书法以体现手工艺品的艺术风格和情趣。根据文字字体的特性和使用类型，文字的设计风格大约可以分为下列几种。

1. 秀丽柔美的字体

字体优美清新，线条流畅，给人以华丽柔美之感，见图3-3（b）。此种类型的字体，适用于女用化妆品、饰品、日常生活用品、服务业等主题。

2. 规整有力的字体

字体造型规整，富于力度，给人以简洁爽朗的现代感，有强烈的视觉冲击力，见图3-3（c）。

（a）

（b）

（c）

（d）

（e）

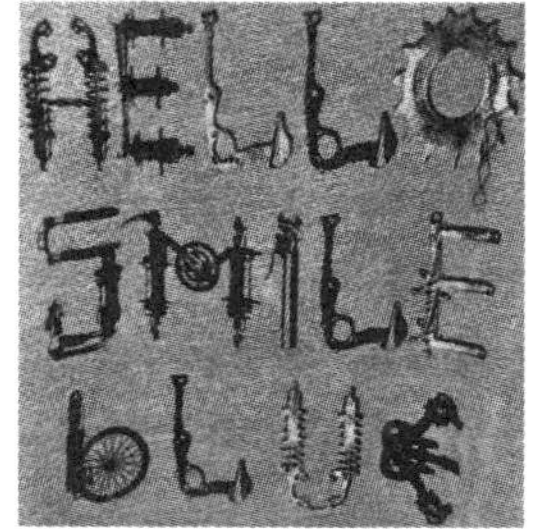

（f）

图3-3　字体图形

这种个性的字体，适合于机械、科技等主题。

3. 活泼可爱的字体

字体造型生动活泼，有鲜明的节奏韵律感，色彩丰富明快，给人以生机盎然的感受，见图3-3（d）。这种个性的字体适用于儿童用品、运动休闲、时尚产品等主题。

4. 古朴文雅的字体

字体朴素无华，饱含古时之风韵，能带给人们一种怀旧或神话般的感觉，见图3-3（e）。该类字体适用于传统产品、民间艺术品等主题。与古朴相对应的是时尚的字体，多流行于时装T恤上的文字字体，这种个性字体适用于传递现代感觉的产品主题，见图3-3（f）。

（三）文字与图形组合的标识

这类标识是指以品牌名称或字首与图案组合的题材形式。这种形式是把文字标志与图形标志组合起来的综合构成。它兼顾了文字识别的明了性和图案表现的有效性的优点。现代主义设计非常强调字体与几何装饰要素的组合编排，运用了各种几何图形与字体组合的方法，形成多种字体文字与图形组合的有趣标识，见图3-4。

图3-4　文字与图形组合的标识

（四）图形标志的主题内涵分析

1. 以企业或品牌名称的含义为题材

服装标识是服装品牌或企业为了让消费者识别品牌产品所做的标志性记号或图案，也是品牌企业无形资产的一种表达方式。图形标志主要按其字面意义转化为具体的图形，这种标志设计的形式以写实或具象图形居多，如儿童品牌中玛米玛卡、安奈儿、太平鸟、贝蕾尔等都是以具象可爱的形象设计的标识。不少服装品牌中也常用这种手法，见图3-5。标志以英文TISSAVEL和有品牌象征意义的老虎剪影，暗示该品牌是与动物皮毛有关的仿动物皮草面料的品牌标识，见图3–6（a）（b）。标识是标准的英文字体与吉祥物的组合，简洁明了地突出了“银鲨”运动品牌的形象，见图3–6（c）。这类标识视觉传达形象较鲜明，而且识别力很强、易记。

图3–5　童装品牌可爱的图形标识

（a）

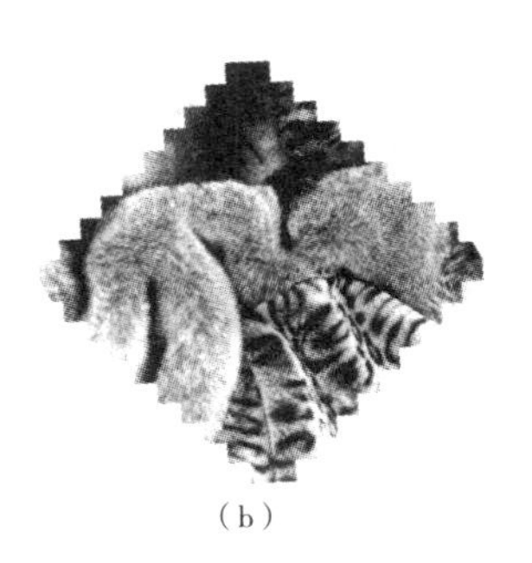
（b）

（c）

图3–6　与品牌产品关联的图形标识

2. 以企业文化的经营理念为题材

该题材将企业独特的经营理念与文化精神用具象图案或抽象符号传达出来，它包括从企业理念、文化特质、企业规范等抽象语言转换为具体符号概念的过程。国内知名服装品牌杉杉的标志是较具象的双“S”图形，舒缓的曲线作阴阳拓展变化并与杉树结合为一个完整图形。其标志元素的含义为：似线的“S”象征生生不息、永无止境的流水；似点的杉树则取节节高升之意，意味着杉杉集团由单一的男士西服产品迈向全套系列服饰；搭配自然、沉稳的青绿色，具有生命力旺盛之意；挺拔的杉树图形，让人联想到杉杉从传统到现代的变化，并感受到集团创新突破的生长历程，见图3–7（a）。

渔牌，是中国原创设计女装品牌。“渔”字图形的标识，使用篆体字作为Logo运用，既是文字又是图案，浓缩着“渔”牌服饰深深的印记，让人感到时尚与经典结合的图案文化。在中国“鱼”还隐喻着“年年有余”的美好祝愿，用“鱼”来诠释服装，充分体现了品牌文化与内涵，东方文化与西方元素的融汇在鱼与水中交集荟萃，商家与顾客在鱼与水中交融，简明精致的标识传递了时尚、休闲、追求品质的生活理念和“年年有余”的美好祝愿，见图3–7（b）。

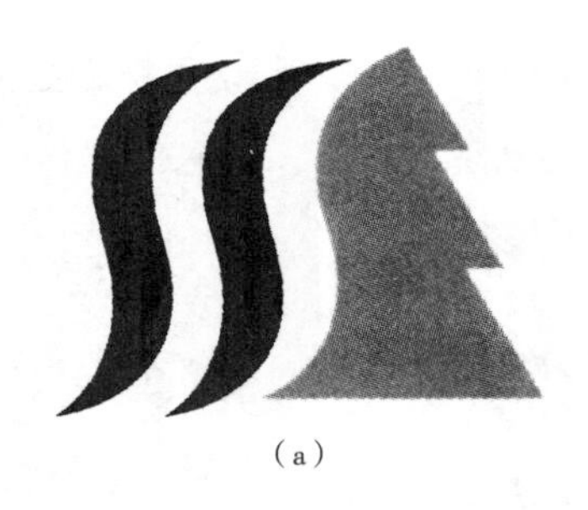

（a）

（b）

图3-7 品牌标识解读

在CI策划中，标志的应用是非常广泛的，几乎在所有视觉项目系统中都需使用，如企业识别手册、产品包装、产品广告、产品招贴、陈列展示、交通工具的外观、印刷品、纪念品以及员工制服等所有媒体和识别系统上。因此，设计出一个优秀的、符合企业产品的标志图形是相当重要的。这也是有的公司为寻找满意的标识设计，花费较长时间征集图形标志或从数以百计的方案中谨慎筛选的重要原因。标识设计完成后，为便于应用规范，还要作精致化图形处理，以达到图形使用的准确性。

第二节 ╱ 平面构成基本要素在服饰吊牌中的应用

服装标识种类繁多，但经常用的有：吊牌，主要用于品牌特点的表现，用于服装商品在销售时必须使用的品牌标识。胶牌PVC章，用于胸标、袖标，一般为塑料制品，可灵活应用于服装的各个部位。织唛织带、梭机织带、反光织带、尼龙或全棉人字带等，主要应用于服装后领部。

一、吊牌的概念

吊牌是与产品结合为一体的广告形式，也可称其为商品结合式POP广告（Point of purchase的缩写），意思是“在购买场所中能促进销售的广告”，简译为购物点广告。所有吊牌的尺寸都不大，但在这方寸之间却趣味无穷、内容丰富。小巧、精致的吊牌以其独特的形式，在服饰的销售中起到吸引消费者、刺激购买的作用。

服饰吊牌作为一种广告，它可以说是广告家族中的新成员。在商品的销售或展示中，它通常能烘托服装起到现场促销的广告作用。品质优秀的吊牌，不仅能烘托商品的文化品位，表白商品的品质、成分、规格和使用说明，而且还是企业售后服务或某种质量的承诺。这些都是消费者购物时值得信赖的参照系数。品质卓越的吊牌形式还可加深消费者对商品的印象，在购买商品后留作纪念和欣赏之用。因此，吊牌具有特殊的广告效应。

二、基本要素在服饰吊牌中的应用

（一）形式要素

形式要素是有关吊牌的外观造型、标志、表现技法、色彩配色等视觉形式语言的要素。吊牌设计中，将有关框架、商标、文字、色块等作为元素组合成或点，或线，或面状编排的吊牌。

要素1——外形：吊牌的外形设计一般是以长方形、正方形为主要形式，也有椭圆形、圆形、不规则形或是具象图形等形式，见图3-8。

要素2——标志：这是以品牌的商标标志和主要图案、标准色作为吊牌设计的基调。在所有的吊牌设计中，都应围绕这一要素来展开设计，因为这是最根本的一点。

要素3——色彩：一般吊牌的配色不宜过多，主要以品牌自身的标准色为主调来组合搭配。设计中主要考虑底色的应用，是白色、灰色，还是有彩色的底色。协调的色彩配色具有明确、清晰的特点。结合产品风格加以考虑的配色，应形成一个具有象征意义和有“意味的构成”的整体形象。

图3-8 不同材质的吊牌与标识胶牌

要素4——构成：设计中的构成方法必须根据吊牌的格调来选择不同的表现方式，如牛仔系列产品的吊牌一般选用较粗犷的笔法或幽默的造型。如果是女装也可用摄影技法来表现具有逼真的写实效果，如内衣系列产品的吊牌，一般适合于较细腻的笔法、写实或优雅的造型或带有装饰风格的形式；再如，时下较前卫的系列产品，可采用电脑美术设计技法或表现变幻神奇或科幻效果的手段等。不论是采用绘画写实技法、摄影表现技法还是商业美术设计技法、电脑美术设计技法等都必须依产品的格调来选择适当的表现方式，使之融入吊牌的形式和内容中。

（二）内容要素

要素1——标题：是关于服装类别、服装品牌的名称。例如“MAUL AND SONS”（银鲨）品牌名、“Adidas”（阿迪达斯）品牌名、“SANTA BARBARA”（圣大保罗）品牌名等。

要素2——标志和标语：是关于商品的商标标志和相关的装饰文字或字母，以及商品的广告语。例如“圣大保罗”的标志是一个较写实的运动员骑在马上打球的动态图形，吊牌、织唛上使用了“SANTA BARBARA”标题和“POLO & RACQUET CLUB”即“马球俱乐部”标语，它是提示消费者与服装相关的一种生活方式的标语，点出了该品牌的消费层和服装品质，见图3-9（a）。

要素3——正文：是一个品牌或企业文字方面的内容。它包括：服装使用性能方面的说明文字、保养与洗涤须知；服装货号、款号、规格、颜色、价格、条形码；质量合格证、产品质量的承诺、企业理念宣传或售后服务等文字；生产厂家、公司地址、工序代号或检验员代号等，见图3-9（b）。

要素4——吊牌规格：可以分为大、中、小型规格。一般大型规格的吊牌为主牌，其尺寸大小为22cm×15cm等；中型规格的吊牌为主牌或副牌，其尺寸大小为10cm×7cm或8cm×6cm等；小型规格的吊牌为副牌，其尺寸大小为5cm×4cm或3cm×2.5cm等。规格大小的设计应考虑到产品的风格特点。如“FerrYRAce”（“竞渡”牌）健美服饰，因服装中使用了“莱卡”纤维而使用“莱卡”商标，并以大小区分，两个吊牌（即主牌和副牌）在突出品牌的基础上，图形对健美服的面料又做了进一步的视觉说明，见图3-9（c）。

另外，按产品的风格来设计吊牌的形式，如格调粗犷的牛仔裤可设计成大型规格的吊牌，优雅、文静的女装更适合于中、小型规格的吊牌，

（a）

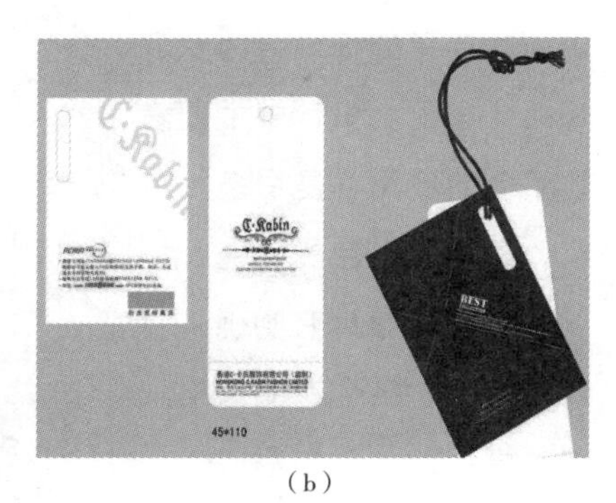

（b）

（c）

图3-9　点、线面构成的吊牌设计

而柔和、温馨的内衣可考虑小型或中型规格的吊牌，活泼的童装或个性强烈的品牌还可设计成不规则形吊牌，这些都须依具体产品来加以设计，以达到和谐、完美的境界。

设计吊牌时，需要将以上诸多因素一一考虑并适当编排。具有点视觉形象的标志，排列成线的文字元素，在吊牌这一方寸之间，注意吊牌本身的特殊性，以最大化的优势和美的诱惑力来达到吊牌应有的广告效应。

三、吊牌设计的基本方法

吊牌设计是现代广告设计艺术的分支，它和其他实用美术设计一样，遵循艺术设计的法则，并通过资料收集、分析构想、设计制作来完成。其设计方法如下。

（一）分析阶段

分析阶段主要是收集品牌的有关背景资料、历史资料，分析品牌的风格，确立吊牌的形式。了解品牌的类型是时装还是休闲装，是男装还是女装等，再进一步了解商品的属性、特性、特色和个性，即商标、品名、标准色、标准字、宣传语等文字内容，经分析最后确立服装吊牌的主题形式，并绘制多种草图。

（二）创意阶段

创意阶段是对特定资料和一般资料深层理解与创造性思维活动的阶段，指针对草图的形式把文字、形象、商标和与商品相关或与企业相关的信息要素反复组合构成艺术的整体。在这一过程中，需恰当地运用艺术法则反复推敲视觉传达的各个要素，如图形选择的表现形式、文字的表达，字距、字型、字与图形的位置，色彩间的协调，各元素空间关系的协调，品牌形象和企业形象与产品风格的协调等。

第三节 ╱ 平面构成基本要素在广告设计中的应用

一、广告的概念

所谓广告是一种传媒形式。它是以独有的二次元或三次元空间的构成形式将企业、集团、公司的产品信息或广告的内在意愿通过作品表现出来，以达到引人注目、给人深刻印象的目的。

在多种广告媒体形式中，主要有平面的二次元空间和立体的三次元空间形式，如新闻广告、杂志广告、招贴广告、路牌广告、高空广告、电视广告等。新闻广告巧妙地利用图文并茂的形式表现出广告的内容，并常常以这种方式推销最新产品；杂志封面广告和招贴广告，通常是以图片为主的平面形式提供时尚资讯和传达宣传的内容；路牌灯箱广告也是以平面构成的图文形式，并以独有的透光效果吸引路人的眼光，进而使人细致品味。每一种广告都是迅速而又简明地将信息传递给受众者作为信息交流以达到促进销售的目的。

二、广告的功能价值

现代广告集经济、科学、艺术、文化于一身，是传播信息的工具、推动生产的手段、开拓市场的先锋、扩大流通的媒介、引导消费的指南，是促进社会物质文明和精神文明发展的不可忽略的力量。广告的功能价值表现在以下六个方面。

（一）广告的信息功能

广告促进信息交流。广告既反映了社会生活，又创造了社会生活，它已成为生活的一部分，也成为一种生活方式，潜移默化地影响着我们的价值观和消费取向，支配着我们的思想意识和行为方式。

（二）广告的经济功能

广告促进商品流通。商品是通过流通来实现它的商品价值的，而平面广告的目标正是为了更加有效地实现商品价值。

（三）广告的社会功能

广告作为为企业营销战略服务的有效工具，是整个营销组合的有机组成部分。广告设计的任务是根据企业营销的目标和广告战略的要求，通过卓越的创意和引人入胜的艺术表现，清晰、准确地传递商品或服务的信息，从而树立良好的品牌形象和企业形象。

（四）广告的宣传功能

广告为一种“信息传递的艺术”，它的主要使命在于有效地传递商品和服务信息，树立良好的企业形象和品牌形象，刺激消费者的购买欲，说服消费者按照目的进行购买，并从精神上给人以审美享受，最后达到促成销售的目的。

（五）广告的心理功能

广告的心理功能在于引起消费者的注意力和兴趣点，把他们引导到具体的商品和服务上来，使广告的商品和服务成为消费者的购买目标，不仅满足消费者现在的需要，还要诱发全新的和更高层次的需要，形成新的购买目标，如此循环上升，永无止境。

（六）广告的美学功能

广告设计是一种有目的性的审美创造活动。创造即是创新，也就是在广告设计中突出设计的个性，创造与众不同的、鲜明的、简洁的、强化商品和服务特性的诉求心理，塑造出独具一格的商品和服务形象，给人以不同凡响、耳目一新的视觉感受。

三、基本要素在传播中的应用

服装的传播形式主要有广告、橱窗、店面陈列等。这些形式的传播就是要让更多的人知道，产品的内容所传达出的某一企业、某一次活动的营销思路和目的。怎样设计出优秀的广告作品和引人注目的橱窗？其设计思维应同其他广告媒体一样，在其主题和创意为指导的原则下，适当运用好基本元素点、线、面的组合，具体来说，是对传达的文案、形象、标志等进行优化编排方案的表现。

点、线、面在平面广告中的应用，见图3-10（a）。这是一幅招贴设计，应用点、线、面的组合来表现的优秀作品。一支普通的铅笔，表现为有立体效果的线，并垂直于画面的正中，半圆的面形填满了黑色，使画面有了充实感，笔尖所指处设计了一个红色圆点——“点出创意的精神”，细小精致的点和扩大充实的点结合渐淡的手法表现，给人以形式美感的同时，赋予了极大的想象空间。

图3-10（b）是一幅举办“香港平面设计8人展”的招贴广告。点、线是整张画面的构成元素，以点、线组合成的虚拟正方形围绕一个写实的“球”，表达了以香港“东方之珠”为根的8位设计师各有所属的方位。广告形式给人以极强的秩序感与调和感。

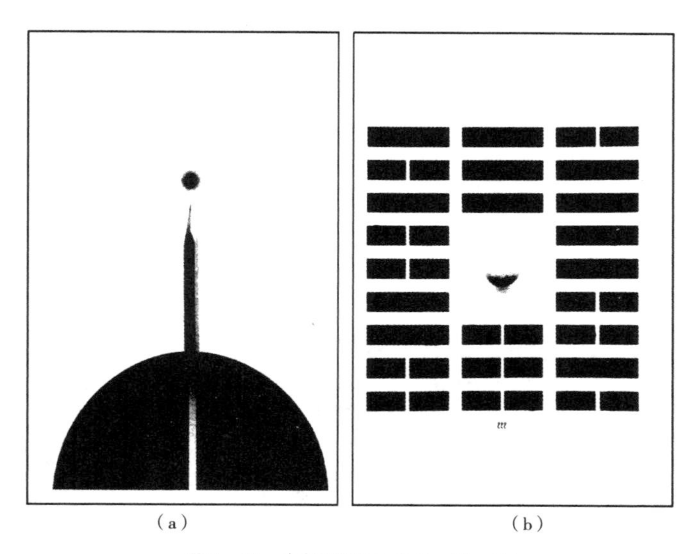

（a）　　（b）

图3-10 海报招贴中的点、线、面

图3-11是一幅品牌招贴广告，也是一个以点、线、面组合极好的实例。优质的平底鞋与古老的绳索、木板放在一起，形成较大的反差，但却给人一种历史悠久的岁月

感。道具的巧妙构思、独到的选取、精心的构成，使本不起眼的粗绳、破旧的木板在这里传达出传统精神下源远流长的产品形象。

图3-11 品牌广告中的点、线、面构成

图3-12（a）是GIVENCHY鼠年的系列服装广告，以东方意蕴深远的线表现的视觉形象，类似水墨画的线条表现的对称图形，灵动地勾勒出鼠年的愉悦气氛，升华了鼠年的寓意，同时也介绍了新的商品系列。图3-12（b）是潮牌的广告大片，环境别样的布置，服装产品质感的传达，纹样是由品牌标志4G变化的解构图形，有个性的文字图形传达出穿着者坚持自我的态度，吸引了不少消费者的注意力，这就是广告的作用。图3-12（c）是一幅充满感情色彩、形象简洁、优美动人的广告，符合现代人的心理，又能以非同寻常的美感增强广告的感染力，诱发消费者的感情，使之沉浸于商品和服务形象所给予的欢快愉悦中，自觉地接受广告的劝说。在广告设计中要充分重视感情色彩的运用，尤其是对某些具有浓郁感情色彩的主题，情感更是设计中不容忽视的表现因素。在广告中极力渲染感情色彩，烘托商品给人们带来的精神上的美的享受，使人动之以情。

（a）

（b）

（c）

图3-12 服装品牌的广告大片

彩图3为平面构成的方法点、线、面在服装橱窗设计中的应用实例。

彩图4（a）（b）为首饰广告：饰品使这只手变得性感，饰品也因为这只手而拥有了个性，这就是创造的力量。

彩图4（c）为汽车广告：车钥匙作为耳环装饰别出心裁，在大面积逆光的暗部突出点光效果，将车与时尚结合起来并产生联想。

彩图4（d）为时装电影广告：作品有很强的东方哲学意境，红鞋跟下面置换的三个锐利的箭头，是作品强大的视觉磁场，引人遐想。

彩图4（e）为皮包广告：人的面孔让位给产品，突出产品，产生奇特的视觉效果。一个以单向定点的视觉流程营造出静态的画面效果，而迪奥包的广告则是以曲线和三点的视觉流程营造出一种动感的画面效果。

彩图4（f）为手表广告：广告采用了应用连动性手法，对概念信息举一反三，触类旁通。在高贵的天鹅概念元素与手表主题之间营造一种内在的必然联系，并将多元素加以综合运用，将具体的元素转化为抽象的、概念性的理念。

彩图4（g）为首饰广告：富有幽默感的广告，制造人与狗的相似性，这种异类同构的创意，使首饰更加有趣、更让人难忘。

彩图4（h）为购物广告：广告创意应用了联想性手法。联想是从不同事物之间产生一种共同的联系，可以是形与意、礼服与礼品等。

彩图4（i）为运动鞋广告：应用了写实与虚构性结合的手法。艺术真实不等同于生活的真实，虽然艺术是一种虚构的真实，但却更深刻、更全面地反映了现实生活，以鞋带的特殊的传达方式，产生了与生活中穿鞋系带的现实联想。

从概念到创意是一种发现、认识、思维、表现的过程，也是质的变化过程。创意灵感往往借助于文学的手法表现，如象征、比喻、幽默、夸张、借代等手法。可以看出广告的创意与独特性、寓意性、审美性，对消费者有较大的诱导作用；广告对企业、商家也潜藏着较大的获利机会。在构成广告画面运用点、线、面、体、图形等元素进行组合、构成、编排与巧思中，主题创意是相当重要的，技法创意也是传达产品信息的一种艺术形式，优秀的设计旨在创意。

【练习题】

1. 标志设计

要求：应用基本要素设计4种标志图形，用2～4色表现，并写出设计说明。

方法：首先调查了解某一个企业，收集品牌现有的标志，了解公司或品牌的背景与发展，对其进行重新设计。规格：4cm×4cm；装裱规格：8K。

2. 吊牌设计

要求：按照选择的品牌标志，设计吊牌2种。

方法：在确定标志图形、标准色之后，确定设计吊牌的外形、文字内容的编排、绘制草图，经筛选后完成正稿。规格：自己选定大、中、小尺寸；装裱规格：8K。

3. 广告设计（任选一题）

（1）招贴广告设计1张。规格：4K。

（2）杂志广告设计1张。规格：4K。

要求：对设计广告进行分析，分析其主要内容，说明广告的艺术特征以及功能作用。

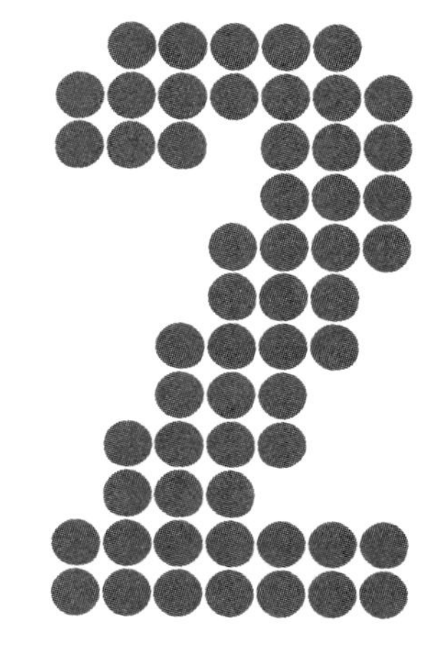

第二篇 色彩构成

色彩构成是以色彩的基础理论为依据来指导配色实践的艺术活动。它在二维空间中以设计造型领域内共同存在的色彩搭配基础性课题为探讨对象，针对色彩这一要素进行颜色与形状、形态与面积、对比与调和、色彩归纳与提炼等方面寻求多种配色调和与表现色彩美的过程。在色彩写生中注重的是色彩的感觉，而色彩构成则更多注重理论与实践并重的原则。

第四章 色彩的基本知识

色彩构成是色彩学基础理论的一部分，它作为应用设计色彩学中独立的一部分，在产品设计、宣传广告、室内装饰、服装设计中都起着十分重要的作用。就其基础性而言，它与绘画创作中的写生素描一样，是艺术创作中必不可少的造型训练过程；就其边缘性而言，它包括了解色彩时以光为对象的物理学领域，认识色彩时以眼为对象的生理学领域和感觉色彩时以精神为对象的心理学领域。作为设计基本要素的色彩，我们要掌握它的基本知识或基础理论，就需要从物理学方面探讨色彩的表现方法，从生理学方面探讨色彩的可见情况以及从心理学方面推测色彩的效果。

第一节 / 色彩的基本概念

什么是色彩？色彩即颜色的光彩。它是颜色之间相互关系的特有情调或倾向。那么，色彩是怎样被感知的呢？青青的山、绿绿的草、深蓝的海洋、淡蓝色的天空，这些和谐的大自然色彩使人赏心悦目；玫瑰色的上衣、淡紫色的长裤、黄色的套头装带给你轻快感。所有这些都只能在白天有光时才被看见，而当黑夜降临，就是再美的景色也难以分辨，再漂亮的服饰也无法观赏。因此，光是我们见到色的第一个条件，也是引起色感觉的根本。另外，除了太阳或电灯来自光源的光是直接进入眼睛的，大部分光是先照到物体上变为反射光再进入眼睛，引起色感。因此我们看见颜色必须有“光”“物体”“眼睛”“精神”四个过程，也称为视觉的四要素。在感知物体和色彩时，这四个条件缺一不可。所以，色彩是光刺激眼睛而产生的视感觉。

一、色彩的科学依据

（一）色彩与物理的关系

"所谓色彩是光刺激眼睛所产生的视感觉"。人们对色彩的感知关键在于光。那么，什么是光呢？现代物理学证实，光是一种电磁波辐射能。电磁波主要包括：无线电波、红外线、可见光、紫外线等射线。在整个电磁波中，视觉只对其中一小段范围产生反应。我们称这一段辐射能为"可见辐射能"或"可见光"。

1. 可见光（Visible light）

用三棱镜分解太阳光形成的光带即是"可见光谱"。波长范围380~780nm（纳米）（1nm相当于0.000001mm）。人眼最佳明视范围的光波长度在400~700nm。不同波长的可见光波刺激人的眼睛后，会产生不同的颜色感觉。波长与颜色的关系测定见表4-1。

表4-1　波长与颜色的关系

颜色	波长范围（nm）	颜色	波长范围（nm）
红	700~630	绿	570~500
橙	630~590	蓝	500~450
黄	590~570	紫	450~400

由此可知，波长的差别造成色相的差异，这是光与色物理特性的一个因素。光的物理性质的另一个因素是振幅，即光振动的幅度。振幅与光的能量有关，振幅越宽光照越强，振幅越窄光照越弱。振幅的差别造成明或暗的区分，见图4-1。

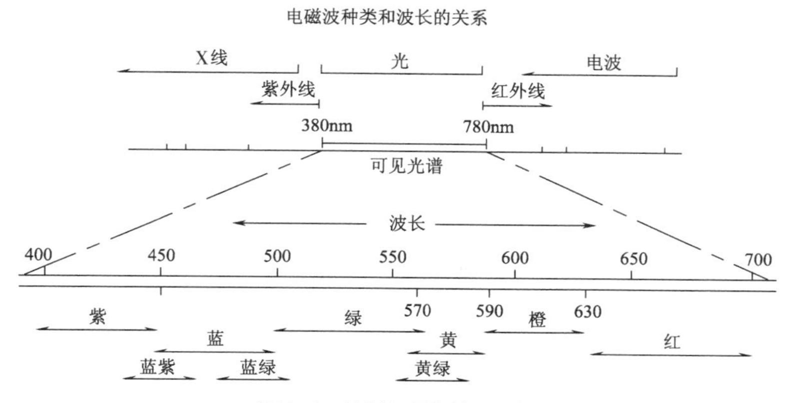

图4-1　波长与颜色关系图解

2. 光的折射（Light refraction）

一般光能辐射的方向是直线运动的，当光从一种介质传播到另一种介质时就会出现折射。如果波长不同，造成的折射率也不会相同，就可能出现不同的色相。早在17世纪，英国物理学家牛顿对雨过天晴时空中呈现的彩虹现象进行了研究，发现它的成因，并揭示了光与色的物理原理。在实验中将太阳光通过一条狭长的小缝引入暗室，在光的通道上放置三棱镜，通过三棱镜后，将分散开的光射线投到屏幕上，即呈现出一条彩虹般的光带，依红、橙、黄、绿、青、蓝、紫而排列，这种现象就是光的分解。光从空气穿透玻璃再到空气，在不同介质中产生两次折射，由于折射率大小的不同和三棱镜各部位厚薄的不同将会引起透过时的差别，使太阳的白色光分解成为红、橙、黄、绿、青、蓝、紫色光。经三棱镜分解后的任何一个色光再经三棱镜则不能再分解，这种不再分解的光叫单色光。如果在光线的分散中途加一块聚光镜，使分散的光线又集中在屏幕上，这些色光汇集后又成为白色光（又称复合光），见图4-2。

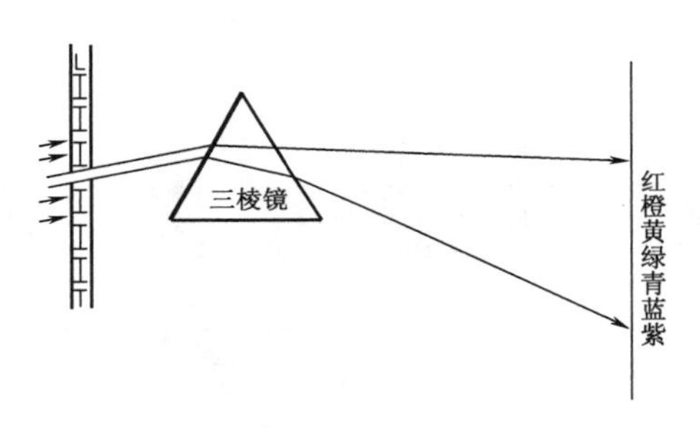

图4-2 光的分解图解

3. 光源色（Light source color）

宇宙间能够发出电磁波的物体叫光源体，如太阳、恒星、灯光、火光、激光……不同的光源，由于光波的长短、强弱、比例、性质的不同而形成不同的色光，叫作光源色。例如，太阳光一般呈白色、月光呈青绿色、荧光灯呈冷白色、白炽灯呈橙黄色等。同一种光源，为什么光色会有所不同呢？这是因为呈白色的太阳光是以相同的比例包含着波长400~700nm的光，人的视觉对这样的光感觉不到颜色，所以为白光。如果是早、晚的太阳光有可能出现紫红或橙红色调，则是太阳光的三种主要辐射能所占比例不同而产生的变化。在白炽灯光中所含黄色和橙色波长的光比其他波长的光多些，故呈黄色味。普通荧光灯中含蓝色波长的光多则呈现蓝色味。光源中只含有一种波长的光就是单色光，含有两种以上波长的光就是复色光，含有红、橙、黄、绿、青、蓝、紫所有波长的光就是全色光。由于发光体的千差万别，其形成的光源色就是不同效果的色光。我们必须深入了解光源色的这些变化，才能够理解色彩，提高对色彩的运用能力。

4. 物体色（Object color）

物体色是指光投照在物体上，经物体表面吸收、反射后再反映到视觉中的光色感觉。它们不是自身发出的光色，如蓝色的纸、红色的花、绿色的叶、各种颜料的色、服装面料的色等，我们将这些色统称为物体色。这种情形来自于光源的光照到这些不透明的物体上，其中一部分色光被吸收，另一部分没有被吸收的色光反射出来进入眼睛的视网膜，使人感觉到某种色的存在。

任何物体都具有反射和吸收光波的特性，对色光的吸收与反射不一样，物体呈现的色彩也各不相同。因此视觉会看到不同颜色的物体。

物体对光的反射一般有两种情况：

（1）平行反射：又称镜面反射，它是物体对投照的光线有规则地平行反射出去。例如：平滑的镜面、平静的水面、平整的金属面、光滑的缎面及各种表面平滑的物体都能形成平行反射。物体对光的平行反射是因为投照于物体的色光很少被物体吸收，而一到表面就被反射出去了。如果是特别平整光滑的表面，就会形成完全的镜面反射，那么，这一物体呈现出的几乎全部是光源色的颜色，见图4–3（a）。

（2）扩散反射：又称漫反射，是物体对投照来的色光部分的选择吸收，并不规则地反射出去，见图4–3（b）。

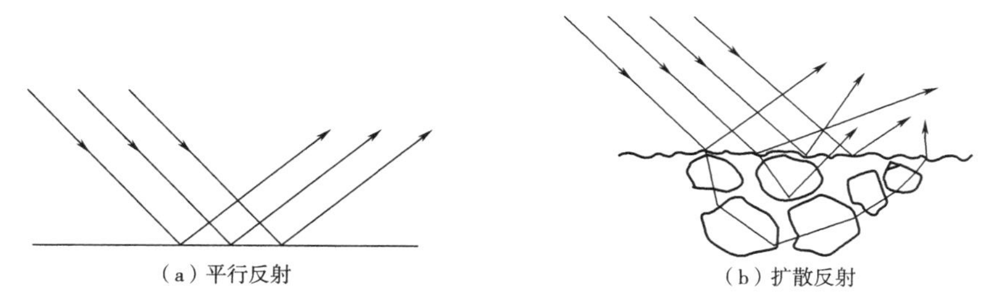

图4–3　光的反射图解

扩散反射形成的色彩有不透明色、半透明色和透明物体色。不透明色是物体的表色，它是物体对投照光扩散反射的结果。一般情况下，不透明物体色的感觉比光源色弱而浊。例如：白色具有反射一切色光的特性，它全部反射而不吸收，所以我们看到的是白色。灰色则是把各种色光少量吸收，反射大部分色光，看上去就比白色略暗。黑色具有吸收一切色光的特性，不反射，所以看起来呈黑色。半透明色和透明物体色的明度和纯度一般比不透明物体的高。因此，物体之所以呈现出不同的色彩是物体对色光的选择吸收和选择反射的结果，即把与本体不相同的色光吸收，把与本体相同的色光反射出来。当反射出的色光刺激到我们的眼睛时，视觉就感觉到物体的色彩了。

5. 光源色与物体色的关系

我们知道物体色的呈现，一方面是受光源照射的影响，另一方面是受物体自身对光的吸收或反射的物理性质的影响，见图4–4。

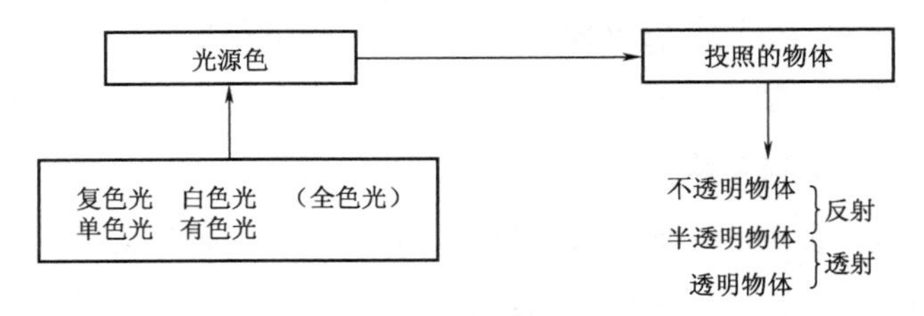

图4–4　光源色与物体色的关系

构成物体的色彩，一是物体本身的物理特性，二是光源的性质（即光源色）。任何物体在投照光分光能量不同时（在变化的光源中），都会随之改变反射光的情况。例如：白色的石膏体放在窗边，在日光的投照下，受光面呈冷白色；如果是白炽灯的照射，受光面则呈暖白色。这是因为，变化不同的光源色或环境色，都会形成不同的物体色。另外，将白色光投照在红色物体上时，物体体面吸收了色光中红色以外的色光，而反射出白色光中的红单色光或以红色为中心的光谱色，则成红色。如果用红色光投照绿色的面料，因为红色光中基本没有绿光可反射而红色光又被吸收，故绿色的面料在红色光照下呈黑色。即使是同一光源，还因面料本身的原材料特性和表面质感的不同，呈现出的色彩也会有差别。同样是红色的面料，在同一色光的照射下，红色的软缎亮且反射光强，红色的呢绒则暗且沉，没有反光。

以上是从色彩的物理学角度说明光与色之间的关系。在服装色彩设计中，理解这些关系能使我们准确地把握色彩构成的变化规律。

（二）色彩与生理的关系

眼睛是我们感知色彩的基本条件之一。当进入眼睛的光通过眼球壁最深层的视网膜被感受，并传入大脑视觉中枢时，视觉才能产生色彩和形象。

1. 视觉的生理特性

在眼球的视网膜上有无数的视觉神经细胞，分为感觉色的锥体细胞（多在视网膜中心部分）和感觉明暗的杆体细胞（多在视网膜的周边部分）。人眼对色彩的感受就是由这两种细胞通过视觉神经传向大脑，使大脑识别颜色。在眼球中心密集的锥体细胞在明亮的光照下可以分辨出光的波长范围、强度、波长的单纯程度和物象的细节，这种现象称锥体的细胞视觉（明视觉或有彩视觉）。分布在视网膜周边的杆体细胞一般分辨不出光照的波长范围，在明亮的光照下没有作用，但随着光照逐渐减弱，锥体细胞辨色光的能力减弱，这时由于生理现象的变化使瞳孔自然调节放大，微弱的光线进入瞳孔，并成像在视网膜中心窝以外的大部分地方，杆体细胞就活动起来，视网膜就能分辨出光照的微差和感受到物体的形象，这种现象称为杆体细胞视觉（暗视觉或无彩视觉）。

2. 视觉的适应

人的视觉具有分辨客观环境变化的能力。它可以根据光的强弱调节瞳孔的大小，控制进入视网膜的光度。因而在明亮的太阳光下能看得见物体，就是在微弱的星光之夜也能分辨物象。但眼睛对于突然的明暗变化有一个适应过程，这种过程叫做视觉适应。

（1）明适应：在黑暗的大厅里，突然灯光全亮的一瞬间，会使眼睛有满目白花花耀眼的感觉，或一时什么也看不清，但很快就不会感到刺眼而形色皆明。这种从暗到明的视觉适应过程，即是明适应。这一过程时间较短，大约不过1min。

（2）暗适应：生活中通常有这样的情况，当你从明亮的室外进入电影院，起初感到室内很暗，视觉感受性很低，什么座位、通道都看不清或分不清，然而过一会儿才慢慢辨别出座位、通道等，视觉逐渐适应暗处环境。这个从明到暗的适应过程叫作暗适应。暗适应过程略长，大约需10min。

（3）颜色适应：也称有彩适应。当你在荧光灯下观察一物体时，突然将白炽灯（带橙黄光）打开，再看这一物体时，会觉得灯光偏黄，物体的色感也偏黄，同一物体的色有差异感。几分钟后，视觉才逐渐适应灯光的照射，偏黄的感觉消失，在不知不觉中对物体的色感逐渐接近日光下的感受，觉得没有什么区别，这种适应就叫作颜色适应。

人眼识别色彩的正确性并非与时间成正比。颜色刺激视觉只需几秒钟。如果长时间注视某种颜色，该色的纯度就会明显地减弱、深色会变亮、浅色会变暗。注视色彩的最佳时间在5~10s。一般在色彩写生时要特别注意保持对静物或风景的第一印象和最初感觉，才能画出正确的色彩关系与色调。又如：人们长时间注视大面积的红色，会形成红适应，这时如果换上一块黄色块，会觉得黄色带有绿色感，但稍过一会儿，眼睛会从红适应中恢复正常，绿色感逐渐淡去，显出黄色原有的色相。人对一个颜色适应后再看另一个颜色，该色的色相感会随之而变化，这是有彩适应的另一种现象，具体内容将在第五章第一节“色彩的对比”中详述。

二、色彩的心理现象

在心理物理学中，光是观察者通过眼睛及相应的神经系统对辐射能形成的知觉状态。色彩的直接性心理效应来自于色彩的物理光刺激，对人的生理发生直接的影响。

心理学家发现，色彩有冷暖两个明显区别的心理群，即寒冷感和温暖感。若在寒冬走进橙红色调的房间，会有一种温暖之感油然而生；若盛夏走进蓝白冷色调的厅室，则会有凉爽清新之感。处在红色环境中，人的脉搏会加快，血压有所升高，情绪有所波动；而处在蓝色环境中，脉搏会减缓，情绪也较沉静。因此，颜色刺激会影响到脑电波，即红色反应是警觉的，蓝色反应是放松的。色彩对人的精神、情绪和行为的影响力是客观存在的。如布置会议室时，使用冷静而沉稳的深蓝色调给人一种庄重、严肃的气氛；而布置庆祝会或茶话会场时，则应选择轻松、活泼的明亮色调，给人欢悦的感受；如果是布置新房，可选用玫瑰红般的暖色调，使环境有一种喜庆、温馨、甜美、浪漫的情调。

如果把色彩的这些感觉与心理联想和色彩的象征相联系并用于设计中，将会使作品有更强烈的反映。

（一）色彩的联想与象征

人们观色时常常会想到与该色有关的某种事物或与该色有关联的色彩印象，这就是色彩的联想。人对色彩的联想是依过去的经验、记忆、知识而获得的。每个人因其自身经历的差别，观色时引起的联想会有所不同。但共有的特征有两种：即具体的联想和抽象的联想，见表4-2。

表4-2　色彩的联想

色相	具体联想	抽象联想
红色	火、血、太阳……	热情、热烈、原始、活力……
橙色	灯光、柑橘、秋叶……	温暖、欢喜、祥和……
黄色	光、柠檬、油菜花、迎春花……	光明、希望、活泼……
绿色	草地、禾苗、树叶……	新鲜、安全、生长、和平……
蓝色	天空、大海、湖泊……	平静、理智、深远……
紫色	葡萄、紫罗兰、丁香花……	优雅、神秘、浪漫……
黑色	黑夜、墨汁、煤球、碳材……	严肃、刚健、时尚……
白色	白云、雪、白糖……	洁净、纯洁、神圣……
灰色	乌云、草木灰、石头、树皮……	平凡、谦虚、雅致……

主要色相的联想与心理感觉：

1. 红色

红色的纯度高、注目性高、刺激作用强。其高纯度、纯色的红色让人联想到血色、红花、红辣椒与红旗、革命；给人的心理感觉为热烈、热闹、艳丽、喜气之感；是旺盛的、能动的、圆满的、具有强度和弹力的。中纯度、纯色加白（明清色）的红色给人以温和、甜美、娇柔之感；中纯度、纯色加黑（暗清色）的红色给人以干燥、枯萎、固执、憔悴的心理感受。低纯度、纯色加灰（浊色）的红色给人以寂寞、忧郁、烦闷的心理感觉。

2. 橙色

橙色的注目性很高，既有红色的热情又有黄色光明的特性。高纯度、纯色的橙色让人联想到阳光，新鲜的橙子、橘子，橙色的花，火焰，五谷杂粮等；给人的心理感觉为温暖、华丽、甜蜜、饱满、华丽等，见彩图5。中纯度、纯色加白的橙色给人以温馨、暖和、柔软、轻巧、祥和的心理感受，橙色在食物色中给人以香、甜、脆、略带酸味的感受；中纯度、纯色加黑的橙色给人以茶香、情深、古色古香或秋天落叶、拘谨的心理感觉。低纯度、纯色加灰的橙色给人以沙滩、故土的心理感觉。

3. 黄色

在有色彩的纯色中，黄色的明度最高，给人的明视度最高、注目性最高，让人联想到梨、油菜花、黄辣椒、黄菊花、黄袍、权威等。高纯度、纯色的黄色给人的心理感觉是明朗、活泼、自信、尊贵等，并给人以娇嫩、芳香感。黄色为金色，有时尚感，见彩图6。中纯度、纯色加白的黄色给人以单薄、娇嫩、可爱、幼稚等心理；中纯度、纯色加黑的黄色给人以希望破灭、多变、粗俗等心理感受。低纯度、纯色加灰的黄色给人以不健康、病态、颓废的心理感觉。

4. 绿色

绿色的明视度中等，刺激性不大，让人联想到草原、树叶、蔬菜、绿色辣椒与邮局、和平等；对生理和心理作用极为温和。高纯度、纯色的绿色给人的心理感觉为自然、和平、可靠、信任、安全感等。中纯度、纯色加白的绿色给人以清淡、宁静、舒展、爽快、低碳环保、时尚等心理，见彩图7；中纯度、纯色加黑的绿色给人以安稳、沉默、刻苦、自私的心理。低纯度、纯色加灰的绿色给人以腐朽、倒霉的心理感觉。

5. 蓝色

蓝色的明视度及注目性都不太高，让人联想到蓝天、海洋、太空、蓝洞、靛蓝等。高纯度、纯色的蓝色给人的心理感觉为无限、冷静、理智、寒冷、遥远、简朴、优雅等，见彩图8。中纯度、纯色加白的蓝色给人以清淡、轻柔、高雅等心理；中纯度、纯色加黑的蓝色给人以沉重、神秘、幽深或悲观的心理感觉。低纯度、纯色加灰的蓝色给人以粗俗、沮丧、贫困等心理感觉。

6. 紫色

紫色明度最低，让人联想到紫罗兰、甜菜根、茄子等，注目性也低。高纯度、纯色的紫色给人的心理感觉为娇媚、神秘、魅力、高贵、自傲等。中纯度、纯色加白的紫色给人以女性化的温柔、清雅、羞涩的心理，见彩图9；中纯度、纯色加黑的紫色给人以虚伪、不安的心理感觉。低纯度、纯色加灰的紫色给人以忧虑、厌弃、衰老的心理感觉。

7. 白色

白色的明度在颜色中最高，让人联想到白天、医院、白大褂、白花等，其明视度、注目性很高。白色是全色相色，其给人的心理感觉为洁白、清白、干净、纯洁、明快、神圣等。

8. 黑色

黑色也是全色相色。在颜色中，明度最低的是黑色，注目性低，让人联想到黑夜、黑玫瑰、煤炭、焦炭等。黑色给人的心理感觉为悲哀、恐怖、死亡、沉默、坚硬、刚正、忠毅等。

9. 灰色

灰色也是全色相色，是没有纯度的中性色，其注目性依灰色的深浅而变化，靠近白色（浅灰）则视认度高，靠近黑色（深灰）则视认度低。灰色给人的心理感觉为阴影、乌云、浓雾、灰心、平凡、消极、模棱两可、中庸等。

（二）色彩的情感

色彩的情感，是人在对色彩效果的观察体验中产生各种感觉的心理反应。色彩冷暖还会带来一些其他方面的感受，如重量感、湿度感等，如暖色偏重、冷色偏轻；暖色有密度的感觉，冷色有稀薄的感觉；冷色有退远的感觉，暖色有迫切的感觉。这些感觉是人们心理作用产生的主观印象。例如，色彩引起的兴奋与沉静、明快与忧郁、华丽与质朴、轻与重、软与硬等，见彩图10。

1. 色彩的兴奋感与沉静感

色彩给人的兴奋与沉静的感受带有积极和消极的情绪，不同色彩的刺激会产生不同的情绪反射。一般情况下，使人感觉受到鼓舞的色彩称为积极、兴奋的色彩，而不能使人兴奋或使人消沉的色彩则称为消极、沉静的色彩。对色彩的兴奋感与沉静感影响最大的是色相，其次是纯度，最后是明度。在色相中，红、橙、黄等暖色是积极、兴奋的颜色；而蓝、蓝紫、蓝绿等冷色给人沉静的感觉。其中，倾向红色相兴奋感强；倾向蓝色相沉静感强。在纯度方面，高纯度色兴奋感强，低纯度色沉静感强；高纯度的暖色随纯度降低而逐渐消沉，当接近无彩色时就为明度条件所左右。在明度方面，色的明度越高，刺激性越强，越活跃兴奋；明度越低，则越沉静。低纯度、低明度的色是沉静的，而无彩色中低明度色更为消极，见彩图11。

因此，有兴奋感的色彩是暖色系中明亮而又鲜艳的色，有沉静感的色彩是冷色系中暗而浊的色。在配色中，强对比色调有兴奋感，弱对比色调有沉静感。

2. 色彩的华丽感与质朴感

色彩给人华丽与质朴的感觉受纯度影响最大，明度其次，色相影响较小。在纯度方面，一般纯度高的色给人感觉华丽，而纯度低的色给人感觉质朴。明度方面，一般明度高的色彩给人的感觉华丽，而明度低的色彩给人感觉质朴。色相方面，一般暖色给人的感觉华丽，而冷色给人的感觉质朴。有彩色色系具有华丽感，无彩色色系具有质朴感。在质感方面，质地细密有光泽的面料给人以华丽感，而质地松软无光泽的面料给人以朴素感。在配色中，高纯度、高明度、对比强的色调有华丽感，而低纯度、低明度、弱对比的色调具有朴素感。在面料中，对华丽与质朴的感觉影响最大的是面料的材质与织物的组织结构，见彩图12。

3. 色彩的轻重感

同样的物体会因色彩的不同而产生轻重的感觉，这种感觉主要的作用因素是色彩的明度。明度高的色彩感觉轻，明度低的色彩感觉重。在纯度方面，一般在同明度、同色相的条件下，纯度高的色彩感觉轻，纯度低的色彩感觉重。在色相方面，一般暖色给人的感觉轻，冷色给人的感觉重。配色中，上轻下重有稳重感，而上重下轻的配色则会有轻盈感、活泼感，见彩图13。

4. 色彩的软硬感

色彩的软硬感和色的轻重感一样，主要受色彩明度的影响。高明度的配色色彩感觉软，低明度的配色色彩感觉硬。明度越低越硬，明度越高越软，但成白色后，软感反而减弱。在纯度方面，一般中纯度的色彩呈软感，高纯度和低纯度的色彩呈硬感。色相对软硬感影响不大，可以说决定色彩软硬感的主要因素是明度。明亮的色即使不太鲜明也呈软感，而低明度的色不论鲜艳与否都呈硬感，见彩图14。

无论是有彩色还是无彩色，都有自己的表情特征。每一种色相，当它的纯度或明度发生变化，或者处于不同的搭配时，颜色的表情都会随之改变。例如，红色是热烈、冲动的色彩，在蓝色底上像燃烧的火焰，在橙色底上却暗淡了；橙色象征着秋天，是一种富足、快乐而幸福的颜色；黄色有金色的光芒，象征着权力与财富，黄色最不能掺入黑色与白色，它的光辉会消失；绿色优雅而美丽，无论掺入黄色还是蓝色仍旧很好看，黄绿色单纯年轻，蓝绿色清秀豁达，含灰的绿宁静而平和；蓝是永恒的象征；紫色给人以神秘感等。

世界上任何形象和色彩都会影响人的情绪。一种色彩或色调的出现，往往会引起人们对生活的美妙联想和情感上的共鸣，这就是色彩视觉通过形象思维而产生的心理作用。色彩本无注定的感情内容，感情的发生只是人与色彩之间的色彩联想和心理感应，人们的联想、习惯和审美意识等诸多因素给色彩披上了感情的面纱，见彩图15。

人们对色彩与心理关系的探讨，能使我们在设计色彩中更有针对性地应用与发挥色彩的作用。

三、色彩的分类

（一）无彩色系

无彩色是指颜料中的白色、黑色以及由这两种色相按不同的比例混合出来的各种深浅不同的灰色。从物理学的角度来看，黑、白、灰并不属于可见光谱的色彩范畴，而属于无色的明度系列。无彩色系的色只具有一种特质，那就是明度。它们与色彩有着明显的区别。但是，不能硬性地将它们排除在色彩之外，它们具有色的性质，并在颜料的混合中具有相当重要的作用。在颜料的各种色中加入白色能使深色变浅，加入黑色能使浅色变深，加入灰色能使鲜艳的色变为不艳的含灰色。

（二）有彩色系

“有彩”是指光谱中的红、橙、黄、绿、蓝、紫等色光。在颜料中，不同明度和纯度的各种色相都属于有彩色，如红、橙、黄、蓝、浅红、深红、红灰色、绿灰色等。有彩色系中的各色有着不同的明度，如果我们将有彩色从黄到紫依次排列，即可以看到一个有彩色系从亮到暗的明度秩序。有彩色系中的颜色都具有三个基本特征：即色相、明度、纯度，称为色彩的三属性，而无彩色系的色，没有色相和纯度的差，只有明度差。

（三）色调

色调是指颜色构成画面形成的总体色彩面貌，如红色调或绿色调、纯色调或灰色调、明色调或暗色调等。色调可以明确地传达出某种氛围和情绪，上述色彩情趣的配色色调就传达出不同的色彩感受。例如，红橙色调的图案传达的是一种热烈、欢乐、激奋的情感，这是因为构成中的色彩与色彩并置后相互产生作用的结果，即构成关系的作用。图案中的每个色块都不会是孤立的存在，而应有内在的构成关系。凡是优秀的色彩作品，必然潜藏着色彩内在秩序的面积关系和位置关系。

色调主要是冷暖问题，不同冷暖调其意蕴表达有所区别。暖色调具有温暖、活力、欢乐、热情、积极、甜美的性格；冷色调则具有寒冷、沉着、平静、冷漠、消极、深远、休息、理智、素雅的性格；中性色调具有温和、平凡、可爱、适中、恒久、柔和、雅致的性格。在设计中，设计师创作作品的色调必然反映出个人的情感及色彩的调子，见彩图16。

第二节 ╱ 色彩的混合

由两种以上不同色彩感觉的光，经过合成后产生一种新的色彩感觉，这样一种物理现象叫作色彩混合。色彩的混合分为加色混合、减色混合、空间混合三种。

一、加色混合

加色混合是指色光的混合，色光的三原色是红绿蓝，经两色光相混可以得到间色光，将单色与间色混合可以得到复色光，见图4-5。

色光的混合特征：两色光相混，混合后的新色光其明度高于混合前的色光，参加混合的色光越多，混合后的色明度就越高，因此这种混合叫加色混合，也称为正混合。

色光的三原色是朱红光、翠绿光、蓝紫光。所谓原色，是指不能用其他色混合而成的色，用原色却能混合出其他多种色。另外，在红光与绿光的混合中，如果红光多于绿光，混合色则为红橙或橙或黄橙光；如果绿光多于红光，混合色则为绿黄或黄绿光。混合色是依各色光的比例而变化，见图4-5。

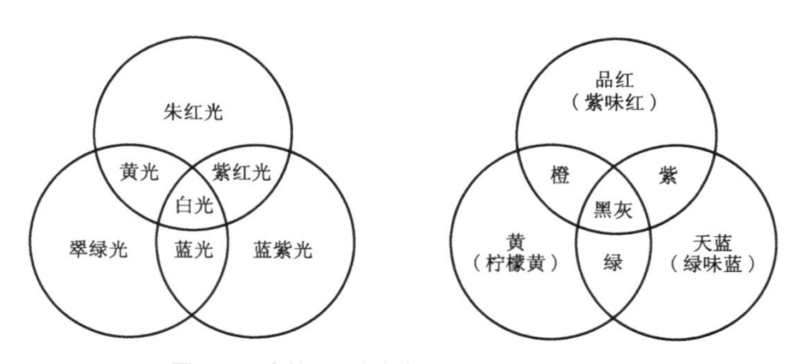

图4-5　光的三原色与物体色三原色混合图解

加色与减色的混合关系见表4-3。

表 4-3　加色与减色的混合关系

项目	加色混合法	减色混合法
原色	R、G、B	C、M、Y
色彩变化	R+G=Y R+B=M G+B=C R+G+B=W	M+Y=R M+C=B Y+C=G C+M+Y=K
色的合成本质	色光混合后，光能量增加，色彩更加鲜艳	颜料（染料）混合后，光能量减少，色彩更加暗淡
混合方式	色光连续混合	透明层叠合、颜料混合
用途	显示器、扫描仪、TV、彩色电影等	印刷、摄影、颜料混合等

二、减色混合

减色混合是指颜料或染料的混合，减色混合是在混合后色彩的明度与纯度都降低的一种物体的色混合现象。颜料混合次数越多，吸光能力越强，反射出的光越少，其明度就越低。

（一）原色

颜色的三原色是红黄蓝，是最基本的色相，即色彩的相貌。颜色中没经混合的色是原色，即三原色，亦称第一次色。科学研究表明：红、黄、蓝是原始颜色，这三种色是其他任何色都调不出来的，而其他色都是由红、黄、蓝调出来的。这是因为自然界的各种物体的不同色彩都是由红、黄、蓝三原色色相经不同程度的吸收或反射后而呈现在人们眼中的。

（二）间色

间色是用三原色中的两种色相混，混成色即是间色，亦称第二次色。两色相混可以得到间色，将原色和间色按色的明到暗秩序或光环排列，首尾相连即得到一个色相环，见彩图17。在色相环上，不论是相混的两色邻近，还是相混的两色距离较远，混合色的结果均为相混两色的中间色。混色双方色相差越小或两色距离越近，混成色的纯度降低得少；双方色相差越大或两色相距越远，混成色的纯度就降低得多。若两色相距最远为互补色时，如红与绿相混，混成色的纯度为零，明度也降低，成为黑灰色。

上述色彩的混合情况是在两色的比例相同时混合如此，如果两种颜色按不同比例相混合，色相感会倾向比例多的一色，呈现绿灰、红灰、蓝灰等。

（三）复色与共有色

将单色与间色混合可以得到复色，或用间色分别与其相邻的色相混，混成色即是复色（亦称第三次色），见彩图18三原色、间色、复色。

在色环上，每一种颜色都拥有部分相邻的颜色，一部分接一部分，然后就形成了一个色环，共同的颜色是颜色关系的基本要点。彩图19中，以红色为例：在七个颜色中红色是共有色，越靠近两端，红色越少，橙色和紫色是包含红色的二次色。如果以黄色为共有色：在七个颜色中黄色是共有色，越靠近两端，黄色越少，绿色和橙色是包含黄色的二次色。如果以蓝色为共有色：在七个颜色中蓝色是共有色，越靠近两端，蓝色越少，绿色和紫色是包含蓝色的二次色。

（四）透叠色

透叠色是因为非发光的物体，除了因反光给人色彩感之外，还因透光给人以色彩感。当透明物的不同色相叠后也可能得到新的色，透叠也属于减色混合。设计图形中常常应用这种透叠方法，达成较丰富的色彩效果。透明物叠置后，色纯度下降，如果两色色相差越大，纯度下降越多，反之，下降越少。但如果完全相同的色相叠，叠出后色的纯度可能提高。当补色相叠用颜料相混表现出透叠效果或近似补色互叠时，其明度下降都很明显，见彩图20。

三、空间混合

空间混合是中性混合，包括旋转板混合与并置混合。

（一）旋转板混合

旋转板混合属于颜料的反射现象。例如，将颜料红、橙、黄、绿、蓝、紫等面积涂到圆盘上，按40～50次/s以上的速度旋转，旋转使各色的反射光混合成一个新的光束，呈现出浅灰色。将颜料三原色红、黄、蓝按等比例涂在旋转盘上，旋转后也会显出浅灰色。将红色和蓝色按比例涂在旋转盘上，旋转后会显出红紫灰色，见图4-6。采用旋转板的方法混出的色，色相居原来各色之间，色彩相貌倾向于成分较多部分的色，纯度有所下降，这种混合称为中性混合。

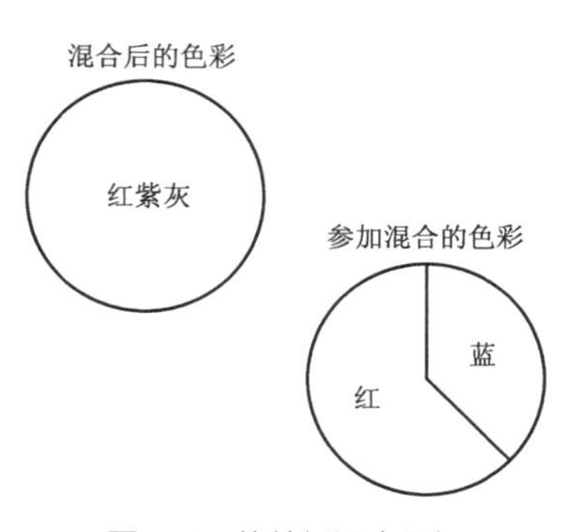

图4-6 旋转板混合图解

（二）并置混合

由于视觉生理的限制，当某一物体或颜色远离视点，眼睛会辨别不出过小或过远物象的细节，把形象看模糊了，把色彩看同一了，把原来的两个色彩感觉为一个新的色彩，这种现象称为视觉的并置混合。在一定的距离观看画面，会呈现立体形和物象的空间感，混合的画面会产生明亮、活跃，并有闪动感。但当近距离看时，形象则不明晰。在彩色电视、胶版印刷中正是运用并置混合的原理，用红、黄、蓝三原色小点和黑色网点并置，显映出丰富多彩的画面。并置混合的距离是由设计者来设定使用色点和色块面积大小的。点或块面积越大，观看画面效果所需的距离越远；点或块面积越小，观看画面效果所需的距离越近。例如彩色印刷图，是由很小的点排列产生并置混合后的色彩效果，正常距离看时，色彩均匀，而看不到色点，点的面积只能用放大镜才能看到。

因此，作为训练空间混合的色点或色块的面积不能过大，也不能过小，一般在0.5~2cm之间，空间混合构成见彩图21。色块并置的方法是将一种色分解为两个色并置，如灰色色感可用一对补色并置；红灰可用红与蓝绿色块并置；紫色可用红与蓝色块并置；绿色可用黄与蓝色块并置。在黄与蓝并置时，黄色块多则有黄绿色感；蓝色块多则有蓝绿色感。在红色与黄色并置时，黄色块多有橙黄色感；红色块多则有橙红色感。一般空间混合的色彩形体，只有在色块并置不杂乱时才能清晰，杂乱的色块就会显得粗糙或看不清形体。

第三节 ╱ 色立体

色立体是用三维形式来表示色彩的明度、色相和纯度三种属性的立体模型。

一、色彩的三属性

（一）明度

明度是指物体和图形色彩表现出的明暗程度。一切颜色都具有明度的属性，任何有彩色都可以还原为明度关系来思考，明度关系是绘画写生的基础，也可以说是色彩构成组合的基础。不论是在绘画写生中，还是在色彩构成训练中，明度最适合于表现物体的立体感和空间感。

一个颜色由浅至深可以产生不同的明暗层次，要使一个纯色变浅可以在该色中加白，混入白色越多，明度越高；要使一个纯色变深可以在该色中加黑，就能够降低混合色的明度，混入黑色越多，明度降低越多。另外，黑与白之间可以混合成许多种不同的灰色。主要色相的明度与纯度的数值见表4-4。如果将不同等级的灰色按从白至黑的次序排列可以构成明度推移的序列色标，见图4-7色立体示意图。

表 4-4　主要色相的明度与纯度的数值

项目	红 R	橙 YR	黄 Y	黄绿 YG	绿 G	蓝绿 BG	蓝 B	蓝紫 BP	紫 P	红紫 RP
明度	4	6	8	7	5	5	4	3	4	4
纯度	14	12	12	10	8	6	8	12	12	12

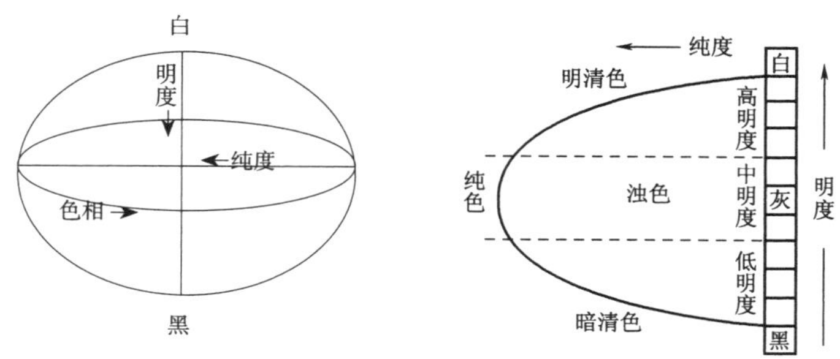

图4-7　色立体示意图

在可见光谱中，红、橙、黄、绿、青、蓝、紫色相互比较时它们在明度上也有区别。黄色是一个很浅的白灰色，紫色接近黑色，按黄、橙、红、绿、蓝、紫的次序排列，即会呈现色相的明度推移序列色标。

掌握好明度推移的序列变化是处理好画面深浅变化和色彩层次的关键。不论是在绘画写生中，还是在色彩构成训练中，明度序列最适于表现物体的立体感、空间感和光感。明度推移序列色阶构成，见彩图22。

（二）色相

色相是指颜色的相貌，也指不同波长的光给人的色彩感受。色相是区别颜色种类的名称。例如红、橙、黄、绿，每个字都代表一类具体的色相，它们之间的差别就是色相差别。红色系中有紫红、玫瑰红、大红、朱红、橙红等，它们都标明出一个特定的色相，特定色相之间的差别也属于色相差别。如果在大红色中加白混出明度不同的几个粉红色，或者加黑混出几个明度不同的暗红色，或者加灰混出几个纯度不同的红灰色，它们之间的这些差别就不是色相的差别，而只是同一色相（红色相）彼此明度或纯度不同的红色。因为色相的感受是受辐射能的波长决定的，波长不同就会产生色相的差别。将不同的色相从红、橙、黄、绿、蓝、紫、红紫等色首尾相连即是色相环，构成色相环的色相是各色相中纯度最高的色，色相序列色彩构成，见图4-8、彩图23。

另外，还可以在色相环中选择1／3、1／2、3／4色相序列，或者暖色相序列和冷色相序列渐变的色相，设计以色相序列推移的构成，这些都是美感较高的色相秩序，能准确地识别色相的微差，有利于表现出丰富多彩的色彩效果，色相序列推移构成见彩图24、彩图25。

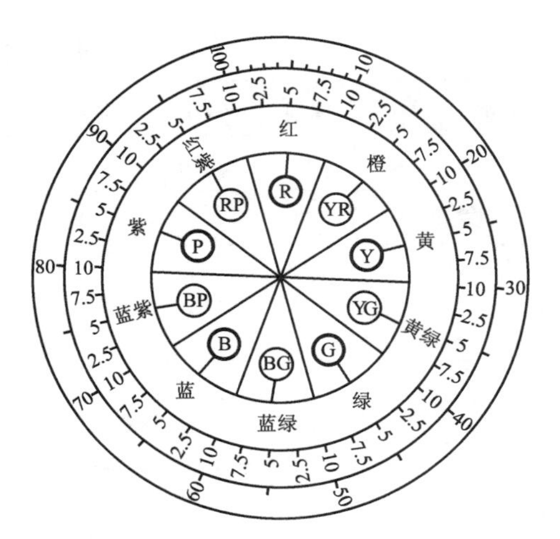

图4-8 孟赛尔色立体色相环图示

（三）纯度

纯度是指色彩的纯净程度或色相感觉的鲜灰程度，也称艳度、彩度、浓度、饱和度等，其含义基本一致。在光源色中它是指可见辐射波长的单一程度，视觉在正常光线下对红色光波感觉敏锐，因此红色的纯度显得特别高。对绿色光波感觉相对迟钝，因此绿色的纯度就显得低。其余色相的纯度居两者之间，接近红色相则偏高，接近绿色相则偏低。在颜色中，任何一色加灰都可构成该色的纯度推移变化的等级序列，形成一个从纯色到灰色的含灰色色阶。如选取一高纯度的玫瑰红色或橙色，另选定一个同其明度基本一致的灰色，两色相混依次均等推移渐变排列色阶，这个序列就是纯度序列，纯度推移色彩构成见彩图26。

另外，物体色的纯度与物体的表面结构有关，如果表面粗糙，光线漫反射作用会使物体色的纯度降低；如果物体表面光滑，色彩的纯度也会提高。

（四）明度、色相、纯度之间的关系

在纯度最高时，任何色相都有特定的明度，假如明度变了纯度也会随之变化。我们可以从色立体的纯度及明度的色标数字中看出这些变化关系，参见表4-4。

二、色立体的色彩体系

色立体是颜色的管理体系。为了认识、研究与应用色彩，人们将千变万化的色彩按照颜色各自的特性，依据规律和秩序排列，并加以命名，这称之为色彩的体系或色立体。

按照色彩的三属性，将无彩色的明度色标，按上白、下黑、中间不同明度灰的秩序排列起来，构成一个以明度序列为中心轴；将高纯度的不同色相，按照光谱秩序以红、橙、黄、绿、蓝、紫、红紫等顺序把中心轴环列起来；以色相环的纯色与垂直中心轴的各灰色相混，混合后的各色称为纯度序列。这些由明度、色相、纯度三个序列组合的色彩关系，即是色立体的组合形式，参见图4-7。

色立体的水平面是以中心轴为圆心的色相环，同水平面上各色的色明度是等同的，

参见图4–8。离中心轴越远的色纯度越高，离中心轴越近的色纯度越低。以无彩色轴为圆心，所有穿过同心圆的色相其纯度也相同。一般称色立体外层色为清色，内层色为浊色。如果我们将色立体从纵剖面切开，就会呈现一对等色相面。等色相面上的色越往上明度越高，越往下明度越低。一般明度高的色称为高明度色，明度低的色称为暗色或低明度色，中间明度的各种灰色称为中明度色。

（一）孟赛尔色立体

孟赛尔色立体是由美国色彩学家孟赛尔创立的颜色系统，色谱是从心理学的角度，根据颜色视知觉的特点所制定的色彩表示法。

孟氏色相是20色色相环。色相环以红（R）、黄（Y）、绿（G）、蓝（B）、紫（P）5原色为基础，再加上它们的中间色相橙（YR）、黄绿（YG）、蓝绿（BG）、蓝紫（BP）、红紫（RP）成为10个色相，这10个色相细分为10等份，以各色相中间的第5号色为各色相代表色，如5R为红，5YR为橙，5Y为黄，5YG为黄绿，5G为绿，5BG为蓝绿，5B为蓝，5BP为蓝紫，5P为紫，5RP为红紫。然后，将各代表色相混合，如5红与5橙相混为红橙，5橙与5黄相混为橙黄等，这样就有20个色为色相环之纯色，参见图4–8。色相环与冷暖分析，见彩图27。

孟氏色立体的中心轴为明度色阶，从黑、灰至白共分为11个等级，最高明度为10，表示理想白；最低明度为0，表示理想黑；1~9为灰色系列。有彩色各色的明度与相应的水平线上的无彩色明度一致，见图4–9。

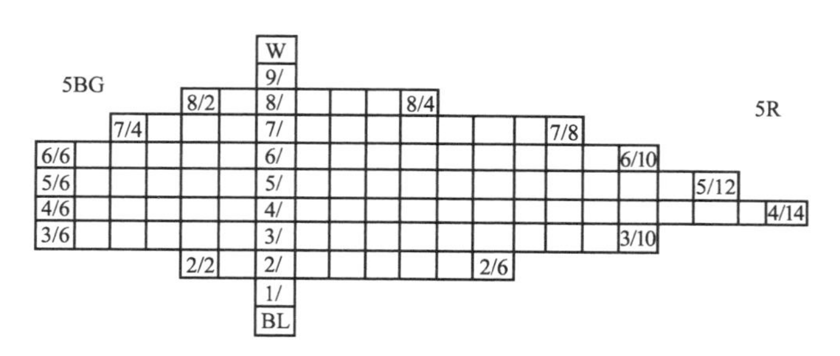

图4–9　孟赛尔色立体纵断面示意图

纯度是垂直于中心轴水平面上的各色。如果以无彩色中心轴上的各色纯度为0，那么距中心轴越远纯度越高，最远的色是各色相的纯色。同一色相面垂直线上所穿过的色块其纯度相同，见图4–10。

孟氏表色法：色相Hue（缩写为H），明度Value（缩写为V），纯度Chroma（缩写为C）。有彩色表示：H•V ／C（即色相・明度／纯度），如5R4／14，“5R”表示第5号红色相；“4”表示5号红色的明度位置在中心轴的第4阶段；“14”表示该色的纯

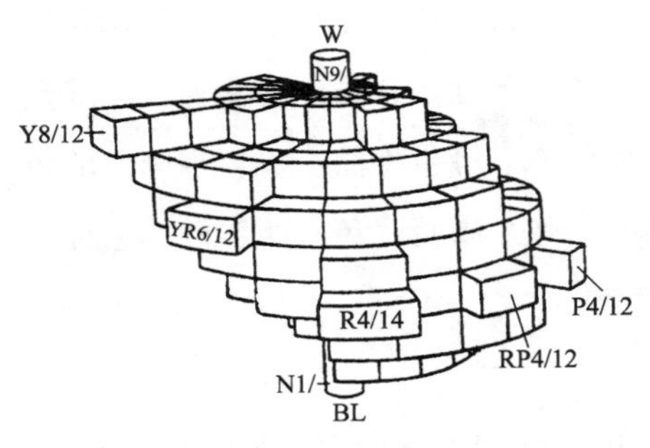

图4-10 孟赛尔色立体图解

度距中心轴的第14个纯度阶段。可以知道，这个色是一个中间明度而纯度很高的红色。无彩色用NV表示，如N5，“5”表示明度为5的灰色。孟赛尔色立体的10个主要色相中，其最高纯度的明度情况表示如下：5R4／14、5YR6／12、5Y8／12、5YG7／10、5G5／8、5BG5／6、5B4／8、5BP3／12、5P4／12、5RP4／12。依据色彩的三属性，将色相调制从高纯度、中纯度、低纯度均等排列色序，加白色为高明度、加灰色为中明度、加黑色为低明度的由外层向内递减的全色相环。这是单层色相环和多层色相环，单层色相环和多层色相环最外层都是最纯色，中间三层是纯色逐渐混入白色的含灰色，或者混入黑色的含灰色，或者混入灰色的含灰色，纯度越往中心越低，明度越往中心会越高或越低。

（二）奥斯特瓦尔德色立体

奥斯特瓦尔德色立体是由德国化学家、诺贝尔奖获得者奥斯特瓦尔德所创制。奥氏色系认为一切色彩都可以由纯色、白色、黑色按一定比例混合而成。

奥氏色相环是24色色相环。色相以红（R）、绿（G）、黄（Y）、蓝（B）4色为基础，将4色分别放在圆周的4个等分点上成为两对互补色，再在两色中间增加橙（O）、黄绿（YG）、绿蓝（GB）、紫（P）4色相，成为8个主要色相。色相顺序为黄（Y）、橙（O）、红（R）、紫（P）、蓝（B）、绿蓝（GB）、绿（G）、黄绿（YG），然后将每一色分为3个色相，成为24色相的色相环。24色色相环从黄开始定为1到24号，每一色相以中间2号为正色或代表色。色相环上相对的两色都是互为补色关系，见图4-11。

奥氏色立体是一个类似复合锥体的模型。中心轴是以无彩色序列组成。上端为白，用W表示；下端为黑，用B表示。无彩色中心轴共分为8个阶段垂直排列，分别以字母a、c、e、g、i、l、n、p为记号，这个记号就是色立体的中心轴。位于中心轴最外层的色是纯色，位于中间部分的是含灰色，见图4-12。

在奥斯特瓦尔德色立体记号中，每个字母表示一个色的白色与黑色的含有量。各色的比例分配为：纯色量+白色量+黑色量=100%，见表4-5。同色相内的纯色量、白色量和黑色量见图4-13。色立体的纵断面也是一对等色相面，互为补色关系，混合的色相面见图4-14。

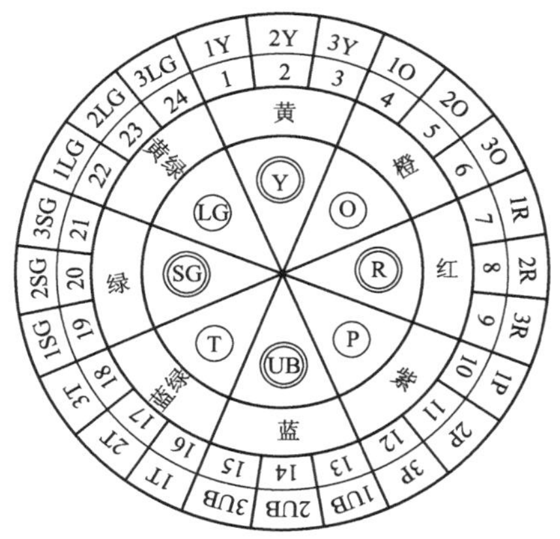

图4-11　奥氏色相环图示

图4-12　奥氏色立体图解

表 4-5　奥斯特瓦尔德色立体记号黑白量

记号	W	a	c	e	g	i	l	n	p	B
白色量	100	89	56	35	22	14	8. 9	5. 6	3. 5	0
黑色量	0	11	44	65	78	86	91.1	94.4	96.5	100

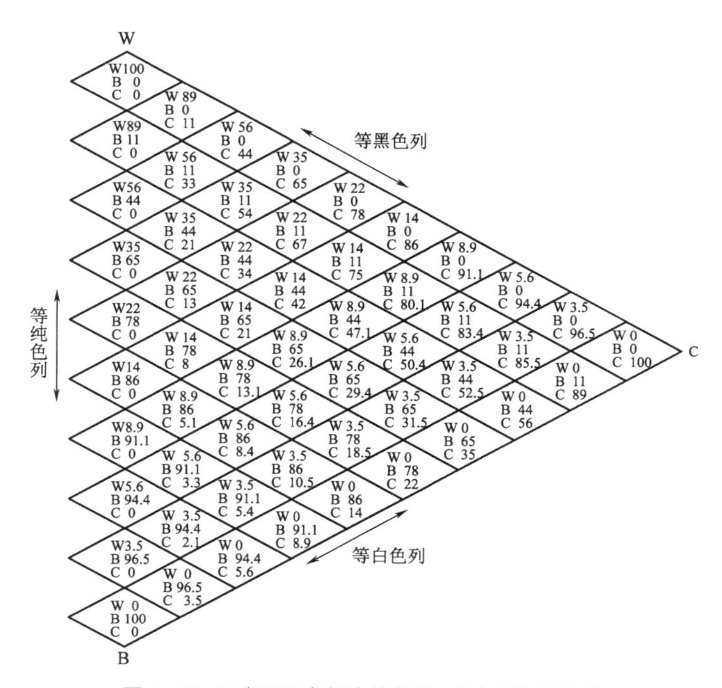

图4-13　三角形同色相内纯色量、白色量和黑色量

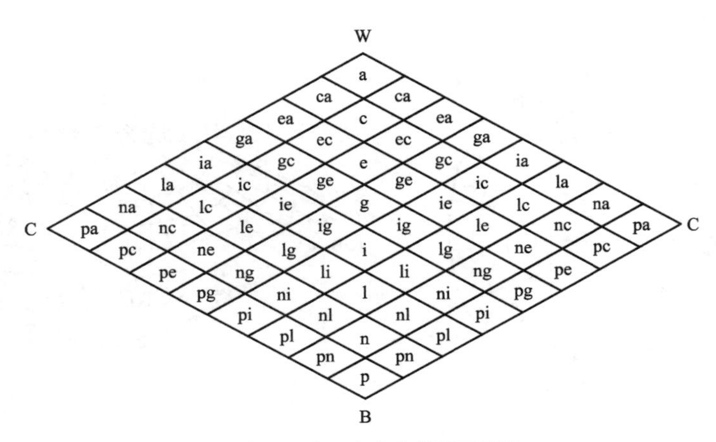

图4-14　奥氏色立体纵断面图解

奥氏表色法：各色的色相号／含白量／含黑量。例如：3Y·ec，“3Y”表示3号黄色相，“e”表示该色含白量，“c”表示该色含黑量。从百分之一百的总量中减去白与黑（见表4-5）的含量，就是该纯色的色量。例如，3Y·ec=100-（35+44）=21，由此可知，3Y·ec的纯色量为21，该色在同色相三角形中靠中心轴的上方为浅含灰色。

（三）色立体的实用价值

色彩体系的建立，对于研究色彩的标准化、科学化、系统化以及实际应用都具有重要价值，它可使人们更清楚、更标准地理解色彩，更确切地把握色彩的分类和组织。色立体给我们学习色彩知识提供了较为全面的色彩“词典”，在使用上能很方便地找到需要的色彩“词组”，丰富色彩的表现力，在方法上能开拓新的色彩思路。由于色立体中的各色是严格地按照色相、明度、纯度的秩序排列的，并按照科学的方式组织的，因此，有利于在运用中寻找到色彩的组合规律或色彩对比与调和的方法。色立体还有利于色彩名称的鉴定，标准化的色立体对色彩的科学管理和工业化、标准化生产使用会带来很大的方便。色立体可以作为配色实践的参考工具，但它也不是万能的，因为科学的工具毕竟不能代替艺术的创作。

【练习题】

1. 色相环的混色练习1张，规格：25cm×25cm。

要求：制作20色或24色的色相环，并由外向内分别与黑、白、灰混色，从纯色到灰色混出3层，制作出深色系、淡色系、含灰色系3个色圆面，注意色相差、明度差、纯度差的均匀。

方法：分别做同心圆画出3层色块，在最外层分别填入20色纯色相，中心圆内分别填黑、白、灰色，将纯色与白色（黑、灰）混合填入第2层、第3层圆环内的方块中，即可完成淡色系色圆面或灰色系色圆面色环。

2. 明度推移构成1张，规格：25cm×25cm。

要求：明度级差均匀，构图简单生动，使图形呈现出一种秩序感、体积感、空间感。

方法：任选一单色与白色混合，通过逐渐加黑或加白，调出一系列的明度色，混成12个以上的明度阶段，填入构图图形。

3. 色相推移构成1张，规格：25cm×25cm。

要求：色相级差均匀，构图简单生动，表现出丰富变化的色相感和调和的美感。

方法：在色相环中选取1／2、1／3、3／4或全色相，依渐变秩序填入图形内。

4. 纯度推移构成1张，规格：25cm×25cm。

要求：纯度级差均匀，无大的明度差，表现出含蓄丰富又柔和的纯度渐变效果。

方法：任选一纯色和与纯色同明度的灰色相混合，混成9个以上纯度等级色阶，分别填入构图的图形内。

第五章 对比与调和

在色彩搭配构成中，对比与调和是形式美法则的基本原则。对比，可以形成鲜明的对照，使造型主次分明，重点突出，形象生动。调和是对造成各种对比因素所做的协调处理方法，使构成中的对比因素互相接近或者逐步过渡，能给人以协调、柔和的美感。对比与调和是相辅相成的，自然界就是一个既有对比又有调和的大千世界，具有对比鲜明又有恰当调和的构成，往往更富有动人的美感。

第一节 色彩的对比

一、对比的概念

色彩对比是指在同一时间和空间内相互比较时，两个以上的色彩显示出明显的差别。这时对比双方的相互关系，称为色彩的对比关系，即色彩对比。“对比”意味着对立、矛盾、差别、对照、衬托等。对比的最大特征就是产生比较作用，甚至发生错觉。

任何对比的色彩之间都存在面积的比例关系、位置的远近关系、形状和肌理的异同关系等。这些关系的变化，对不同性质、不同程度的色彩对比效果都会有非常明显的影响。眼睛对色彩的感受相同只能是相对的，而不同的色彩感觉才是无限的。色彩各属性的对比条件不同，其效果就会不一样，而且任何属性的对比都不能用其他对比来代替。色彩在对比时一般有两种情况：同时对比和连续对比。

（一）同时对比

同一空间、同一时间看到的色彩对比的现象称为同时对比。同时对比使相邻比较的两色加强或改变原来的性质感觉，而向对应方面发展。如把一个橙红色的图形放在不同色相的底色上，图形的橙红色会随着底色变化的对比作用给人以不同的色感，见彩图28。图中红色圆放在黄底上感觉深而偏紫，红色圆放在深绿底上却感觉偏黄而且亮；红色圆在红色底上似乎被隐匿了，在黑色底上对比的红色突出；红紫色底上的红色圆对比较隐晦，在蓝紫色底上的红色圆则偏黄而显亮。

另外，在不同色相的底色上同一灰色会因同时对比的作用，而使该灰色略带色相的补色味。如灰色块在红色底上呈绿味灰，灰色块在紫色底上呈黄味灰色。这些现象都是因两个色彩同时存在于一个时间和空间内产生对比时引起的。同时对比有以下几种明显的特点：

第一，无彩色与有彩色对比时，有彩色的色相不受影响，而无彩色的黑、白、灰有较大影响，无彩色向有彩色的补色变化，见彩图29（a）。

第二，在同时对比中相邻两色互相影响明显，尤其是色的边缘部分，见彩图29（b）。

第三，当明色与暗色同时放在一个空间内对比时，明色显得更明，暗色显得更暗。

第四，当互为补色相放在一个空间内对比时，会把各自的补色残像加给对方，两色的纯度增高，显得更为鲜艳，见彩图29（c）。

第五，高纯度色与低纯度色对比，高纯度色显得更鲜，低纯度色显得更灰。

第六，两色相面积、纯度相差悬殊时，面积小、纯度低的色相处于被诱导地位，并受面积大的色相影响。面积大、纯度高的色相除在邻接边缘处有点影响外，其他基本不受影响。

同时对比作用只有在两色相邻时才发生，其中以一色包围另一色时效果最为明显。当我们了解了同时对比的基本规律和特点时，就可以将配色的对比效果按设计的需要加以强调或抑制。

加强的方法：提高色彩的纯度；拉大各色相在色相环上的距离，使对比的色彩建立补色关系；加强面积的大小对比等，见彩图29（d）。

抑制的方法：改变色彩的纯度，提高或降低一色的明度，破坏互补关系，使对比的色彩接近，缩小面积的对比以及采用间隔、渐变等方法。

（二）连续对比

连续对比现象与同时对比现象都是由于视觉生理条件的作用所致，它们出于同一种原因，但发生于不同的时间条件。同时对比主要是指在同一时间内颜色的对比效果，而连续对比指的是发生在不同的时间条件下，或者说是在时间的运动过程中，前后颜色刺激之间的对比。例如，当我们长时间注视一块红色后，再抬起眼睛看周围的人会觉得他们的脸色很绿，这就是色彩连续对比现象。

连续对比的特性在于因为视觉残像，使后看的色彩明显带有前一色的补色。纯度高的色影响力大，纯度低的色影响力小。如果后看的色彩恰好是先看色的补色时，会增加后看色彩的纯度，使之更鲜艳。连续对比的这种错视影响，以红和绿为最大。

一般连续对比经稍长时间的阻延和休息后，错视影响会慢慢消失；而同时对比的现象则无法经过视觉休息来消除。同时对比的色彩只能运用对比关系的变化来调节或加强。在后面的作业练习中，主要是对同时对比作用的影响来进行讨论。一组配色或一个画面会表现出构成的色彩倾向，是由明度、色相、纯度综合因素形成一种调性或调子。色彩对比归纳起来主要有：以明度差别为主的明度对比，即以明度调子为主的配色；以色相差别为主的色相对比，以色相调子为主的配色；以纯度差别为主的纯度对比，以纯度调子为主的配色。而且在上述差别中，不同的对比还会因差别大而形成强对比，因差别小而形成弱对比，因差别适中而形成中等对比。

二、以对比为主的色彩构成

以色彩的三属性为基础，可以形成多种对比方法。

（一）以明度对比为主的构成

因明度差别而形成的对比称为明度对比。色彩的明度对比是由于视网膜杆体细胞在明暗视觉中的代谢作用，眼睛产生了明暗视觉的补偿，在同时对比中对颜色明度认识的偏离。例如：把灰色置于亮底上时，看上去很重；置于暗底上时，似乎变得比原来亮了，以至于眼睛很难相信它们是同一个明度的灰色。在有彩色系中也会发生这种明暗的错觉。

1. 明度对比的调子

明度对比分为三种基调，以明度序列为依据，按照11个等级的明度色阶，划分为三个明度基调，即低调、中调和高调。

低明度基调是由1~3级中的暗色组成的基调。在构成画面中，当低明度色彩的面积占70%左右的绝对优势时，其画面效果即是以低明度色为主构成的低明度基调。低明度基调给人的感觉是浑厚的、强硬的、神秘的。

中明度基调是由4~6级的中明度色组成的基调。在构成画面中，当中明度色彩的面积占70%左右的绝对优势时，其画面效果即是以中明度色为主构成的中明度基调。

中明度基调给人以平静、朴素、端庄的感觉。

高明度基调是由7~11级的明色组成的基调。在构成画面中，当高明度色彩的面积占70%左右的绝对优势时，其画面效果即是以高明度色为主构成的高明度基调。高明度基调给人的感觉是明朗的、轻快的、冷淡的。

2. 明度对比长短调

在明度对比中，因两色距离近而形成弱对比，或是距离远而形成强对比。

依据明度色阶，凡颜色明度差在3个级数之内，为弱对比，称为短调；凡颜色明度差在3~5个级数之内，为中间对比，称为中调；凡颜色明度差在5个级数以上的，为强对比，称为长调。

运用高、中、低明度基调和长、中、短调，可以构成高长调、高短调、低长调、低短调等9种不同的色调，见图5-1与彩图30。

明度对比强时，如高长调、中间长调、低长调，给人的感觉是形象清晰度高、明快、光感强烈；最长调，明度对比过于强烈会有生硬、简单化的感觉；短调对比中，高短调、中间短调、低短调给人的感觉是光感较弱、模糊、低沉、形象不易看清晰。

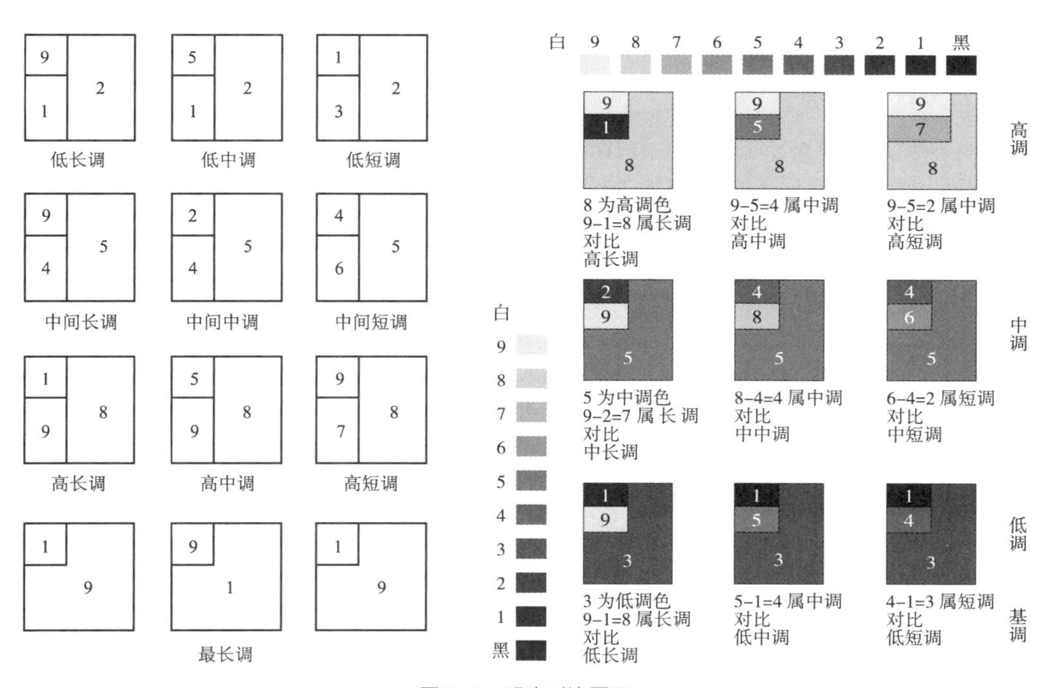

图5-1　明度对比图示

在色彩的配置练习中，既要重视无彩色系的不同程度的明度对比，也要重视有彩色系之间的不同程度的明暗对比，这样才能获得多种理想的配色效果。

（二）以色相对比为主的构成

因色相差别而形成的色彩对比称为色相对比。在色相环上由于各色相的距离远近不同，可以形成不同的色相对比关系，其对比关系的强弱取决于在色相环上各色相的距离。归纳有以下4种对比关系，见图5-2。

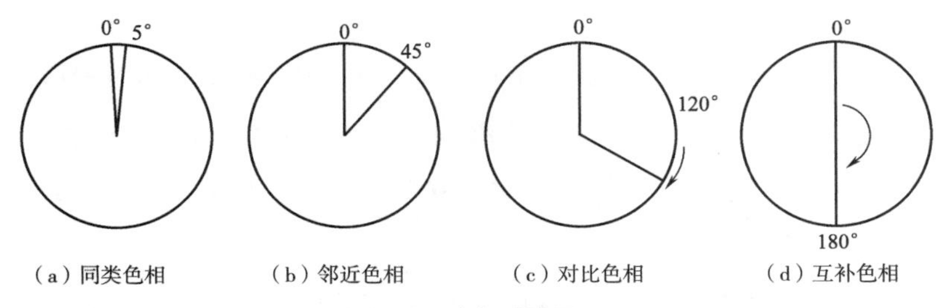

图5-2　色相对比图示

1. 同类色相对比

在色相环上两色之间的距离角度在0~5°以内，紧挨着的两色为同类色相对比。色相之间的差别很小，色相非常接近，是最弱的色相对比，见图5-2（a）。其配色效果是色相感单纯、柔和、统一，这种对比方法整体统一，容易掌握，但也容易感觉单调、平淡，见彩图31（a）。

2. 邻近色相对比

在色相环上两色之间的距离在0~45°以内，色相环上相隔3~5个色相差级的颜色对比，称为邻近色相对比，是色相的弱对比，见图5-2（b）。邻近色相对比的色相感类似，色相之间有变化，但又含有共同的因素，比较同类色相对比显得略有变化。配色效果既显得统一，又略显变化，雅致且具有耐看的特点，见彩图31（b）。

3. 对比色相对比

在色相环上两色相之间的距离角度在0~120°以内，色相环上相隔6~9个色相差级的颜色对比，称为对比色相对比，是色相的强对比。对比色的色相感要比邻近色相对比更鲜明、饱满、强烈。例如：红与蓝、橙与紫、绿与紫，或者红黄蓝、橙绿紫等。其配色效果也强烈、华丽。在配色中，对比色相之间结合明度与纯度变化，可以构成很多审美价值较高的以色相对比为主的构成，见彩图31（c）。

4. 互补色相对比

在色相环上两色相之间的距离角度为0~180°的对比，色相环上相隔10~12个色相差级的颜色对比，称为互补色相对比，也是色相的最强对比。互补色的色相感比对比色的色相感构成效果更强烈、更富刺激性。例如：红与绿、橙与蓝、黄与紫等，它们是使色彩对比达到最高鲜艳程度的对比，见彩图31（d）。在同样色数参加对比的前提下，任何别的色相对比都会显得单调、平淡，但互补色相对比如运用不当，特别是高纯度的互补色相结合，会产生过分刺激、不安定、不含蓄、不雅致等问题。

在强对比的色相中，还有两种情况的对比也是强烈而鲜明的。一是原色对比：即红、黄、蓝三原色是色相环上最极端的色相，表现出最强烈的色相气质，它们之间的对比属于最强的色相对比。二是间色对比：橙色、绿色、紫色，其对比效果略显柔和，如绿与橙、绿与紫，这样的对比都是活泼而鲜明的。例如许多国家的国旗都选择原色色相，是因为它们有注目的视觉效果和最强烈的色相气质。

总之，在色相对比中，不论是用同一色相对比与类似色相对比的方法，还是用对比色相对比与互补色相对比等方法，当一个主色相确定之后，其他色相的选择与搭配必须想清楚与主色相是什么关系，要表现什么内容，传达什么感情，达到什么效果，这样才能增强色彩配置的计划性与目的性，使配色能力逐步提高。

（三）以纯度对比为主的构成

因纯度差别而形成的色彩对比，称为纯度对比。例如：一个鲜艳的红色与一个含灰的红色并置，能比较出它们在鲜艳程度上的差异，这种是色彩性质的比较。它们是纯度高的色与各种含灰色之间的对比，是不同纯度的色互相搭配产生的对比。下面以色立体为例，来讨论高纯度或者低纯度的对比关系。

色立体最表层的色是纯色，以表层向中心轴逐渐转灰至五彩色纯度为零。在孟赛尔色立体中，以5R4／14为例，红色最高纯度为14，可划分为3个纯度阶段，见表5-1。

表5-1　高、中、低三种纯度基调的数量

低纯度基调（灰调）	中纯度基调（中灰调）	高纯度基调（鲜艳调）
0 1 2 3 4	5 6 7 8 9	10 11 12 13 14

各颜色间纯度差别的大小决定纯度对比的强弱。由于纯度对比的视觉作用低于明度对比的视觉作用，大约3~4个阶段的纯度对比，相当于一个明度阶段对比的清晰度，以14个纯度阶段划分：纯度相差在4个阶段以内为纯度的弱对比，相差在5个阶段以上为纯度的中等对比，相差在10个阶段以上为纯度的强对比。

当低纯度色彩在画面面积中占70%左右时，构成的画面为低纯度基调，即灰调；当中纯度色彩在画面面积中占70%左右时，构成的画面为中纯度基调，即中灰调；当高纯度色彩在画面面积中占70%左右时，构成的画面为高纯度基调，即鲜调。用这样的方法可组成9种以纯度对比为主构成的色调，见表5-2。

表5-2　以纯度对比为主构成的色调

高纯度基调	中纯度基调	低纯度基调
鲜强对比	中强对比	灰强对比
鲜中对比	中中对比	灰中对比
鲜弱对比	中弱对比	灰弱对比

纯度基调的面积表示，见图5-3。如果在一组对比色中，高纯度色在画面面积中占70%组合配色，这就是纯度强对比，这组对比称为鲜强对比；如果将这组色同时降低色彩的纯度，使其低纯度色在画面面积中占70%，其配色效果则是弱对比，见彩图32（a）。同理，如果将一组色分为高纯度、中纯度、低纯度三种类别的调和色，就会构成高纯度基调、中纯度基调和低纯度基调三种色彩基调的配色，见彩图32（b）。

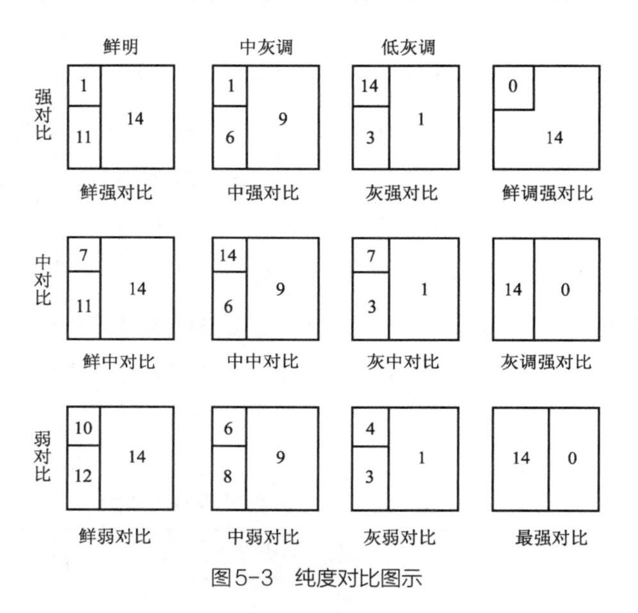

图5-3　纯度对比图示

由于纯度对比的强弱不同，这些色调的视觉作用与感情影响各异。高纯度基调给人的感觉是强烈、注目、热闹、色相感明确，其色相的心理作用明显，但长时间注视易引起视觉疲劳。中纯度基调给人的感觉是含蓄、柔和、文雅，配色中若加入少量的点缀色，可取得理想的配色效果。低纯度基调给人的感觉是平淡、无力、不易分清，但加入适当的点缀色也有自然、简朴、超俗的感觉。

纯度对比的方法与要求：

第一，可以体现在单一色相中不同纯度的色相的对比；

第二，可以体现在不同色相的对比，如纯红与纯绿；

第三，当其中一色混入灰色时，明显看出它们之间的纯度差；

第四，黑色、白色与一种饱和色相的对比，既有明度对比，也有纯度对比，它是一种醒目的色彩搭配。

任何一种鲜明的色相，只要它的纯度稍降低，就会表现出不同的相貌与品格。可以通过三种方法降低一个饱和色的纯度：一是，混入无彩色系黑、白、灰；二是，混入该色的补色；三是，加水稀释可降低该色浓度。

在同色相、等明度条件下的纯度对比，其特点是柔和，纯度对比差越小，其柔和感越强；纯度对比差越大，其对比感越强。当纯度对比不足时，配色会出现粉、灰、闷、脏等或含混不清的弊病，作业时应予以注意。同时单一的纯度对比情况很少，多数是以纯度对比为主并包括明度对比、色相对比在内。以纯度对比为主的对比可构成丰富的色调，而色调最大的特点就是含蓄、柔和，比较耐人寻味。

（四）综合对比构成

综合对比是两种以上多属性、多差别的色彩而形成的对比。实际上，在配色实践中是很少有单项对比形式的，只有无彩色黑白灰的明度对比，同明度、同纯度的色相对比，同一色相、同明度的纯度对比是单项对比，其他都是以明度、色相、纯度的某一属性为主的综合对比。其中主要是考虑以哪种对比为主的组合构成。

我们知道，黑与白的对比是一组单项的强对比，如把白改成浅黄，黑改成蓝紫，新的色组就属于综合对比。这样的改变虽然不影响明度对比，但作为主要性质其对比的地位已改变，新色组中就含有色相与纯度的对比因素，因而最强的明度对比也就减弱了。

最强的色相对比是明度一致的红和绿（5R4／14和5BG4／6）对比，是一组单项对比。如果把它改为综合对比，可改变其中一色或同时改变两色的明度或纯度。从色立体表面上看，对比最强的两色是在色立体表面的水平线上相距最远的两点，它们恰好是穿过色立体中心直径的两端。如果改变其中一色的位置，也将缩短两色在色相环表面上的距离，也就会削弱对比的强度，色相位置的改变意味着纯度的改变，色相最强的对比程度相应减弱，见彩图32。

最强的纯度对比如红与灰（5R4／14与N4／0）的对比，也是一组单项对比。如果把它改为综合对比，可改变其中一色的明度或色相，如果把红改为5R6／10（降低纯度），或者把灰改为N7／0（提高明度），前者削弱了纯度对比，而后者分散了对最强纯度对比的视觉注意力，这样新的色组就是综合对比了。由此可知，综合对比也是降低最强对比的一种方法，见彩图33、彩图34。

另外，应用色彩渐变的方法，使得互补对比的最强色在渐变秩序下改变色彩最强对比的视觉效果，而使色彩趋向调和。在对比色中间间隔无彩色也是使强对比色调和的方法，多色相综合对比见彩图34。

凡保持单项最强的对比是不会含有其他性质的对比，凡保持综合对比也就不可能保持最强的单项对比。在色立体上的色彩距离越远对比越强，距离越近对比越弱，在单项对比和综合对比中都是这样，见彩图35、彩图36。

（五）冷暖对比

因色彩冷暖差别形成的对比称冷暖对比。冷暖感觉本是人对外界温度高低的触觉反应，当炉火映在脸上或太阳晒到身上时都会感到温暖，而站在蓝色的海边或白色的雪地上就会感到凉爽或寒冷。这种生活印象的积累会形成条件反射使视觉先于触觉，当人看到红、橙、黄等色时，就感到温暖；而看到蓝、蓝紫、蓝绿时，就感到寒冷。这是色彩冷暖在生理和心理上的反映与感觉。从物理学的角度看，物质温度是能量的动态现象，色彩的冷暖与光波的长短有关。波长长的色彩称为暖色，如红、橙、黄等；而动态小、波长短的色彩称为冷色，如蓝、蓝紫、蓝绿等。

在色彩的冷暖对比中，主要是冷色与暖色的对比，可以是对比的补色之间的对比，如：橙色与蓝色的对比；也可以是较邻近的色彩之间的对比，如朱红（暖）与玫红（冷）或者土黄（暖）与柠檬黄（冷）色之间的冷暖对比。

在暖色中，橙色为最暖色或称暖极色；在冷色中，蓝色为最冷色或称冷极色。从对比的角度看，凡是距暖极色近的色越偏暖感，凡是距冷极色越近的色越偏冷感。孟赛尔色相中划分了6个冷暖区域，橙色为暖极是最暖色，红、黄色是暖色，红紫、黄绿色是中性微暖色，绿、紫色是中性微冷色，蓝紫、蓝绿色是冷色，蓝色为冷极是最冷色，见图5-4。

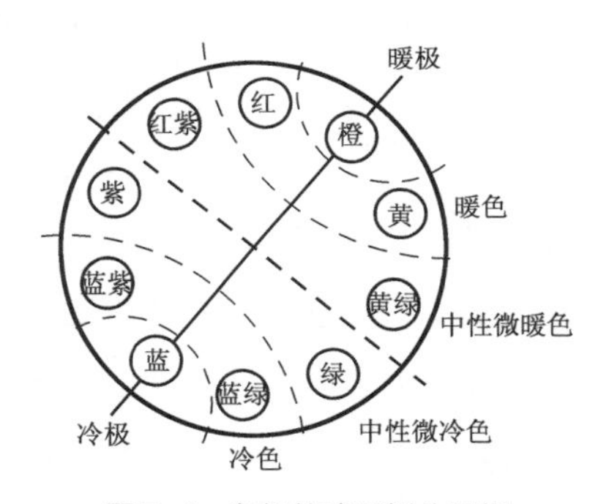

图5-4　色相的冷暖划分图解

在色彩的冷暖对比中，最强的冷暖对比是冷暖的极色对比，冷暖的强对比是冷极色与各暖色的对比或者是暖极色与各冷色的对比。冷暖的中对比是冷极色、冷色与中性微暖色的对比或者是暖极色、暖色与中性微冷色的对比。冷暖的弱对比是冷极色与冷色、暖极色与暖色、暖色与中性暖色、冷色与中性冷色、中性冷色与中性暖色的对比。

色彩的冷暖对比还会受到明度和纯度的影响。例如：白色感觉冷，黑色感觉暖。暖色加白会向冷转化，冷色加白会向暖转化；而暖色加黑会向冷转化，冷色加黑会向暖转化。明度5的灰色与任何冷暖色相混，均向中性转化。一般高纯度的冷色会显得更冷，高纯度的暖色会显得更暖。如果降低色彩的纯度并且向中明度接近，色彩的冷暖感也会向中性变化。

以冷色为主的配色可以构成冷色基调，以暖色为主的配色会构成暖色基调。色调不同，作用于人的心理感觉也不一样。一般冷色基调给人的感觉是凉爽、清新、文静、雅致、空气感、空间感；暖色基调给人的感觉是热烈、温暖、喜庆、刺激、强烈、活泼等。配色中，对比色双方的冷暖差别越大，对比越强，双方的冷暖倾向越明确。对比双方的差别越小，对比越弱，冷暖感则会偏向中性。冷色调和暖色调的配色，见彩图37。

日本色彩学家大智浩把冷暖对比的作用以相对的语言表示如下：

冷色：阴影的、透明的、镇静的、稀薄的、淡的空气感、远的、轻的、潮湿的、理智的、圆滑的曲线形、流动的、冷静、文雅、保守等。

暖色：阳光、不透明的、刺激的、稠密的、深的、土质感、近的、重的、干燥的、感情的、方角的直线形、静止的、热烈的、活泼的、开放的等。

上述种种感觉显示出冷暖对比复杂的表现力。

冷暖的强对比是冷极色与各暖色的对比，或者是暖极色与各冷色的对比。

冷暖的中对比是冷极色、冷色与中性微暖色的对比，或者是暖极色、暖色与中性微冷色的对比。

冷暖的弱对比是冷极色与冷色、暖极色与暖色、暖色与中性暖色、冷色与中性冷色、中性冷色与中性暖色的对比。

三、色彩对比与对比效果

（一）色彩对比与面积的关系

视觉色彩总是以一定面积的形式存在，在画面构图中色彩的面积所占比例不同，画面的色调就会因此而变化，对比效果也会随之而变化。

色彩对比与面积的关系表现如下：

第一，对比中的色彩，如果属性不变，任何一方增大或缩小面积都能使另一方取得面积优势，而加强色彩的对比效果，见图5-5。

第二，当图形的色彩对比关系不变时，仅扩大或缩小对比图形色的双方面积，色彩对比的清晰度就会随之提高，对比效果会加强。当两个色相同时，面积一样大小，对比效果则弱，其效果恰好与上述情况相反。如果面积大小不等，虽颜色相同，因面积比例有变化，对比效果还是强烈的。

第三，色彩面积对比的不同，会有不同程度的错视。一般来说，本色面积大，对其他色的错视影响则大，而受其他色的错视影响小，大面积的色彩都表现出较高的稳定性。面积构成色调，例如：选用红、黄、蓝、紫4种颜色，如果使这4种色分别在4个图形一样的画面中所占面积不一样，构成面积红色为70%、蓝色为20%、橙色为7%、紫色为3%，因为红色的面积占绝对优势，画面将会以红色为主调；如果在画面的面积中橙色为70%，蓝色为20%，红色为7%，紫色为3%，由于橙色面积占绝对优势，画面将会以橙色为主调；如果在画面的面积中蓝色为70%，红色为20%，橙色为7%，紫色为3%，由于蓝色面积占绝对优势，画面将会以蓝色为主调；如果在画面的面积中紫色为70%，橙色为20%，蓝色为7%，红色为3%，因为紫色的面积占绝对优势，所以将构成以紫色为主的色调，色彩面积变化与对比效果，见彩图38、彩图39。

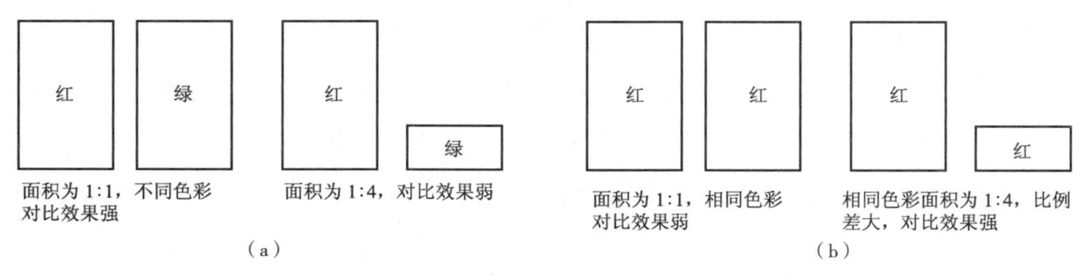

图5-5 色彩图形面积对比图解

色彩对比与面积的关系可以按设计需要进行分配，或构成对比强烈的画面或构成对比不强烈的画面，合理的面积分配与巧妙的色彩组合才能达到完美而协调的画面。

（二）色彩对比与形状的关系

在色彩对比中，面积与形状的变化也会产生不同的对比效果。对视觉色彩最有影响作用的是形状的聚散状态。色彩形状的变化，可以归纳为两类：一类是集聚形状，如圆形、椭圆形、方形、长方形等；另一类是分散形状，如较集中的点形、线形、雾一样匀散的点形等。

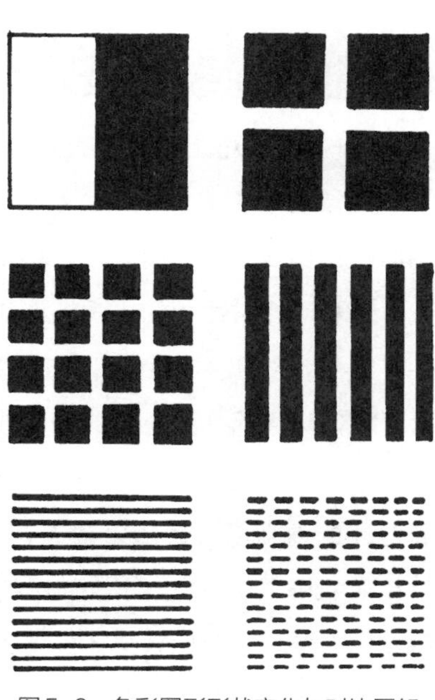

图5-6 色彩图形形状变化与对比图解

色彩对比的条件与形状关系，可以从相同的面积色彩进行对比时，变化聚散不同的形状来讨论。图5-6中，当面积大小一样时的对比效果明显强烈。如果改变形状的聚散程度，对比效果会因此而受到明显的影响。可以看到大块面色彩的对比效果最强，块面越分散其对比效果越弱。色块分散，意味着和它对比的底色也分散，分散后的各局部的色块面积就小，这为视觉空间的混合创造了条件，并使对比色的双方从互相排斥变为互相吸引、互相靠拢。图中显示，分散为线形状的整面比分散为方块形状的整面显得灰，这也是一种错视现象。在对比中色彩性质与面积的稳定性和形状的集聚与分散的程度有关。当形状集聚程度高时，色彩的稳定性高，与底色的对比效果强，注目性也强；当形状分散程度高时，色彩的稳定性低，与底色的对比效果则弱，从彩图39中可以看出，色彩图形的面积越大越集中，对比效果越强，图形形状面积越小越分散对比效果越弱。

当色彩性质与面积不变只是形状变化时，色彩对比的效果会随之发生变化。当色彩性质与面积均不变的前提下，形状的集聚程度与色彩的对比效果成正比。在作业中调整对比效果时，不应忽视这一点。

（三）色彩对比与位置的关系

1. 位置错觉

对比的两色在二维画面里会发生位置的变化，或上或下、或左或右、或切入或邻近、或一色在另一色中间等，这些位置变化给对比效果产生的影响，见图5-7。当色彩属性、面积、形状、肌理各因素都没有变化的条件下，一色在另一色中间时对比效果最强，形分离得越远，其对比效果越弱。

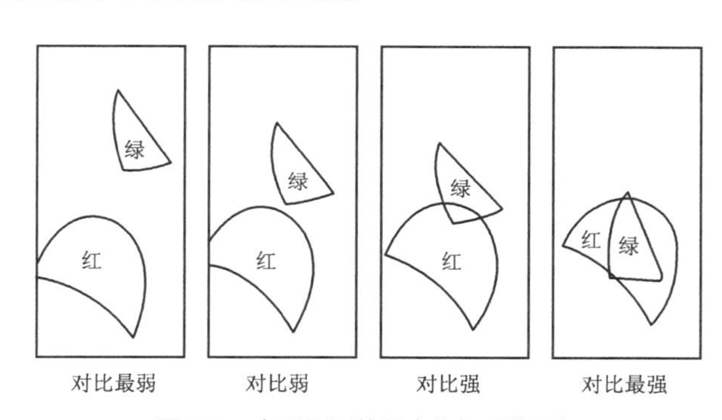

图5-7　色彩图形位置变化与对比图解

2. 空间位置错觉

对比的两色，位置在前的或在画面正中的或大面积的形有近感，位置偏离或在下方的或小面积的形有后退感，即远离感。在对比中，使人感到比实际距离近的色为前进色，使人感到比实际距离远的色为后退色；给人感觉比实际大的色为扩张色，给人感觉比实际小的色为收缩色。因此，组成色彩对比的画面的图形，就会有前进感、后退感、扩张感、收缩感等错视现象。在色彩对比中，一般暖色与浅色，白色、红色、橙色、黄色比实际距离近或往前，有前进和扩张的感觉，高纯度的艳色有前进感和扩张感。在对比中，冷色与深色，如蓝色、蓝绿、蓝紫、深灰色、黑色使人感觉比实际距离远或后退，有远逝和收缩的感觉，低纯度的含灰色、浊色有后退感和收缩感。

3. 面积聚散错觉

在色彩性质相同或者比较接近的情况下，大面积的明色、暖色或高纯度色有前进感、扩张感，小面积的暗色、冷色或低纯度色有后退感、收缩感。形状集中的色彩有前进感，分散的色块有后退感。位置居中、居下有前进感，位置居边角的有后退感。另外，图形色与底色对比弱的有后退感，图形与底色对比强的有前进感。在多种对比色组中，强对比色组有前进感，弱对比色组有后退感。色彩对比产生空间前后的层次感与色彩本身的特性有直接关系。

色彩对比的空间感与层次感，都与色彩图形的形状、位置、形状本身的可视性、色彩图形的面积大小、对比程度的强弱等有关。因此，在设计作业中要想表现出理想的前后层次感，应注意上述因素相互间的关系。

第二节 / 色彩的调和

色彩调和是指两个或两个以上的色彩，有秩序、协调、和谐地组合在一起，能产生美的、使人心情愉悦的色彩搭配。

"调和"是多样统一，它们具有形式美的基本规律。色彩调和包括两种基本类型：一是色彩对立因素的调和与统一；二是色彩非对立因素与对立因素的调和与统一。调和的作用就在于，色彩搭配过于刺激或不协调时，能有办法经过调整而使之调和。在不同色调的配色中，可以色彩理论为依据，灵活、自由地构成美丽而和谐的色彩关系。

一、色彩的调和理论与方法

（一）同一调和法

在配色时，当两个或两个以上的色彩因差别过大而显得不协调时，用增强同一因素的方法能使强烈刺激的各色趋向缓和，这种增加同一因素而使对比的各色达到色彩调和的方法，即是同一调和法，见彩图40。同一调和法有以下几种。

1. 单性同一调和法

（1）同色相调和：指在同一色相中的色彩组合，是色相的同一调和。同色相的色彩搭配一般都有较为调和的色彩效果，在孟氏和奥氏色立体中，表现为同一色相页上各色的调和。在同一色相页上各色色相相同，只有明度差与纯度差，除了过分接近的明度差、纯度差或过分强烈的明度差外，其配色效果均能给人以简洁、单纯、爽快的感受。

（2）同明度调和：指同明度不同色相和纯度的色彩组合，是明度的同一调和。在多种色彩的搭配中，如果是同明度的多种色也会有调和的色彩效果。在孟氏色立体中为同一水平面上各色的组合，它们明度相同但有色相的差别和纯度的差别。除了色相、纯度过分接近的配色会产生模糊感外，其他搭配均能给人以含蓄、丰富、高雅的调和感觉。

（3）同纯度调和：指同纯度不同色相和明度的色彩组合，是纯度的同一调和。同纯度的色彩搭配也会有调和的配色效果，在孟氏和奥氏色立体中为垂直线上各色的调和。包括：同色相、同纯度、不同明度的调和（只表现明度差）；同纯度、不同色相的调和（表现有明度差又有色相差）；在同一垂线上的各色，纯度相等但有色相差或明度差。配色时，除了因明度差和色相差过小会有模糊效果外，其他搭配均能具有审美价值较高的调和效果。在服装的应用中，在同一色相或近似色相下，会同时具有类似明度的调和和类似纯度的调和等多样内含的单性同一调和。

2. 双性同一调和法

以奥氏色立体为例，有三种组合方式：

（1）同明度、同色相、不同纯度的色彩组合，是明度、色相的双性同一调和。在色立体中，为同一色相页上等白量系列调和、等黑量系列调和、同色相等黑等白系列调和。这种配色法要注意纯度不要过分接近，见图5-8（a）（b）（c）。

（2）同明度、同纯度、不同色相的色彩组合，是明度、纯度的双性同一调和。在色立体中为同一水平面上的各色，也是补色色相或者非补色对的等黑等白调和。这种配色方法要注意色相不要过分接近。

（3）同色相、同纯度、不同明度的色彩组合，是色相、纯度的双性同一调和。在色立体中为同一色相页垂直线上各色的调和，也是同色相、同纯度、不同明度的调和，见图5-8（d）。

3. 非彩色调和法

非彩色调和法，指无彩色系色的组合。它们只表现有明度的特性，因此配色时注意明度不要过分接近，都会有较好的视觉效果。黑、白、灰与其他有彩色搭配都能取得调和感很强的色彩效果。例如：a—c—e或a—e—i或a—g—n等非彩色系的组合，见彩图41。

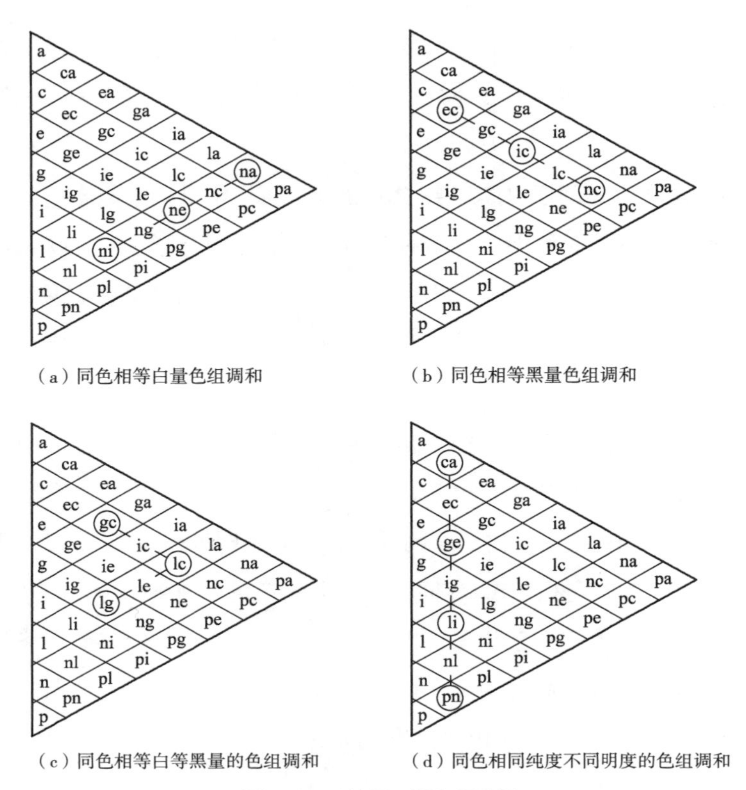

（a）同色相等白量色组调和

（b）同色相等黑量色组调和

（c）同色相等白等黑量的色组调和

（d）同色相同纯度不同明度的色组调和

图5-8　双性同一调和示意图

4. 混入同一调和法

混入同一调和法是将对比双方各色同时混入同一种色使之调和。

（1）混入白色调和：在强对比的两种色或多种色中混入白色，使之提高明度，同时亦降低纯度，强对比随之减弱。如果混入白色越多，两色越接近，其调和感越强。

（2）混入黑色调和：在强对比的两色或多色中混入黑色，使各色的明度、纯度降低，对比减弱。如果混入黑色越多，两色越接近，对比度则越弱。

（3）混入同一灰色调和：在强对比的各色中，混入同一灰色，也会使各色的明度与纯度降低，各色相向灰色靠拢，色相感减弱，对比度也减弱。各色混入灰色越多，调和感越强。

（4）混入同一原色或混入同一间色调和：在强对比的色组中，混入同一原色或混入同一间色，或者两色互混，使对比的两色或多色向混入的原色靠拢。例如：强对比的红和绿，给人的感觉会过分刺激而不调和，如果分别混入同一种黄色，会使红转为橙，使绿转为黄绿，混合后两色（橙与黄绿）的对比就比红与绿的对比调和得多。这是因为橙与黄绿之间有共同的因素——黄色，所以对比的各色混入同一原色越多，调和感越强。在强对比的配色中，还可以用对比两色的中间色隔开色彩部分图形穿插入中间色，使过分刺激或过分含糊的两色既相互连贯又相互隔离，达到画面视觉平衡的色彩效果，见彩图42。

5. 点缀连贯调和法

在强对比的色组中，点缀同一色使之调和（点缀色是指在画面中所占面积小而分散的色）。其方法是在两色中共同点缀同一色或者双方色互相点缀，即取得调和感。点缀色可以是无彩色中的黑、白、灰，也可以是有彩色中的各色。

连贯色可以用黑、白、灰、金、银等色。在我国民间图案和服饰图案中多见的大红大绿的色彩搭配，都是采用这种连贯统一的手法使对比色彩互相连贯而达到协调，图形配色点缀中间和连贯色调和，见彩图43、彩图44。

（二）类似调和法

类似调和是指在色彩搭配中双方色彩接近或者相似，是对比色彩双方属性差别较小的调和。

1. 以孟赛尔色立体为基础的类似调和

从色彩的三属性来讨论有：明度类似调和、色相类似调和、纯度类似调和以及明度、色相、纯度类似调和。

2. 以奥斯特瓦尔德色立体为基础的类似调和

以奥斯特瓦尔德色立体为基础的类似调和，即含色量类似调和、含白量与含色量类似调和、含黑量与含色量类似调和。在前面讲述过的色彩对比中，高短调、中短调、低短调与中弱对比、灰弱对比等配色及色相对比中类似色组合都是类似调和的构成，见图5-9。

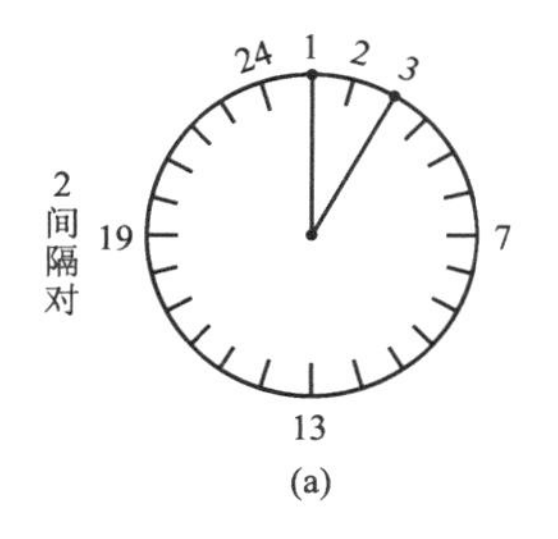

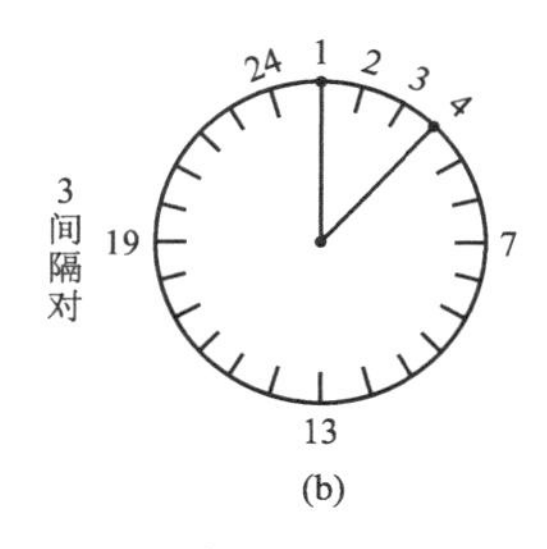

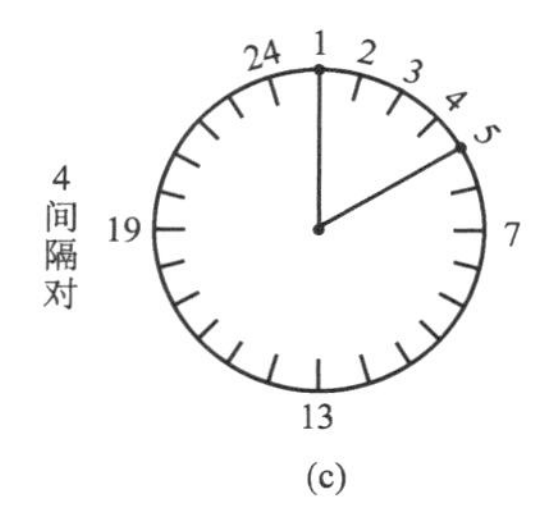

图5-9 色相环类似调和图解

（三）对比调和理论

对比调和是指在配色组合搭配时，两种或多种色的色彩差别大，或色相环上距离远的色组搭配调和。在色彩对比中，高长调、低长调与灰强对比等都是对比调和的构成方法。

1. 以奥氏色立体为基础的对比调和

（1）中等对比的异色调和，如色相环上6间隔的两色、8间隔的两色调和，见图5-10（a），或者是色立体剖面图中1ea—7ea两色。

（2）强对比的对比色调和，如色相环上12间隔的两色调和，见图5-10（b）。

（3）补色对菱形剖面上的调和是经过色立体中心轴作纵剖面分开，相对的两等色三角形的互补色相，在两等色三角形中可以获得多种性质的补色调和，如：

①补色对等值色的调和：有高纯度补色对的调和、中纯度补色对的调和和低纯度补色对的调和，见图5-11。它们是具有不同纯度和色相变化的调和色组。

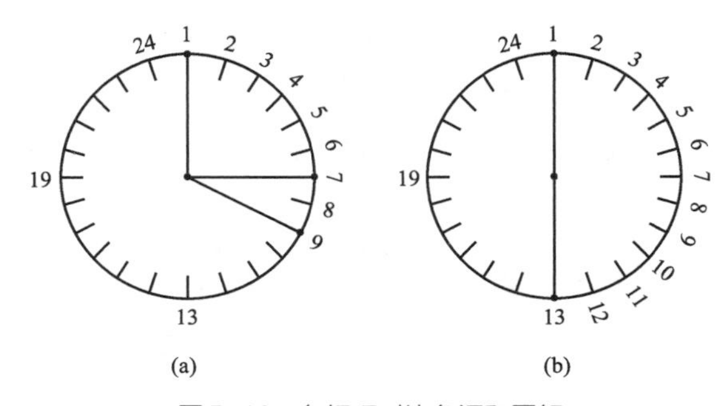

图5-10 色相环对比色调和图解

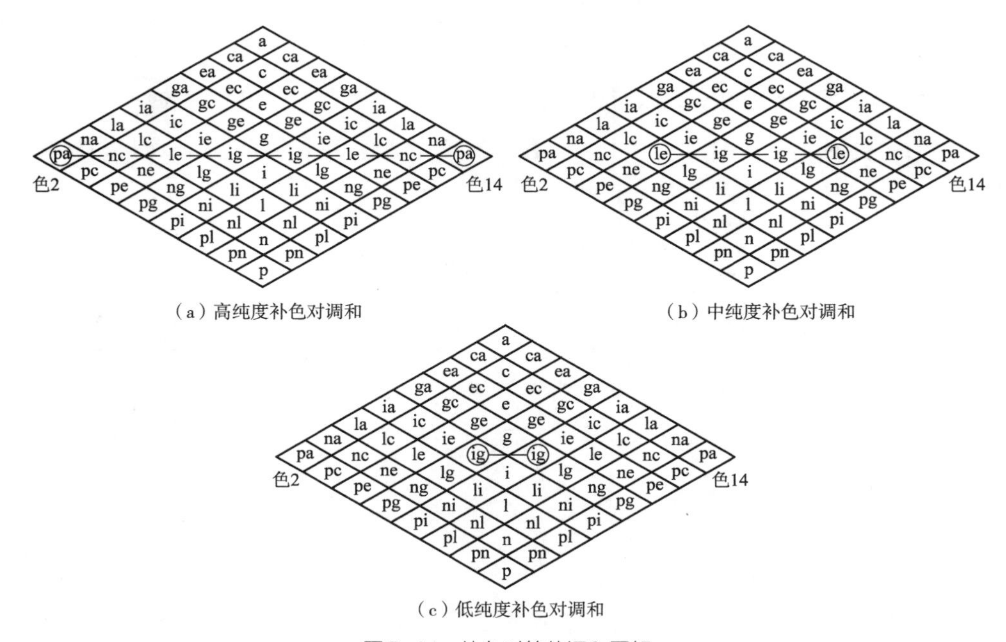

（a）高纯度补色对调和

（b）中纯度补色对调和

（c）低纯度补色对调和

图5-11 补色对等值调和图解

②斜断面补色对的调和：它们是具有明度与纯度变化的调和色组，见图5-12。

图5-12（a），2ec—14le两色，符号头一个字母与后一个字母相同，是等白色量

色斜向等黑色量色线上的色组，表现为明度对比强的调和色组。

图5–12（b），13ic—1pi两色，符号头一个字母与后一个字母相同，也是等白色量色斜向等黑色量色线上的色彩配合，也是明度对比强的调和色组。

图5–12（c），8le—20lc两色，符号头一个字母相同，其位置在无彩色轴的两边，如果两色所占的位置水平对称是同纯度调和。假如两色所占位置不对称，则为异纯度的调和，是等白色量对称横断的补色对的调和。

图5–12（d），5ni—17pi两色，符号的后一个字母相同，其位置在无彩色轴的两边，两色所占位置对称，是为同纯度的调和，两色所占位置不对称，则为异纯度的调和。这种选色也称等黑色量对称横断的补色对的调和（在奥氏菱形中平行于斜底边的各色为等白色量色列，含白量相等则符号的第一个字母相同，而平行于斜上边的各色称为等黑色量色列，含黑量相等符号上的第二个字母相同）。假若在这些直线上选取两个以上的色，则可以构成多色搭配的调和色组。

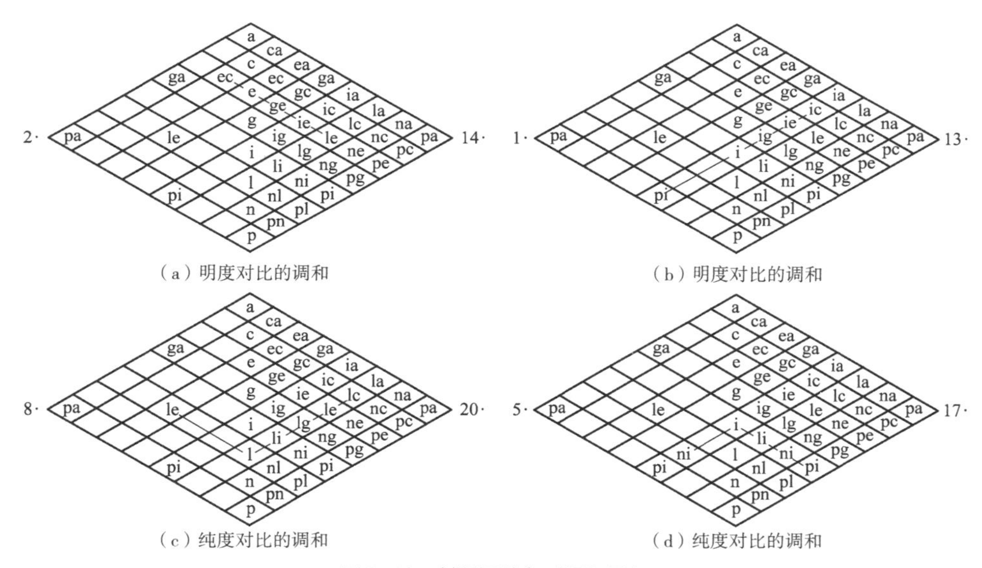

（a）明度对比的调和　（b）明度对比的调和

（c）纯度对比的调和　（d）纯度对比的调和

图5–12　斜断面补色对调和图解

③补色对的分离调和：在菱形面上的补色对，取任何一色分离为两色可成为三色搭配，我们把这样的色组称为分离调和，见图5–13。如图5–13（a）所示，2le—14le两色，将14le分离为14ic和14ng，分离后的三色为：2le—14ic—14ng，是补色对等值色的分离调和。图5–13（b）是补色对斜横断的分离调和色组。

2. *伊顿的色彩调和理论*

伊顿认为：和谐的基本原则来源于生理学上假定的补充色原则。因为互补色在视觉和大脑中能产生一种完全平衡的状态，所以生理补色也是从色彩物理到色彩心理的

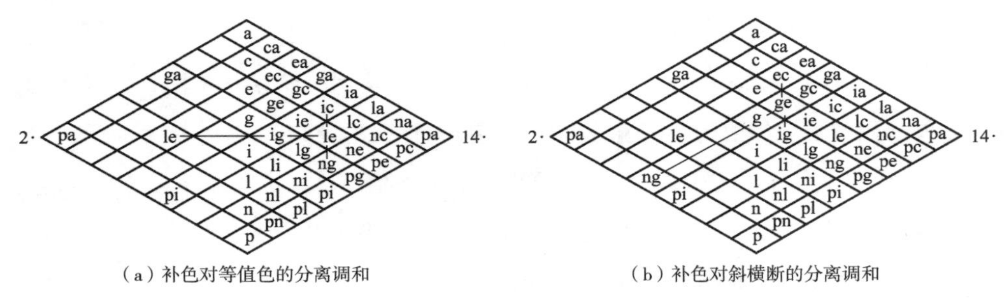

（a）补色对等值色的分离调和　　（b）补色对斜横断的分离调和

图5-13　补色对分离调和图解

关键所在。和谐的色含有力量的平衡与对称。

伊顿色组调和的方法有：

（1）两种色组调和法：在色相环中取直径相对的两个色，即是两种补色配色，它们具有非常明确、对比强烈的色彩效果。配色中主要加大两色的纯度差与明度差，如：两种对比色的组合、两种类似色的组合、两种同一色的组合都是两种色组调和的配色方法。

（2）三种色组调和法：在色相环上选择三种色相，它们的位置可构成一个等边三角形或不等边三角形，这些色相的搭配也能形成一个和谐的三色调和。如果将三角形想象为色彩球体内的三个点，并自由转动三角形，还可找到无限个三色调和的色组。

等边三角形的三色调和，如三种色组中红、黄、蓝是最清晰有力的一种，配色效果富于变化。还有橙、紫、绿或黄橙、红紫、蓝绿等三色搭配都属于这一种性质的配色。

等腰三角形的三色调和，如黄、蓝紫、红紫或黄绿、黄橙、紫等三种色组，是两个明色和一个暗色或者两个暗色和一个明色的搭配。其配色效果有抑扬顿挫的表情、有融合对比的均衡效果。

（3）四种色组调和法：在色相环中，四种色组可选用两对互补色或者一个方形四角上的色。两对互补的四色调和，如红、绿、黄、紫或者黄橙、蓝紫、红、绿。由于色相之间配色差异大，抑扬感更为强烈。方形角上的四角调和，如黄、绿、蓝、红紫是富于变化的配色，具有热闹的表情。如果在色彩球体上画出多边形并转动它们，可以从中获取更多的主题配色。在四种色组配色和三种色组配色中，同样可以考虑同一色的四种不同明度的配色。

（4）多种色组调和法：五色以上的色组合可以用以下方法获取：

①凡是在色相环中可以画为五边形、六边形、八边形的5个、6个、8个色是调和的色组。

②用3对互补色可以作一个调和的六种色组，在色相环中有两个这样的六种色组，

如黄、紫、橙、蓝、红、绿和黄橙、蓝紫、红橙、蓝绿、红紫、黄绿等，将这六边形的色替换到色彩球体中，所得的清色和浊色可产生出多种有趣的色彩组合。

③获取一个六种色组的另外方法是将白色、黑色和四个纯色或者是两对互补色组和黑色、白色的组合。在色立体中是将一个方体放置于色彩球体的赤道表面上，然后将方体的每个顶点同上面的白和下面的黑相接为一个正八面体，这样在赤道平面可获取的任何四种色组都可以用包括白色、黑色的方法扩展为具有六种色组的对比调和。

如果是色相环上三角形的三色与黑、白两色组合也可以产生较理想的五种色组的配色，如红、黄、蓝、黑、白或橙、紫、绿、黑、白等。

在以上这些配色方式中，不论是两种色组还是多种色组搭配，主要从色相、明度、纯度三属性中变化来取得调和。配色中，凡是有两种属性同一或类似就可得到调和的效果；凡是有一个属性同一或类似而其他两属性有不同程度的变化，也可得到有一定变化的调和；如果三属性缺少共性，那么配色则难以达到调和感。在多色的搭配中，还要注意色彩的总倾向形成的气氛，即主色调。这也是配色调和的一种有效的方法。

（四）秩序调和理论

色彩之间的秩序关系是构成调和的基础。调和等于秩序。任何强烈对比的色彩只要在其间加上过渡的秩序就会使它们变为柔和而成为调和的关系，使对比刺激的色彩成为渐变的、有节奏的、有条理的、有韵律感的、柔和悦目的色彩效果。

1. 孟赛尔秩序调和法

（1）垂直调和：即同色相、同纯度、不同明度的秩序调和。在色立体上，它是与中心轴平行的直线上的各色搭配。依配色的需要，色相、明度、纯度可任选，只要是在垂直线上有节奏或规则的选色都能达到调和。垂直调和主要表现为明度属性的变化，即色相和纯度没有变化。例如：选择红色纯度为5时，取明度系列7、5、3、1等色阶形成5R7／5、5R5／5、5R3／5、5R1／5排列。它们都具有温和的调和色系，构成单纯、明快、清爽的感觉效果，见图5-14（a）。

（2）内面调和：即同色相、同明度、不同纯度的秩序调和。它是在色立体上内面水平线上的秩序系列。其在水平线上的各色明度相等，纯度有变化，若继续经过无彩色轴到另一边则是该色的补色。补色对的秩序调和可构成生动的、强而活泼的色彩效果。例如，5R5／6、5R5／2、5BG5／2、5BG5／6，主要反映在纯度属性的变化上，其明度没有变化。如果色立体半径上的色彩秩序为同一色相，其构成效果给人平静、和谐之感。通过中心轴的各色变为补色对后，色相感变得丰富而强烈，见图5-14（b）。

（3）圆周上的调和：即同明度、同纯度、不同色相的秩序调和。在色相环圆周上选取同一半径圆弧中的各色或全色相环色都可以，由于没有明度与纯度的变化，主要是色相属性的变化，因此，在选择色相时一定要有秩序，如：5Y5／5、5YR5／5、5R5／5、5PR5／5、5P5／5、5BP5／5、5B5／5、5BG5／5、5G5／5，见图5–14（c）。另外，在色立体上圆周的里层位置的色纯度低，外层位置的色纯度高。在不同的圆周上取色，选取色彩位置的高低决定其配色的明度的高低，半径的长短决定其配色的色相的多少。

（4）斜内面的调和：在色立体上斜内面调和与内面调和有些相似，它们的秩序和色相都为互补色对的秩序，只是在同一水平线上内面调和的各色明度相等，而斜内面调和是从左上至右下或从右上至左下，其各色在纯度变化的同时明度也发生变化。因此，这种配色调和方法更富于变化，有生动的效果。例如，5R8／6、5R6／2、5BG4／2、5BG2／6等各色的系列，见图5–14（d）。

（5）斜横内面的调和：是同色相、不同明度、不同纯度的秩序调和，包括类似色相的变化在内。这种调和法的特点是明度变化较大，而纯度与色相只有少量变化，是同色相或类似色相的调和。例如，5Y8／5、5YG5／4、5G2／3，见图5–14（e）。

（6）螺旋形的调和：是在色立体上画出螺旋形线，在这条螺旋形线上按需要选取一定距离的色，见图5–14（f）。从图中可知，螺旋形线在色立体中靠上的轨道色彩的明度高，靠外的轨道色彩的纯度高，而靠内的轨道色彩的纯度低，靠下的轨道色彩的明度低，这是一种多属性变化的秩序系列。其构成的色调丰富而华丽。选取螺旋形线上的各色时，注意所取的色与色之间的等间隔距离。例如，5Y8／3、5YG7／4、5G6／5、5BG5／6、5B4／7、5BP3／8等各色的秩序调和。在螺旋形的调和中，色相环角度（即色相变化范围）最大最宽可达到180°或240°左右。

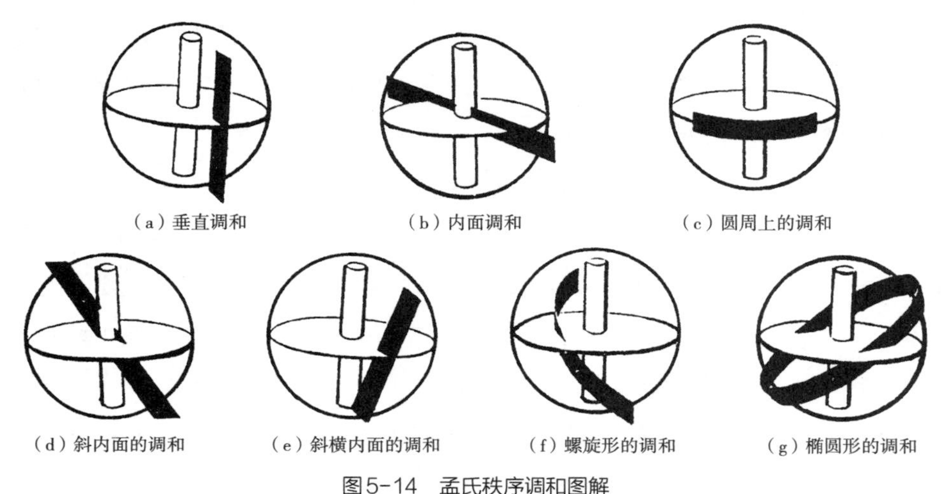

（a）垂直调和　（b）内面调和　（c）圆周上的调和

（d）斜内面的调和　（e）斜横内面的调和　（f）螺旋形的调和　（g）椭圆形的调和

图5–14　孟氏秩序调和图解

（7）椭圆形的调和：是在360°的色相环所有色彩在内的秩序系列，可以说是色相最多的配色方法。例如，5R5／8、5YR5／6、5Y5／6、5YG5／4、5G5／6、5GB5／8等各色的秩序。其配色效果比螺旋形选色更丰富、更华美。配色时，应根据图案所需色相的多少选用椭圆形大小的宽窄、两端的长短、明度的高低与纯度鲜灰的程度。在椭圆形线形轨道上有规律地选择色，均能取得较好的秩序调和效果，见图5–14（g）。

2. 常用的秩序调和方法

（1）明度秩序调和：这种方法首先是建立一组明度色阶，选取一组从白至黑的无彩色色阶和一组从黄到紫的有彩色色阶，使有彩色与无彩色的强对比经过明度秩序组成具有调和感的画面，在构成上以明度秩序均匀推移都可以称为调和的构成。

（2）色相秩序调和：

①多色相的秩序调和：是在色相环中将红、橙、黄、绿、蓝、紫等各色依次排列以构成画面的秩序感。可选取色相环的1／2或选取3／4或用全色相环的色相系列，构成色相的秩序调和，参见彩图24、彩图25中色相推移的秩序调和的效果。

②对比色相互混的秩序调和：是将一组对比色相互混合并依次排列，混合的等级越多构成画面的调和感越强。

③纯度的秩序调和：是将对比中的两色分别加灰或加白或加黑而组成的纯度秩序，混色的明度向灰靠拢，纯度向低发展。这种方法可减弱对比强度，形成丰富的色阶的效果，参见彩图26纯度的秩序调和。这些方法的学习，有利于进入专业设计时应用。

二、色彩面积与色彩的调和

色彩的面积与色彩的调和是指配色中利用面积的合理比例关系来组织色彩调和的一种方法。德国色彩学家歌德认为，色彩调和的面积与色彩的明度有关，并认为最纯的色按明暗强度确定的数字比例如下：

黄：橙：红：紫：蓝：绿

9：8：6：3：4：6

每对互补色的明度平衡比例：

黄：紫＝9：3＝3：1＝3／4：1／4

橙：蓝＝8：4＝2：1＝2／3：1／3

红：绿＝6：6＝1：1＝1／2：1／2

如果将每对互补色的明度平衡比例转为面积和谐的比例，需将明度的比例数字倒过来，即黄与紫的面积比为1／4：3／4，因为在明度上黄色比紫色要强3倍，当黄色和紫色组为和谐的画面时，黄只应占总面积的1/4，而紫则应占总面积的3/4，因此，各互补色对的和谐的面积比例应为：

黄：紫＝1/4：3/4＝1：3

橙：蓝＝1/3：2/3＝1：2

红：绿＝1/2：1/2＝1：1

同样可以得出原色和间色的面积比：

黄：橙：红：紫：蓝：绿

3：4：6：9：8：6

三对补色的调和面积比：

黄：红：蓝＝3：6：8

橙：紫：绿＝4：9：6

上述和谐的面积比例只有在各色相呈最纯时才是有效的。如果改变了色相的纯度，平衡的面积比也就要发生变化，见图5-15。

图5-15　高纯度色相调和的面积图解

孟赛尔在此基础上加入了纯度变化的概念，他认为，色彩和谐的面积与纯度有关，并将面积与色彩明度、纯度的关系用方程式表示：

参入明度、纯度的数字计算即：

纯度相同 $\dfrac{R5\times5（25）}{BG5\times5（25）}=\dfrac{BG面积（1）}{R面积（1）}$

纯度不同 $\dfrac{R5\times10（50）}{BG5\times5（25）}=\dfrac{BG面积（2）}{R面积（1）}$

公式证明红与蓝绿搭配组合时，如果两色纯度相同，红色与蓝绿两色面积比为1：1。如果两色明度相同而纯度不同，红色纯度是蓝绿的2倍，要使两色构成和谐的面积比例，蓝绿色的面积应是红色面积的2倍。

另外，也可以用色盘转动来验证配色的总面积比是否平衡，即旋转后配色的总和为中性灰色时，即为视觉所能接受的平衡。在一幅构成中，究竟选择什么样的色彩面积比例，要依主题、艺术感觉和个人趣味而定。但是无论什么样的配色，都是从各色的面积比例来探讨色彩关系的。因此，在配色实践中，各色面积比例的分配是非常重要的。

三、色彩形状与色彩的调和

在色彩作品里，形状和色彩的表现同时产生视觉作用。形与色互相补充才能构成完美的形式，形与色表现一致才会感觉统一而协调。任何设计，都必须探讨色彩与形状的关系，达到色彩与形状的统一才能充分地表达设计意念。色彩与形状的统一包含色彩与具象写实形态的统一和色彩与抽象形态的统一。

下面介绍约翰斯·伊顿（瑞士）研究的色彩与形态的关系。他认为：红、黄、蓝三原色的基本形态应该是正方形、三角形、圆形。因为这3种形态最适合表现出各色的特征，见图5-16。

正方形同红色相对应，正方形的4个内角都是直角，四等边直角交叉象征着物体的静止、稳定与重量。红色正符合正方形所具有的稳定感、量感以及清楚明确的感觉。等边三角形的特征是3条相等的边，3条边所围绕的3个内角都是60°的锐角，有尖锐、醒目的效果，黄色的特性是明亮、醒目两者相合。圆形产生一种松弛、柔和、富于流动性的感觉，不停移动的圆形正好同色彩中透明的蓝色一致。其他与间色色相相适应的形状如橙色与不等边的四边形、绿色与球面的三角形、紫色与椭圆形相吻合等。

色彩学家碧莲（美国）认为：红色暗示出正方形或立方体，红色的特征是强烈、干燥、不透明、有充实感等，与正方形的直角特征一致。橙色暗示长方形。黄色使人联想到等边三角形或像金字塔的锥形。绿色暗示正六边形，并有角度迟钝的感觉。蓝色暗示圆形或球体，并联想到气体。紫色象征椭圆形，带有女性的柔和等，见图5-17。

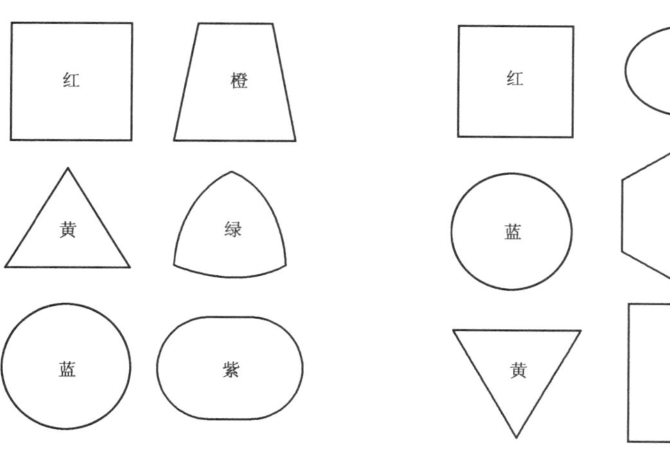

图5-16　伊顿的色与形关系图解　　图5-17　碧莲的色与形关系图解

特定的色彩同相应形态的对等关系包含着一种类似的比较，当色彩和形态在表现中统一或一致时，它们的效果就是加法，就能发挥出色彩最明显的特征。一张主要由色彩来表现构成的画面，应该从色彩着手去发展它的形状。而一张强调形状的构成，则应有一个从形态引申出来的着色，不同的形态配以不同的色彩，并把主题表现得生动、明确，是色彩调和美的原则之一。

四、色彩与主题内容的调和

一件作品内容和主题的表达是通过构图、造型、色彩及表现技法等多种形式共同完成的。其中色彩的表现是十分重要的，因此，在训练中探讨色彩与形式内容的调和也是我们学习的目标之一。

前面叙述了关于色彩自身的表现力及象征性，就一幅构成设计来说，不论是抽象形的表现，还是具象形的表现，都要注意色彩的特性与形的对比与和谐。色彩与表现的主题内容和表现形式的和谐，色彩与形象内容有机结合，才会具有感人的力量。如果色彩和形式内容的表现相冲突，如具有力感的形象采用了柔和的色调，其力度的表现就会显得不调和、不充分。色彩特性与表现内容的统一也是色彩调和的原则之一，如彩图44所示，主题是爱的海报，用鲜艳的红色表达“love”，突出了爱的主题，在蓝绿色的背景上红绿对比显得格外醒目，穿插了蓝色中间色，在醒目对比中达到视觉上的调和。

在配色时，既要注意符合主题的内容形式，又要注意符合人们的审美需求，特别是实用美术的色彩，当它装饰产品，并与产品一起都认为是美时，才能发挥出色彩应有的作用。因此，设计时应该同时予以考虑，既符合产品内容的要求又符合人们的精神审美需求。

【练习题】

1. 明度对比9小张，规格：7cm×7cm。

要求：以明度对比为主构成9种色调。

方法：任选一个纯色，加白或加黑，调出11个等级色阶，然后按照明度对比关系构成9种色调，即高长调、高中调、高短调、中长调、中中调、中短调、低长调、低中调、低短调。要求表现简单、生动的图形。9小张构图可相同，也可不同。

2. 色相对比4小张，规格：12cm×12cm。

要求：配色生动、协调，构图简练。

方法：选择色环上45°、120°、180°中的2~5色，相互搭配组成高、中、低纯度类似色构成，高、中、低纯度对比色构成，高、中、低纯度互补色构成。

3. 纯度对比3小张，规格：10cm×10cm。

要求：以纯度对比为主构成3种色调，即鲜强对比、中弱对比、灰弱对比。

4. 变调练习4小张，规格：10cm×10cm。

要求：以面积对比为主构成4种色调。

方法：任选3~5色，在4个画面中分别占面积70%、20%、7%、3%，使每张画面颜色相同色调不同。

5. 叠置色构成1张，规格：25cm×25cm。

要求：图形生动，透叠色表现明朗。

方法：任选2~4纯色，表现出各物体选型中相互重叠的透明效果。

6. 秩序调和构成1张，规格：25cm×25cm。

要求：以色彩属性的秩序使对比的色组达到调和。

方法：任选两组互补色，运用各组加白、加黑构成秩序调和。

7. 空间混合1张，规格：25cm×25cm。

要求：以著名油画、水粉画为依据（风景、人物、静物均可），用较纯的色块，按空间混合的原理，表现画面原有的立体感、空间感。

方法：按原画起稿后，将画面分成若干相同或不同的小块，用淡淡的色画出画中的色调，再将不同小块内的色纯度提高，使之近距离看为强烈的色块，远看才会有画面的图形。

第六章 服装与图形配色

第一节 配色美的原则

任何美的形式都是在整体中显示出各种和谐的关系给人以美的印象。服装与图形美的形式是将图形色彩、纹样的工艺材质等多种因素多样、统一、和谐地组合成一个整体。美的原则就在于变化中求统一，在复杂的因素中寻找一种秩序，在形式上使各种对比关系达到统一。应用构成中秩序对比调和等方法，依照艺术的一般法则，依据服装的特点，达到服装图形配色美的原则与应用。

一、配色中的对比与调和

对比是在配色中用于强调视觉效果的手段，在对比中达到调和是形式美的法则之一，对比与调和同时显现出来才能有好的配色效果。关于对比的基础知识在第五章中已讲述，下面配色方法中将重点训练在服装图形配色中的对比与调和，理解和掌握理论在设计实践中的应用。

从理论上讲任何设计的配色都要有对比，才会有好的设计效果。色彩配色没有对比配色会缺乏生气，还会显得单调，但是没有调和，配色效果又会显得凌乱，没有主题或主色调。对比与调和是一对词组，在对比的同时求得调和是色彩构成的基本原理。正如前面平面构成中讲到的对比要素，有大小、形状、肌理一样。色彩对比除了在图形形状以外，主要有明暗对比、色相对比、纯度对比，还有材质肌理等对比要素。因此，掌握适度的局部对比和整体色调的调和是配色的关键。

二、配色中的平衡与呼应

平衡是形式美的形态之一。平衡包括对称和均衡，是配色中由色彩的强弱、明暗、轻重，色面积的大小、位置等因素组成这种平衡感。使“对立的各方面在数量上相等或相抵”。对称平衡包括：上下对称、左右对称。各种因素等形、等量排列会带来平衡感、稳定感，使人感觉到一种合乎规律的愉悦。其缺点是两色的位置过于对称会显得呆板。均衡的配色表现在形式上是面积形状上等量而不等形，对等而不对称的关系。不论是图形组合，还是图形分割，均可以运用前面基础构成中密集、分散等较自由的构成方法，它是对称的变体，较活泼一些。配色中，上下呼应、内外呼应都是均衡的外在形式，均衡在静中倾向于动。图形纹样的均衡配色，见彩图45。

三、配色中的节奏与层次

“节奏是美的现象在外在形式上有规则的反复”。将服装色彩的三属性明度、色相、纯度作反复排列或渐变变化都可以产生节奏感。例如，渐进地变化色相或明度作色彩的秩序排列都可以产生节奏感。在服装的领边、袖边、袋边、裙边作同一颜色的排列，同样会产生反复的节奏感。利用连续纹样面料方向变化与位置的排列，组合为成衣后，会随着形体的运动，产生节奏感。利用色彩具有远近的特性，在服装的内层与外层的组合中、上装与下装的组合中、服装与饰品的组合中、里料与面料的组合中，以及多层次款式中，使色相、明度、纯度强弱变化，均可增添服装配色的层次感。如彩图46所示，图形中红、白与灰的有规律重复形成了节奏感。在配色中，创造具有节奏感和层次感效果的构成，取决于图形和色彩位置的排列。

四、配色中的重点与点缀

所谓重点，是在整体配色中刻意强调某个部分。它是通过视觉习惯的追求反映的一种心理满足的表现。为使配色的整体成为吸引视觉的中心，可以将某个色相作为重点或视觉中心。在配色组合时，始终围绕该色相进行组织选色，使之能相互衬托又中心突出。

一般重点色用于极小的面积上，应选择与大色调相对比的色彩，选择比配色中所有色更为强烈的色。重点色的运用能使平静、沉闷的画面变得生动、鲜明。在服装配色中，如果能适当处理重点色，则能形成引人入胜的视觉中心。服装配色的点缀往往是与形结合在一起的，见彩图47。

五、配色中的整体色调

整体色调即色彩的总倾向。服装配色的整体色调是表达不同情调的关键。例如，明调、暗调、灰调，暖调、冷调，红调、黄调、紫色调等。它们是配色时色彩三属性的关系与面积关系所产生的整体色的印象。不论用色多少，变化关系如何，都应始终把握住一个主色调来统一配色。有意识的配色方案可使设计配色充满辉煌的华丽感、文雅的朴素感、柔和的温馨感、淡淡的凉爽感、浓浓的粗犷感等。在服装整体色调中，服装色调不同，给人的感觉也不同。一般情况下，明调有亲切、明朗、轻快的现代感；暗调有朴实、庄重、浓厚的古典感；灰调有柔和、稳重、含蓄的文雅感；暖调给人以热情、活泼、漂亮的感受；冷调给人以冷艳、高雅、沉静的感受。

总之，服装图形配色的美，就是从整体和谐的角度考虑，在多种颜色的搭配中，按照变化统一的原则创造出美的色彩空间与色彩形体的组合，见彩图48。

第二节 ╱ 服装与图形配色的方法

服装图形配色，分为单色相配色和多色相配色两种。配色时主要应该考虑色彩性质的相互作用与相互关系。下面从色彩诸属性方面来探讨服装的配色方法及配色效果。

一、无彩色系配色

无彩色系配色是指黑白灰等无彩色系各色的组合。它们以其单纯、质朴的特征在服装配色中有着耐人寻味的情调，并且容易调和。巧妙、灵活地运用黑与白、黑与灰、白与灰、深灰与浅灰之间的组合能获得较好的配色效果，见图6-1。

图6-1 服装与图形无彩色系配色

无彩色系配色中，一般明暗强烈对比，配色效果明朗、活泼，并有积极的明亮感；中灰色调的中对比，配色效果文静、雅致，并有柔和、含蓄的丰富感；灰色弱对比，配色效果沉重，并有模糊、迟钝感。无彩色系配色，主要运用明度对比的规律构成不同的明度基调。

二、无彩色与有彩色配色

有彩色和无彩色的配色有产生较好效果的条件，这是因为有彩色具有单独的表情，与无彩色对比而被强调，使有彩色与无彩色间的对比既醒目又和谐。

配色中，一般高纯度色与黑、白、灰配色，其配色效果色感鲜明、跳跃、注目性强，可表现活泼的性格，见彩图49；中纯度与黑、白、灰配色，其配色效果色感柔和、轻快，可表现沉静的性格；低纯度与黑、白、灰配色，其配色效果色感沉着、文静，流露出一种成熟、稳重的性格。

配色时应该注意，当有彩色和无彩色是同等明度时，效果会变差，特别是纯度低的色和同等明度的无彩色搭配，会产生模糊现象。

三、以色相对比为主的配色

以色相对比为主的配色指以色相的强弱对比为主，变化明度与纯度的配色方法，有以下3种配色方案。

（一）同色相对比配色

选用一个色相并变化该色的明度或纯度的配色方案。作为服装配色，会显得雅致、大方，具有色调统一、对比柔和的特点，是配色中最容易取得调和的方法。但也易显单调，配色中注意加强活跃因素，变化色的明度与纯度或增加材料肌理的对比，作一些色彩明度的变化，使同色相配色有较好的配色效果。

（二）邻近色对比配色

邻近色对比配色指各色相既接近又有差异的组合，有以下3种方法。

1. 高纯度邻近色相配色

任选高纯度邻近色相2~4个组合搭配，由于类似色相之间共同因素多，色相间对比弱，因而统一感、调和感强。配色时可以变化明度与纯度，但需保持较强的艳色调，配色效果强烈、刺激、浓艳。

2. 中纯度邻近色相配色

任选中等纯度的类似色相2~4个组合搭配，配色效果优雅、柔和，且调和感强。

3. 低纯度邻近色相配色

任选低纯度的类似色相2～4个组合搭配，配色效果沉着、稳重、调和感强。由于是类似色相又是低纯度对比，色相感相当弱，应该有一定程度的明度差加以区别，因为明度过分接近会含糊不清。

相邻的色之间的对比组合是一种变化不大、对比弱的配色方案。配色效果具有共通性、稳定性、统一感。例如，同色系的色组合，近似色系的组合，它们统一感强，比较容易处理，配色的印象多是古典的、传统的、保守的、正规的等。如果配色过于类似，也会流于平凡乏味、刻板无生气。因此，选用这种配色方案，应考虑某种程度的变化。如可从服装的材质上考虑变化来丰富配色效果。这亦是因为配色的美感心理是在对比中产生的，对比是服装色彩美学的核心。服装近似色配色适当提高明度、降低纯度的方法，就有了对比的因素又有近似协调。近似色组合的图形纹样，降低了色彩纯度和提高色彩形的明度，使配色统一在低明度的色调之中，见彩图50，配色基调与对比练习见彩图51。

（三）对比色相的配色

对比色相的配色是指各色相距离较远或最远的色彩组合，包括对比色组和互补色组。对比色相的配色有以下3种方法。

1. 高纯度对比（互补）色相配色

任选两个高纯度对比色相组合搭配（或者将其中一色分离为两色），配色效果既对比又调和、既丰富又统一。配色时要注意面积的比例和分割块面的关系，如搭配不当容易产生过分刺激且不调和的效果。

2. 中纯度对比色相配色

任选两个中等纯度的对比色相组合搭配（或者将其中一色分离为两色），配色效果既对比又调和，既丰富又圆满，是较为理想的配色，如明度变化差别小，效果会含蓄一些。

3. 低纯度对比色相配色

任选两个低纯度的对比色相组合搭配，配色效果依明度关系而定，调和感强。

对比配色是通过选择异质的对比或是相反性质的色彩形成反差组合的对比关系，是一种变化较大、对比较强的配色方案。强对比的各色各自突出相对的色感，使配色有强烈的印象，具有鲜明感、活泼感，一般常用于流行服装、运动服、民族服装中，这种配色容易产生花哨、俗艳、轻浮、不够高雅的感觉。因此，选用对比的配色方案，要考虑服装的种类斟酌决定。另外，也可变化色彩的面积，使一方色占优势支配作用

（多数），另一方色处于从属（少数）地位。还可以考虑用色彩抑制的方法，即改变色彩的纯度或者降低一色的明度，使强对比的颜色接近，或采用黑白间隔、渐变等方法都能使对比色产生调和的效果，见彩图52。

四、以明度对比为主的配色

以明度对比为主的配色指以明度强弱对比为主变化色相与纯度的配色方法。其有以下3种配色方案。

（一）明度差小的配色

明度差小的配色指明度对比弱的配色方法，可分为高明调、中明调、低暗调。

1. 高明调

高明调即明色和明色的组合搭配。配色效果明亮、柔和、轻快。一般选用明度接近、纯度接近的不同色彩，能产生轻色调的效果，有宁静的调和感。如果是高纯度的明色组合，有强烈感，虽明亮但不柔和，一般是春夏理想的配色。

2. 中明调

中明调即中明色和中明色的组合搭配。配色效果柔和、优雅、丰富，具有成熟、稳健的表情，一般是春秋理想的配色。

3. 低暗调

低暗调即暗色和暗色的组合搭配。配色效果深沉、宁静，具有深色调和深灰色调的表情，一般是秋冬使用较多的配色，见彩图52。

（二）明度差中等的配色

明度差中等的配色指明度对比呈中等程度的配色方法。

1. 明色和中明色

明色和中明色即淡色调和淡色调的搭配。具有明朗、欢快的表情，是春、夏及初秋有效的配色。

2. 中明色和暗色

中明色和暗色即中灰色调和深色调的搭配。与低暗调相比，具有明亮感，这类配色在庄重中呈现出生动的表情，适合秋冬季节的配色，也是中老年人服装常常使用的配色。

（三）明度差大的配色

明度差大的配色指明度对比强的配色，即明色和暗色的搭配。配色效果清晰、明快、强烈、果断，与所有生动的表情连在一起。在配色中明度性质常常与人的心理联想产生作用，如宁静、活泼、轻盈、厚重、柔软、挺爽等。一般静的感觉是在明度差小时会有效果，动的感觉明快、强烈是在明度差大时会有效果。明色的感受是轻盈的、现代的、时髦的；暗色的感受是厚重的、传统的、保守的。这是色彩明度配置的表情特征。

五、以纯度对比为主的配色

以纯度的强弱对比为主，变化色相与明度的配色方法。其有以下3种配色方案。

（一）纯度差小的配色

纯度差小的配色指纯度对比弱的配色，有以下3种方法。

1. 强色和强色对比

强色和强色即鲜明色与强烈色，或纯度高的艳色和明度低的浓色搭配。它能产生“重调子”的配色效果。配色中注意略改强色的纯度或明度，效果会好一些，是较为古典、传统的服装配色。

2. 同等中等强度色对比

同等中等强度色即纯色调与明亮的色调，或纯色调与灰暗色调的搭配。配色具有温和感、华丽感。配色时，注意明度差的变化效果会好一些。

3. 弱色和弱色对比

弱色和弱色即淡色调和淡灰色调的搭配。配色具有平淡、朴素、沉静的感觉。

（二）纯度差中等的配色

纯度差中等的配色即纯度对比呈中等程度的配色。其有以下2种方法。

1. 强色和中强色

强色和中强色即鲜明色调和纯色调的搭配。具有较强的华丽感，但不会形成“强与强”的过分感觉。

2. 中强色和弱色

中强色和弱色即纯色调和灰色调的搭配。配色效果沉静中有清晰感。如果是冷色系为主调，表现出庄重、端庄、冷艳感；如果是暖色系为主调，则表现出秋季柔和而丰富的颜色。配色时，注意明暗对比会有好的效果。

（三）纯度差大的配色

纯度差大的配色指强色和弱色，即鲜明色调和淡灰色调的搭配。配色具有华丽、娇艳的表情。

六、以冷暖对比为主的配色

以冷暖对比为主的配色指以冷暖强弱对比为主的配色方法。根据色彩给人的冷暖感觉，可构成暖色调中的冷暖强对比、中对比、弱对比和冷色调中的冷暖强对比、中对比、弱对比。冷暖色调对比的最大配色特点是：暖调给人感觉热情、活泼、温暖、温馨、华丽、甜美、外向等，这种感觉随对比的强弱而增减。冷调给人感觉冷静、清爽、朴素、清丽、淡雅、理智、内向等，其感觉也是依对比的强弱而变化。在配色中，不论是花卉图形还是几何图形设计，结合色彩明度、纯度、色相等综合对比调和的配色，则会充满时尚、流行、热情、开朗的意味，以及充满诗意与唯美的视觉效果。

【练习题】

1. 无彩色配色练习，规格：4K纸。

要求：运用明度对比的方法做服装配色4种。

方法：任选3~5个不同明度的无彩色，分别作黑、白、灰，黑、深灰、白，白、浅灰、黑，灰、白、黑的配色练习（用同一种服装款式变化配色效果）。

2. 无彩色与有彩色配色练习，规格：4K纸。

要求：黑、白、灰分别与有彩色的配色练习4种（注意配色的表情特征）。

3. 服装配色变调练习，规格：4K纸。

要求：用色相对比为主做服装配色变调4种。

方法：选取4个不同的色，作配色实践，在每一种配色的服装中都有这4个色，但每一种主色调应该不同。

4. 不同强弱对比的配色练习，规格：4K纸。

要求：①色相对比的强弱配色，1张4种；②纯度对比的强弱配色，1张4种；③明度对比的强弱配色，1张4种。

方法：选择2~5个不同的色，作上述组合搭配。

第七章
色彩的采集与创新

色彩的采集与再创造过程即是对原始资料搜集、归纳、提炼、分解、色彩重构的过程。解构色彩的过程是对表现主题色彩、探索色彩构成运用的一条有效途径，将自然色彩和人文色彩以重构的手法整合出新的色彩形式。这种方法是培养审美和创新意识，提高分析和解剖色彩的能力，加深对色彩创造性的灵活运用和积累配色经验，是为设计实践服务的有效训练方法之一。

第一节 ╱ 色彩解构的概念

解构是通过将搜集到的原始资料进行分类、整理、归纳、提炼的基础上，进一步对素材给予打散、重组、整合，以实现新的色彩格局和新的色彩形式。解构手法的理论依据是格式塔完形理论，格式塔（Gestalt）的德文原意为形、完形。它是指事物在观察者心中形成的一个有高度组织水平的整体，"整体"的概念是格式塔心理学的核心，其重要特征是：整体在其各个组成部分的性质（大小、方位）均变的情况下，依然能够存在。格式塔心理学在一定程度上解决了解构作品中整体和部分的矛盾，从理论上解释了原作与解构作品异构同质的关系。

现实自然界中，存在着千姿百态的色彩组合。在这些组合中，大量的色彩表现出极其和谐、统一及秩序感，一些斑斓物象本身就映衬着色彩构成理论中的各种对比与调和关系，自然色彩许多是经过不断的物质进化而形成的，这些色彩组合一方面能反映出物种和性别的差异，另一方面则是出于防卫或警示的生存需要。我们必须多留心，通过观察和分析，去探索和发现它们独特的色彩规则，通过解构和重构，把这种大自然的色彩美彰显出来，并从中汲取养料，积累配色经验。

设计构思是一种十分活跃的思维活动，构思的关键在于灵感的创造。构成设计创意灵感的来源可以是由某一方面的事或物触发激起的灵感火花，也可能是在实践中有新的感悟，或是在体验生活中发现素材，或是从历史作品的研究中获取感受，或是从其他姊妹艺术、传统艺术中获得的启示等。文学、艺术、绘画、雕塑、民间艺术、民间工艺、戏剧、电影等以及自然界的一切都可以是色彩构思的启迪源泉。

第二节 ╱ 色彩解构的方法

解构色彩是对所选定色彩对象的原始色调和格局进行打散重组，对原图的色调、面积、形状重新加以调整和分配，抓住原作中主要色彩的个体或色调的特征并抽取出来，按个人的意图进行概括、归纳、解构和重构，重新组合出带有明显设计倾向的崭新形式。色彩解构的方法主要有两个步骤：一个是色彩解构，另一个是色彩重构。初始阶段的解构是一个采集、选择、过滤、归纳整理的过程，后续阶段的重构则是将原来物象中的色彩元素注入新的组织结构中，重组产生新的色彩形象，但仍不失原图的意境。归纳与运用的步骤：一是资料采集；二是解构与重构。

一、资料的采集方法

一手资料：拿起画笔进入写生和拿起相机进入摄影是创作者积累第一手资料的最好方法，也是作者在身临其境的感觉中对大自然美的再现。复杂的自然色彩必须经过概括提炼，才能运用于实用美术和服装配色。这种方法取得的资料是直接的形象资料。

二手资料：广泛地收集现有图片是积累资料的另一种方法。它包括：收集印刷的彩色图片、照片、画报、编织物和在网络上搜集的图片资料等。这些资料是间接的形象资料，因为是借用其他作者完成的作品或作者的原始资料。不论是直接的写生方式，还是间接收集的形象资料，都是我们学习、归纳与运用色彩设计的基本条件。

二、色彩的归纳与运用

将写生或搜集的色彩资料（一幅图画），分析出总的色彩倾向，并归纳出3～5个主要颜色，同时将画面自然形按各色所占画面的比例和位置，归纳出不同的色块面，再将提炼的色彩，设计在服装的配色中，二手资料的色彩归纳，见彩图53。

色彩归纳与运用的方法有以下3种。

（一）整体色按比例归纳与运用

在选好的图片中分辨出主要色调和提炼出基本色相，测定各色所占比例，并画出色标，以备服装配色、面料图形配色或其他设计配色使用。设计所运用的色彩图形比例应按照收集资料中的色彩整体按比例加以运用，色彩归纳见彩图54。

（二）整体色归纳不按比例运用

整体色归纳不按比例运用的方法，除了要求概括与归纳基本色相以外，还可以根据原有色相的明度、纯度、冷暖关系等灵活运用。由于色彩面积的变化会产生出许多新的、不同的组合形式，改变原有色调、变化原有的整体比例关系，构成新的色调，使配色变化更加丰富，运用范围更加广泛。但是，色调的颜色一定是原始素材中有的色调和颜色，整体色不一定按照采集图片的色彩比例应用，见彩图55。

（三）整体色归纳部分色运用

在操作中，与其他的归纳方法一样，只是对采集归纳的色进行部分运用，这种方法选择较自由，变化也很大，会有多种色彩的组合形式和多种不同的色调，能使较简单的色相变为复杂的色彩配置。运用中，归纳理想的色彩关系甚为重要，老房子变成乐园的色彩归纳与应用，见彩图56。

第三节 / 色彩解构的题材

色彩解构可选择的题材内容很多，主要有以下几种。

一、自然色彩的解构

大自然是人类取之不尽的美的源泉，自然界为服装配色提供了用之不竭的素材。古希腊哲学家赫拉克利特说：“艺术模仿自然”，师法自然本身就是人类的一种提高自身审美修养的自发和有效的途径。近年来，大自然色调已成为国际流行色的主要倾向，探讨大自然中的色彩现象并从中获取灵感进行色彩的构思与配色，可以取得意想不到的新鲜效果，如近些年相继流行的海滨色、沙滩色、森林色、水果色等都显示出色彩独特的气氛和自然情调。在色彩解构过程中，我们提取题材中最本质特征的色彩组合单元，按照一定的内在联系与逻辑重新建构，组合成一个新的色彩画面。大自然中的色彩不仅丰富多彩，而且变化万千，它们蕴含着色彩美的因素和色彩美的规律，有待人们进一步地认识、开发和创造，可以从热带鱼、企鹅、鸵鸟、蝴蝶等自然物提炼归纳色彩，以及食品色彩的提炼归纳，并且整体的形与色配置都采用采集的图形和整体色按比例应用，见彩图57。

二、传统色彩的解构

以传统色彩作为主题，通过解构传统色彩向传统色彩艺术学习，目的是从传统色彩风格中获取创作灵感。传统色彩典范凝聚着古人对色彩规律探索的经验与智慧，学习借鉴传统色彩，将本土传统文化和西方色彩构成理念融合起来，观察那些色彩搭配，唤起我们对传统色彩的认知，理解传统色彩的美学特征，从而继承传统为当代设计服务。例如采集到故宫、围墙图片，呈现在眼帘上部的是碧蓝色的天空，蓝天下金黄色的琉璃瓦屋顶，屋顶下蓝绿色调的斗拱及彩画装饰的屋檐，屋檐下成排的红色立柱和门窗，建筑体采用了黄（琉璃瓦）、青（斗拱及彩画）、红（立柱和门窗）、白（汉白玉台基）和黑（暗灰色地砖）等五行五色的组合。皇城建筑色彩中使用的蓝天—黄瓦、蓝绿彩画—红柱门窗两对补色关系，并将其运用在宫殿建筑中造成了强烈的色彩对比，应用互补色互相映衬的视觉残像规律，给人以极其鲜明的色彩感染力，见彩图58。可从中提取色彩印象，进行服装色彩的配色。

如彩图59所示，中国京剧脸谱是中国传统文化现象中一个重要的组成部分，是传统色彩中的杰出代表。京剧中的人物造型是非写实的，突出脸谱的装饰性特征，使用鲜艳的原色夸张对比，有鲜明生动、醒目传神的效果。在解构京剧脸谱时要侧重在形态的分析上，要抓住脸谱的一些局部特征，从而组织出一幅象征国粹精髓的色彩画面。以红色为底，解构并分解京剧脸谱的形态，打散重组，以红青对比为主色调，构成了新的服装配色。

服饰是文化和观念的载体，民间的图案纹样及色彩的应用都与该民族的文化背景、审美理念息息相关。深入分析与探讨这些现象和民族、民间审美形式的规律，也能拓宽我们的色彩构思与设计。

三、绘画艺术的色彩解构

艺术色彩包括历代绘画、壁画造型艺术的优秀作品。绘画作品是借助在色彩方面有辉煌成就的艺术大师，将选择他们创作的作品进行分析解构，解构其中典型的形象符号与色彩组合，作为主题性创新色彩的切入点。在与艺术大师作品的对话中，认识艺术大师创作的心路，深入了解是很重要的环节。然后，加入自己的体验、认识与联想，重构再创出新的配色意境。贡布里希说过：“艺术史就是一部观念史”。这提示我们，一方面，我们要在大师的艺术作品中感受大师的艺术观念；另一方面，又要以自己的“眼睛”、自己的“情感”来看待大师的优秀传世作品，并表达自己的见解，使色彩的解构研究超越色彩技术的层面，进入到审美的境界。彩图60（a）《红黄蓝构成》是蒙德里安作品，他是抽象风格派的代表人物，作品具备了当代色彩构成教学中所包含的对比和调和理念，其特征简洁和抽象，且有很强的视觉冲击力，其抽象已经到了无法再极简的状态。作品用纵横黑线以坐标的形式交叉分布，其中红色约为全图的2/3，占据了最大的比例，蓝色在面积上处于弱势并与红色形成犄角之态势，有强烈的视觉冲突，而位于整幅画的黄色则是在不动声色中产生了平衡的作用。彩图60（b）采用了解构后做“加法”的手段，反蒙德里安的极简主义，降低了红色块与蓝色块的对比，而增添了绿色小块，在其构成中用黑白色对比改变原作的色彩关系，从而带来一种“另类”的色彩感受，让人充分感受到有比例的分割色彩之美。彩图60（c）是法国服装设计师伊夫·圣·洛朗向红黄蓝致敬的服装作品。

彩图61所示的《十四朵向日葵》是19世纪后期印象派画家的代表人物凡高的作品，作品在色彩上明度较高，大面积的浅黄色墙衬托了中黄、土黄至熟褐的向日葵花朵及果实，表现出生命的璀璨之美。右图中色彩与形的归纳应用，突出了向日葵的圆形主题，将画面色彩整合为一组从浅到深的黄色等差明度变化，保持了原作色彩亮丽夺目的风格。

绘画艺术是利用色彩、线条、构图等基本手段来进行造型的艺术。从原始的洞窟壁画到现代大型的机场壁画艺术，从古典绘画到追求光线的印象派色彩艺术，从人文时期的文艺复兴艺术到现在的后现代派艺术，从繁缛的巴洛克到抽象艺术——蒙德里安的冷抽象艺术形式或康定斯基的热抽象，我们都可以从中分析并寻找出美的配色规律，并运用到服装与图形配色设计中。将从绘画作品中归纳提炼的色彩运用到几何图形中，能够创新出不同的色调和新的图形配色效果，见彩图62。

四、建筑艺术的色彩解构

建筑艺术是通过空间组合、体型、比例、尺度、质感、色调、韵律等建筑艺术语言以及某些象征手法，构成一个丰富复杂如“冻结的音乐”般的色彩韵律体系。哥特式建筑中，利用建筑材料的形体排列和彩画玻璃那多彩的装饰，展示出基督教的神秘感；17、18世纪的巴洛克和洛可可风格的建筑，则以极尽豪华、繁缛的装饰而闻名；威尼斯附近的彩色岛上房屋的色彩，五颜六色独特别致，清新的色彩造成一定的意境，以引起人们的联想和共鸣，显示出一代人的精神风貌。

我国的天安门，明清时显示着皇权的威严，今天则成为新中国的象征等。著名的服装设计大师皮尔·卡丹曾受中国建筑艺术的启示而设计出著名的服装作品。因此，建筑艺术为设计构思带来了无穷的想象。在皇城建筑色彩中，使用蓝天—红墙、蓝绿色瓦—黄色屋檐的色彩搭配，两对补色关系互相映衬的视觉残像规律，而将其运用在宫殿建筑中造成了强烈的色彩对比，给人以极其鲜明的色彩感染力。以红色或绿色为底，分解建筑形态打散重组，以红绿对比为主色调，组合图形构成了新的画面图形，解构的整体设计以红绿黄蓝补色作为图形关系，并辅以黑白色调，以增强画面的色彩冲击力，参见彩图58。

五、姊妹艺术的色彩解构

姊妹艺术包括语言、音乐、文学（通过声音形象反映现实的艺术）、戏剧、电影、民间艺术、民间工艺等，都是能唤起人的审美感受和美的联想的艺术形式。音乐艺术与色彩艺术存在共通性，是同属于人的艺术感觉范畴的听觉和视觉的艺术语言。音乐的物质传达手段是音响，它以时间上流动的音响、音量、音色、拍子、节奏、和声、旋律等“音乐语言”表现人的审美感受，形成一定的“音乐形象”。例如，嘹亮的进行曲可表现为鲜明、肯定的色调，低调的哀乐似深沉阴暗的色调，黑色如沉重的低音贝斯，白色似颜色消失在音乐中的休止符号……在民族器乐与管弦乐队中，将各种不同的音色结合在一起，将产生丰富绚丽的色彩变化，美不胜收。当我们听完唢呐曲《百鸟朝凤》时，可以感受到热情欢快的旋律与生机勃勃的大自然景象；一曲《意大利随想曲》可让人神思遐想：当地的风土人情、美丽的自然景观及富于诗意的生活图景；一曲典雅优美的小步舞曲，在适中的速度、从容而平稳的节奏中，能体现出宫廷礼仪的运作和富丽繁华的意境。可以看出，音乐是有色彩的，音乐因其艺术媒介和直接诉说内心情感的特点，具有较强的民族色彩和时代色彩。不同的器乐，不同的音调和旋律，表现出的情感亦不相同，音乐色彩的调子也会随之而变化。总之，丰富多彩的音乐蕴含着看不见的“色彩”，在欣赏音乐时，需要发挥主观想象力，用心去领会。音乐的色彩也将诱导服装的配色与构思，这也是开拓思维的方法之一。

文学这种艺术，是用语言来创造形象反映自然景象和思维过程的。同音乐艺术一样，语言的形象不是直接的感性形象，没有绘画固有的直观性，而是通过语言来唤起有关现实的表象经验，在联想和想象中去把握形象。文学形象具有很大的思想性和艺术感染力。例如，“大漠孤烟直，长河落日圆”“日出江花红胜火，春来江水绿如蓝”“一道残阳铺水中，半江瑟瑟半江红”等，这些文学词句让人产生丰富的联想。

另外，在文学词汇中直接诉诸色彩意境和情调的词汇有：华丽与朴素、爽快与忧郁、柔和与坚固、兴奋与沉静等。如果将相对应的色相组合成色彩，便会使观者产生种种的感情。色彩构思中必须考虑这些伴随色彩而起的感情因素和主题色彩效果，分析选择适当的色彩作为配色构思的灵感来源。

色彩解构练习是一个再创造的过程，对同一物象的采集，因采集人对色彩的理解和认识不一样，也会出现不同的重构效果。如有的偏向于分析原作色彩组成的色性和特征，保持原来的主要色彩关系与色块面积的比例关系，保留主色调、主意象的精神特征以及色彩气氛与整体风格；有的则是偏重于打散原来色彩形象的组织结构，在重新组织色彩形象时，注入自己的表现意念，构成新的色彩形式和色彩印象及意境。

【练习题】

1. 色彩的归纳与应用，规格：4K纸。

要求：对自然色彩或传统色彩或民间色彩的图片进行归纳或解构，并将归纳解构的色运用到服装的主题性配色中。设计出不同的情调：自然色调、传统色调、民间色调、现代色调的组合。

2. 春、夏、秋、冬情调色彩构成的练习，规格：15cm×15cm，4张。

要求：画2cm×2cm方格块并填色，表现适合于春天温馨、明朗气氛的色彩情调，表现夏天炎热、强烈、浓绿气氛的色彩情调，表现秋天丰收、落叶、硕果累累的金秋气氛的色彩情调；表现冬天枯枝、雪景、寒冷气氛的色彩情调。

3. 华丽与朴素、柔和与坚固的情调色彩构成练习，规格：15cm×15cm，4张。

要求：在15cm×15cm方框中，分割成2cm×2cm方格，用来填色，选择适合上述文学词汇色彩的意境，填满方格，每种感觉1张，共4张。

第八章 流行色

流行色是在一定的时间范围和空间范围内为大多数人所接受而形成的一股潮流，或者说是在一种社会观念指导下的一组和几组色彩，或是在某一时期内迅速传播和盛行一时的现象。例如曾经风靡一时的颜色，过一段时间就会被其他新的时尚颜色代替，如果继续使用原来的颜色就会感到陈旧，于是就会出现一些新的色彩来代替旧的色彩，这样反复循环就是色彩的流行现象。这种现象是在时代、社会、物质、经济、科技、文化水平高度发展的基础上，人们审美意识中反映出来的社会现象。1963年9月，世界时装之都巴黎成立了国际流行色委员会，以后世界各国也相继成立了流行色研究机构。1983年，中国也成立了中国流行色协会。每年两次在巴黎召开国际流行色专家会议，根据国际流行色成员国的色彩提案，选定1年以后即将流行的色彩，超前18个月发布国际流行色，再通过流行色成员国流向世界各地，提供流行信息并推动国内的生产与消费。

第一节 流行色的特征与意义

一、流行色的特征

流行色的特征，在于“求新”和“求变”。所谓求新，是有新意的、推陈出新或创造新的东西，主要是格调的新、搭配的新和组合的新。所谓变，是流行的颜色到了一定的饱和阶段，即戏剧性的高潮时，新的审美趣味就会代替旧的并产生新的重点，兴起一个流行，也可以说是潮流发生转向。流行现象中，什么是流行的与不流行的，受主观认识的影响。当人们拥有的信息越多，对时髦的要求就会越高。但是流行总是从少数人或少数现象开始，逐渐传播到多数人，当普及到多数人后，少数人又会以全新的面貌出现，周而复始，这就是流行色的特征。

二、流行色的意义

流行色是一门预测未来的综合性科学，将流行色运用到产品上，会给产品增加时髦的因素，是提高产品竞争能力以获取高经济效益的有效手段。分析、预测、研究、应用流行色的意义在于以下几点。

（一）流行色具有指导生产的作用

在消费性工业、商业、建筑、纺织、服装、印刷、包装等行业中，采用流行色的商品使外观新颖、引人注目、时代感强，不仅容易销售，还可卖出好价，并使商品具有竞争能力。因此，流行色是产品设计和生产计划的依据，它起着指导生产的作用。

（二）流行色具有引导消费的作用

在各级流行色预测的发布会和流行色应用展及报纸、杂志的报道中，流行色可以引导人们审美、消费和促进消费。流行色与整个生活有关，它是各行各业的促销手段，因为商品的流行色是销售心理学的一个重要内容，一些经营者为推销商品就要想方设法去适应消费者爱美、求变、崇尚时髦的心理，当色彩的应用与消费者的需求相一致时，就使产品适销对路。因此，流行色具有引导消费、促进消费的作用。流行色可以改善社会环境，运用流行色可以调节社会活动场所的色彩环境和个人家庭生活的色彩环境，给人们带来高物质的精神享受，并可以给国家建设带来更多的效益。

第二节 ／ 流行色的变化规律

流行色是色彩，但又超越了色彩学的范畴。它的动态和变化规律与时代政治、社会经济、文化生活、人的心理等多种因素的变化有直接的联系。在流行的颜色中，有哪些变化阶段？这些变化受哪些因素的影响？这些是我们了解流行色变化规律的基本问题。这些问题可以从以下3个方面来看。

一、流行色的发布

“流行的色”或“将要流行的色”的色彩流向情报的发布是由国际专门的研究机构决策的。以时装流行色为例，一般在24个月前（18~24个月前），全世界最早的色彩趋势情报由国际流行色成员国（包括法国、英国、意大利、瑞士、日本、中国、德国、荷兰、西班牙等18国）选定提案色。由IWS国际羊毛局、ICA、CIM等机构发表色彩流行趋势色，并解释配色、色彩情报以外的面料、款式情报等。由PV博览会（法）、英特斯多夫（德）、依达种英（新）等组织发表国际性的服装面料趋势展示会。在6个月前（6个月～实际季节）由巴黎、米兰、伦敦、纽约、东京等城市领先发表服装展示会和世界著名设计师的时装发布会，其他国家和地区也相继有流行趋势发布会，以及各种流行色月刊、流行色通讯等专门的杂志报道，从而在实际季节中应用。

二、流行色的形式

流行色在服装实际应用中或者在被消费者接受的过程中一般有5个形式阶段，即产生期、激增期、普及期、衰退期和淘汰期。一般是在上年底或本年初产生，上半年激增，下半年普及并持续到次年上半年，次年下半年开始衰退。这个周期可延至第三年，有的还可能更长（一般在2~3年之间），在色彩流行的5个阶段中存在着不同类型的消费者及其心理状况，见表8–1。

表8–1 流行阶段与消费者类型

阶段	色彩流行期	消费者类型	心理状态	范围
1	产生期	先锋型	标异、独特、创新	个别
2	激增期	积极型	追逐、流行、模仿	少数
3	普及期	稳定型	从众、跟随、流行	多数
4	衰退期	高稳定型	保守、从众	中等
5	淘汰期	守旧型	保守、无所谓	少数

流行色的变化阶段是由少而多逐渐盛行的。当社会“饱和”时，消费群对现有的色彩感到厌倦，希望有新的视觉感受与刺激，新色组的出现就会受到欢迎，而以往盛行的色彩则逐渐被搁置在一边，新的色彩流行于世，又由少向多发展，这也是色彩的流行现象和应用中的基本规律。

三、流行色色组的变化

流行色的变化是色彩组合方式的变化和色彩色调的变化。一般色彩循环往复的规律是：在色相的动态上，由暖向冷或由冷向暖变化色调；在明度的动态中，由浅调向深调或由深调向中性色调转变；在纯度的动态中，由低纯度向高纯度或由高纯度向中性灰调转变等。但是这也不是绝对的机械重复，在流行的色彩中，由于它具有延续性，当新的色彩代替旧的色彩时，不是说旧的色彩就从此销声匿迹。所谓衰退只是说它的势头已减弱，不再是时髦的色彩，但它在色彩的组合中仍占有一定的位置，不过它不再是时髦色罢了。甚至有的色还经久不衰，如黑、白两色一直在服装色彩的世界里独具魅力，在每年的色彩组合中总有一席之地，虽然它已不再是流行的主要色，但它们是组合配色的“溶剂”和衬托色。流行色基本类型有两种：一种是流行的常用色、基本色；一种是流行的时髦色。流行色的变化规律就是这样，它们不会出现突然地快速变化或消失，而是发生基本色、常用色和时髦色新旧交替的微弱变化，从而产生出新的组合搭配。

四、影响流行色的变化因素

流行色的变化是在不断接受外界刺激和影响下转变发展的，每个时代都有着不同的时尚、不同的审美，往日之美与今天之美不尽相同，20世纪30年代与90年代的审美趣味也相距甚远。在不同的社会政治、经济文化、自然环境等影响下能产生不同规模的流行，充分了解这些因素是掌握与分析流行色变化规律的重要条件。影响流行色的变化因素主要有以下几个方面。

（一）政治、经济因素

政治、经济条件及社会重大新闻事件都是社会色彩刺激的因素。当一些色彩带有时代精神的意义时，这些色彩便具有流行的可能性。例如，我国20世纪50～60年代，在自力更生、艰苦奋斗的口号下，人们多以蓝、灰色为主要服色；60～70年代，在当时的社会背景下，到处是“红色的海洋”和“绿色的军装”；80年代，随着改革开放带来物质的丰富多彩，服装有艳丽的亮色，有含灰的中性色调，款色多种多样、变化万千。随着经济的繁荣与社会的稳定，现代人对服装色彩和生活环境都追求高品位、高品质。

重大事件对流行色会产生重大的影响。例如：20世纪60年代初，当人类第一次乘坐宇宙飞船进入太空时，色彩专家利用这一时代信息（人们对宇宙的神秘感）制订发布了“宇宙色”“太空色”，使其在世界各国风靡一时。又如，20世纪80年代我国马王堆汉墓出土古文物时，国际上曾掀起一股“马王堆”色彩热。当世界崇尚东方文化时，我国相继推出了“敦煌色”“青铜色”“唐三彩”“兵马俑”等色彩情调的流行色提案且都得以认可，并相继全球推广。这些流行色的发布都是以一定时代、社会环境下的人们心理为依据推出的。

（二）生活环境和生活样式因素

生活环境、生活样式的变化促使人们对色彩有不同的需求。例如，现代化的生活环境与生活节奏打破了自然的生态环境，人为的设计因素多于自然因素。如果长时间生活在繁华闹市，又处于紧张的工作节奏中，就会使人因这种刺激而处于紧张、不平衡的状态。这样就会唤起人们对大自然的怀念，因此，崇尚自然并追求自然风光的色彩就会成为一种时髦，人们从自然色彩和历史的沉淀中领悟人类的热情，填补精神上失去的平衡。因此，出现带有户外气息的乡村情调的配色，自然的泥土色系、透明的水果色系、清澈的海滩粉彩色系等呈现在流行色彩的色组中。

（三）人的生理和心理因素

人的生理和心理时时都处于一种平衡状态下才会感到舒适，医学、科学的发展证明，人类对色彩的感受会本能地向相对方向转化。生活中也常是这样，如果在同一种色调的空间中活动很久，就会因视觉疲劳而感到厌倦、单调，这就需要不同于从前的色彩来进行调节。新出现的色彩具有新鲜感，易为人们接受，这也构成了影响流行色变化的客观性与必然性。由于人对色彩的感受不仅只停留在生理的初级阶段，还会产生深层次的心理反应。社会中的每一个人都会因自身的年龄、性别、生活环境、生活方式、文化差异以及价值观、自我意识等方面的差异而影响对色彩的选择与喜爱，这也是人们将情感寄托于色彩的结果。

人们对色彩流行的选择态度一般有两类：一类是标异心理，这类人自我意识强，喜欢体现自我，通过对流行色的选择与消费展示自己的个性。这类人一般是色彩消费的先锋或色彩流行的带头人，如前面所讲，属于先锋型并处于第一阶段。二是从众心理，这类人消费时一般会选择那些已经开始流行的色彩，以表示自己仍处于社会主流之中，不超前也不落后，他们是色彩流行的追随者，也是色彩消费的主要社会群体，属于积极型和稳定型一类。可见，色彩消费的主要社会群体也是影响流行色变化的重要因素之一。

第三节 ╱ 流行色的应用

流行色能够引导人们消费，特别是服装的流行趋势。那么如何预测服装的流行趋势呢？关键还在于运用流行色，因为流行信息只是条件，运用才是艺术。

一、流行色与服装

在服装的整体效果中，色彩是“抢先夺人”的重要因素。流行色在服装上具有特别敏感的作用，从设计过程来看，当流行色用于具体服装上时，必然与服装款式、服装材料及风格等发生联系，相互影响。因此，服装设计中很重要的就是流行色的应用。但流行款式、流行色彩与流行面料常常是作为一个整体同时考虑、同时形成、同时推出，这也是由于色彩必须依附于造型物才能为消费者或观赏者认识和接受，进而产生其欣赏价值和实用价值。流行色趋势的发布，例如，根据某机构2021/2022秋冬男女运动装色彩趋势中，以“沉静原始派”主题为例，其主题背景是随着人们健康观念及对自然的崇敬，强化自身健康的时间，注重新的运动形式，推崇户外与“地球健身房”，从大自然中汲取灵感，这些观念影响了色彩的应用。如彩图63所示，展现了该主题亲切质感的色调。所以2021年秋冬将强调对环境的感知，以自然为灵感的色彩与功能性的结合，需要遵循环保可持续的方式致敬染色的开发，见彩图64。图中的槲寄生绿颜色是“植物染色”，尽管这一染色工艺尚未普及至大众层面，但会引导消费者的色彩品位向水洗和非常规质感转变。植物染色的兼顾高彩度色和细腻的中间色，自然细腻的颜色效果应用于户外服饰，更符合当下原始派健身爱好者的口味与偏爱。槲寄生绿服装色彩设计，虽然主要应用在户外用品设计上，也可用于打底层和健身用品，较深色调同样适用于棉纺类的健身训练款型，搭配柔和的浅桃色和雌鹿色，可以展现清新治愈的效果，更符合年轻市场，见彩图65。

根据流行信息，设计《黄族》主题系列服装，从大地提取的棕色、橡皮色、橘黄色、软糖色、烟熏辣椒红色、玻璃瓶色，给人以自然、简朴、健康的感觉，同时也是对自然生态的致敬。棕色主宰该色调在功能性款型上出现，将质朴棕色带入休闲徒步、登山、都市旅行等户外服饰中。设计从不同的历史时期汲取灵感，充满浓郁的东方色调，而厚重感更为明显的针法和肌理感也趋向粗犷，面料的可持续利用性和天然特质是重点。一边是厚重感的轮廓更加圆润饱满，搭配低腰窄腿的裤子，一边则是简洁现代的造型更具结构感，巨大的编织花边和绞花图形也是装饰的关键，见彩图66。

二、流行色与常用色

在流行色变化中，保持相对稳定的色即是常用色，也是消费群中长期惯用的基本色彩。常用色的适应性广、适销时间长，有些基本用色会保持多年不变。例如，欧洲国家经常运用奶黄色、咖啡色、米色等，这些颜色感情柔和，与欧洲人白色的肤质搭配容易调和。当然，世界各地都有相对的常用色或习惯用色。

常用色是一种中性含灰色的色彩相貌，它的特点是纯度较低，不会使人很快产生疲倦的情绪，因而它们特别适宜作各种纯色的陪衬色。无论任何时空关系发生变化，常用色都是流行色中不可分离的“伴侣”。

流行色与常用色之间没有绝对的分界线，它们互为补充、互相依存并相对转化。在消费者中，很快接受流行色的人总是少数，大多数人对时髦常取观望态度或讲求实用。基于人们的从众心理，服装设计中取常用色为基本色，其中点缀流行色用来体现时髦感，或者在艳丽的色组中配些常用的基本色，造成稳定的趋向或稳中求变的效果。

三、流行色的运用

研究与预测流行色的最终目的是运用流行色，使运用流行色的商品为社会创造更大的效益。为此，如何运用流行色的组合搭配及主题色调是我们努力实践的课题。

（一）流行色色卡

国内外发布的各种色卡一般都有二三十种颜色，大致可以将其分为若干色组：

1. 时髦色组

时髦色组包括即将流行的色彩或始发色，正在流行的色彩或高潮色，即将过时的色彩或消褪色。

2. 点缀色组

点缀色组一般比较鲜艳，它们往往是时髦色的补色。

3. 常用色组

常用色组是以无彩色及各种含灰色为主的色彩。配色时，依不同的主题要求，选用不同的色组表现不同的情调。

（二）流行色的配色要点

按照流行色色卡提供的色彩进行配色时，应该注意：

第一，组配服装的色彩要把握流行色预测的主题，注意色调的气氛。主色调一般选用始发色或高潮色，若设计花色面料的服装，可选择底色或主花为流行色的面料。

第二，点缀色的运用只能选取其中一两个，少量地加以运用。

第三，常用色的搭配要注意配色中的侧重点和整体配色的色调气氛。根据各种色卡的色组来配色设计，还可作定色变调的设想，灵活地运用并结合主题情调，使有限的色卡搭配出多种配色方案。

【练习题】

流行色的应用4张，规格：4K纸。

要求：运用本年度发布的流行色为主题，做服装的配色实践，注意流行色的主题情调与服装色彩风格的协调。

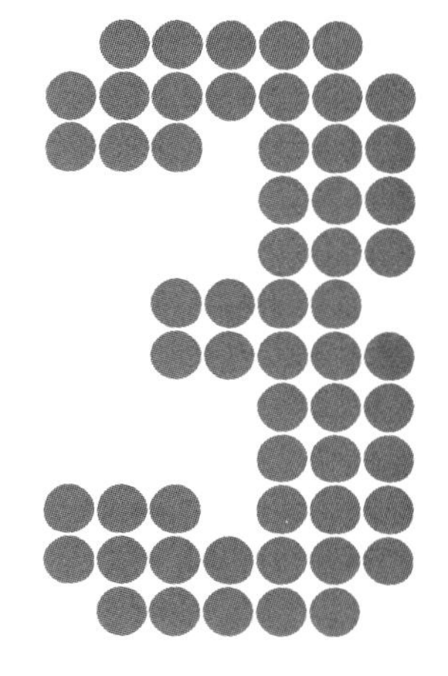

第三篇 立体构成

立体构成也称为空间构成。立体构成作为研究形态创造与造型设计的基础，除在平面上塑造形象和空间感的图形与绘画艺术外，其他各类造型艺术都可以划归立体艺术与立体造型设计的范畴。在立体构成中，将探索应用合理的材料，以视觉为基础，力学为依据，对造型要素按照构成形式美的原则，组合成美好的立体形体的构成方法。与平面构成不同的特点是，以实体占有空间、限定空间并与空间一同构成新的环境、新的视觉形象。立体构成应用于生活的各个方面，第三篇我们学习的主要内容有半立体构成、线立体构成、面立体构成、块立体构成和服装综合立体构成等。

第九章
立体构成基础与要素

本章首先了解立体构成需要的材料与工具，学习半立体构成的方法和半立体装饰的方法，研究空间立体形态，研究造型各元素的立体构成法则的合理性、可行性和美观性，为下一章设计应用积累素材和提供可行的构成方案。

第一节 ╱ 立体构成材料与工具

立体构成的学习内容主要分为半立体构成和立体构成两个部分。它们需要使用的材料与工具包括以下几个方面。

一、材料与工具

完成半立体构成和立体构成需要使用的材料多为纸张，有卡纸、牛皮纸、板纸、硫酸纸、拷贝纸、皱纹纸、报纸、画报纸、包装纸、宣纸、杜邦纸、衍纸、非织造布、线、绳、竹、木、玻璃、塑料、金属片、塑料板、有机玻璃、木板、泡沫板、石膏等。

工具有：尺子、铅笔、衍纸笔、电动卷笔、卷纸工具、剪刀、刀子、胶水、双面胶、透明胶带、乳胶、铁/铜丝、胶钳等。

二、纸材

纸材是课程中完成半立体构成和服装立体构成的主要材料。纸作为人类智慧的结品，是记录人类文明的重要载体，纸材的诞生改变了人们对绘画材料的认知和运用方式。纸材料的可再生性及可塑性使其成为艺术家渴望表现的完美载体，也正是它的固有特征使其具有了更多创新的可能。纸的用途十分广泛，服装设计、广告杂志、书籍装帧、礼品包装、影视广告、橱窗展示、舞台背景、环境装饰、月历、贺卡、海报等许多地方都可以看到它的影子。纸材是一种具有多种性能的造型材料，成本低，加工方便。

（一）柔软的纸材

生活中，纸是每个人的必需用品，因此，纸材价廉物美，且性能和色彩非常丰富。柔软的纸材主要有：皱纹纸、餐巾纸、卷筒纸（卫生纸）、厨房用纸等。

皱纹纸又称皱纸，是指一种纸面呈现皱纹的加工纸，可分为生活用、包装用、装饰用三类皱纸。生活用的皱纸如餐巾纸、厨房用纸、卫生皱纸，是一种纸质柔软并有良好吸水性的薄纸。餐巾纸在生产过程中直接漂染成各种色彩，反正两面都是统一色彩。包装用皱纸，坚韧而有弹性，供包装绒线、羊毛制品等有伸缩性的商品，以防止因包装物伸缩性大而引起纸张破裂，是一种较强韧的包装纸。装饰用皱纸，如各种彩色皱纸，供节日装饰和扎成纸花用，其颜色有白色、大红、粉红、中黄、淡黄、天蓝、深蓝、中绿、褐色、黑色等，是一种柔和、有质感的材料。

皱纸的特性就是有细小的皱纹，有一定的柔韧性，特别是装饰用皱纸，十分适合我们构成之用。

（二）硬朗的纸材

硬朗的纸材主要有牛皮纸、铜版纸、卡纸、墨卡纸、重磅纸等。

牛皮纸的基本色为黄褐色和棕褐色，由于克数的不同，色彩上会有些出入，定量范围为80~120g/m^2。牛皮纸是一种硬朗、粗犷的材质，是坚韧耐水的包装用纸，用途很广，如制作纸袋、信封、作业本、唱片套、卷宗和砂纸等。牛皮纸具有柔韧、结实、耐破度高，以及承受较大拉力和压力不易破裂的特点。我们可以根据需要涂上任何色彩，在构成中进行应用。

铜版纸又称印刷涂布纸，是一种硬挺、有光泽的材质，纸面分光面和布纹两种。铜版纸尺寸为787mm×1092mm或880mm×1230mm，定量为70~250g/m^2，可以用于制作服装造型、高级画册、年历、书刊等。印刷的画报挂历底衬上有图案内容，如油画、国画、装饰画；题材有风景、静物、人物等，也就决定了这类纸材色彩的种类丰富多样。

卡纸纸面较细致平滑，坚挺耐磨。有色卡纸有不同颜色，如红卡、绿卡、蓝卡、黑卡等。卡纸有纸质细腻、坚挺厚实、耐折度好、表面平整光滑、挺度好、拉力好、耐破度高等特点，便于折叠立体造型。

（三）透明的纸材

透明纸材主要有硫酸纸、拷贝纸、玻璃纸等。

硫酸纸，又称制版硫酸转印纸，主要用于印刷制版业，是一种质地坚硬薄膜型的纸材。硫酸纸质地坚实、密致而稍微透明，具有对油脂和水的渗透抵抗力，不透气，湿强度大，能防水、防潮、防油，是硬挺、磨砂透明而光滑的材料。拷贝纸也是透明的，但是柔软的性能与硫酸纸形成较大的反差，可以充分利用纸质材质的美感特性进行构成造型。

包装纸千变万化，既有鲜艳色彩的底纹，又有素雅净面的底纹；另外，还有激光效果的包装纸，把作品可以带入科幻时代。纸的质感既丰富又奇特，可以直接利用纸材的特殊质感，有光滑如镜、有粗糙如麻、有细腻如丝、有光彩夺目等。另外还可以应用构成的加工方法，使材料更有设计的质感和趣味。

掌握各种纸的性能十分重要。单色纸作品是在半立体和服装衣片中通过镂空技术表现的，而在立体纸艺中，则是通过折叠光影效果来体现的。色纸作品是各种色彩的组合，展现丰富的层次变化。特殊纸，包括有纹理的纸与各种废旧纸，巧妙地利用纸的质感多样性，就可以设计制作完成赏心悦目的艺术作品。

（四）衍纸

衍纸是完成半立体衍纸装饰画的材料，用纸宽度不同，建议使用宽3mm的纸条。另外还有5mm、6mm、7mm、10mm的纸条，通常被用来做流苏花或树叶。为了给作品增加层次感，也可以在一层纸卷上再放置小些的纸卷，会使用到宽度为1.5mm或者2mm的纸条。

衍纸装饰画，方便易学，风格清新。衍纸，有多种颜色。在市面上最常见的是七彩纸，可以购买成包的、一个色系的纸。这种纸的颜色是由红色、绿色、蓝色等一种色系渐变和融入一些其他颜色而形成的。如果你计划中的衍纸工程较为庞大，对数量和色彩的需求相对也要高一些，就会需要有更多色彩（如白色、金色、银色等）的纸。

在购买衍纸的时候，最为重要的事情是要注意选择纸的重量。如果纸太轻，制作时很难保持住想要的形状。衍纸，适当的厚度是当制作时，卷好纸后，应该能够保持住应有的形状。因此，在挑选纸的时候，如果遇到纸卷难以成形的问题，那一定是选择的纸张重量不对。

第二节 ╱ 半立体构成

一、半立体构成概念

半立体构成又称为二点五维构成，是在平面上使用材料进行立体化加工，是介于平面与立体中间的造型，有如雕塑的浮雕，使二维平面在视觉和触觉上有立体感。半立体构成是使平面材料转化为立体的最基础的构成训练，是指没有创作物理空间的一种构成方法。

半立体构成是以平面为基础，其主要特性表现在凹凸的层次感和光影的效果上，它足以使单调的平面产生各种不同的变化。

二、半立体构成方法

在一张具有平面感的面材（纸张）上，如何转变为具有立体感的图形?

一张普通的纸，看起来毫不起眼，但是经过加工以后，由于被折叠弯曲而造成强烈的张力感，被编织而造成整齐的秩序感，被切割折叠而使形态不断扩展，这时的视觉效果就完全不同了。我们可以在前面所学的平面构成骨格与分割方法基础上，应用源自深度空间增加的原理，对材料进行折叠、弯曲、切割、拉引等技巧，使深度空间得以增加和表现，是创造立体形态的一种手段。

半立体的主要构成技巧是折叠（直线折叠、曲线折叠）、弯曲（扭曲、卷曲、螺旋曲）、切割（挖切、直线切割、曲线切割）。一般用纸需要相对硬一些的卡纸，其可塑性强，折叠起来也较为方便。结合平面纸张的特点，有三种操作方法来进行切割、弯曲和折叠的技巧。

（一）不切多折

不切多折是在制作半立体图形时，采用不切开纸，就能折出半立体效果的图形。首先设计一个单一的基本形，犹如骨格中的基本形一样，这是一种单一形体，具有相对独立的图形。具体方法：在一张10cm×10cm的卡纸上，用铅笔将设计基本形画在单位骨格内，用美工刀划线，划线时掌握好力度，不要划透纸背，再依线痕折纸，使折的部位显现半立体效果，见图9-1。

基本形半立体的训练，可以使构思精密、明确整体与局部的关系，进而培养立体形象思维的能力。

（二）一切多折

一切多折是在制作半立体图形时，采用一刀切开纸折出半立体效果的图形。首先

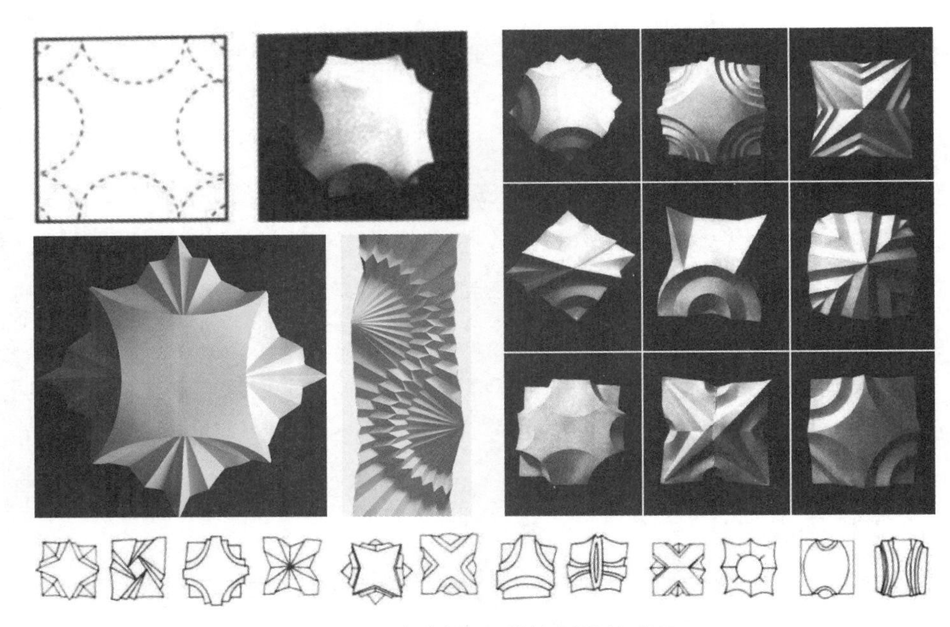

图9-1　不切多折和手绘基本图形与效果

设计一个1/2重复图形或一半变化的图形，在图形上确定好切开线的位置，这是一种在单位骨格内重复、变化的独立图形。具体方法：在一张10cm×10cm的卡纸上，在中心部位平行的边或者对角线上切线，将设计画好的图形用美工刀划线，依线痕折出凹凸变化，使折的部位呈现半立体形的效果，见图9-2。

一切多折的制作训练，要考虑线条的对比、疏密、长短变化等形式美的因素，使构思整体与局部在对比中协调统一。

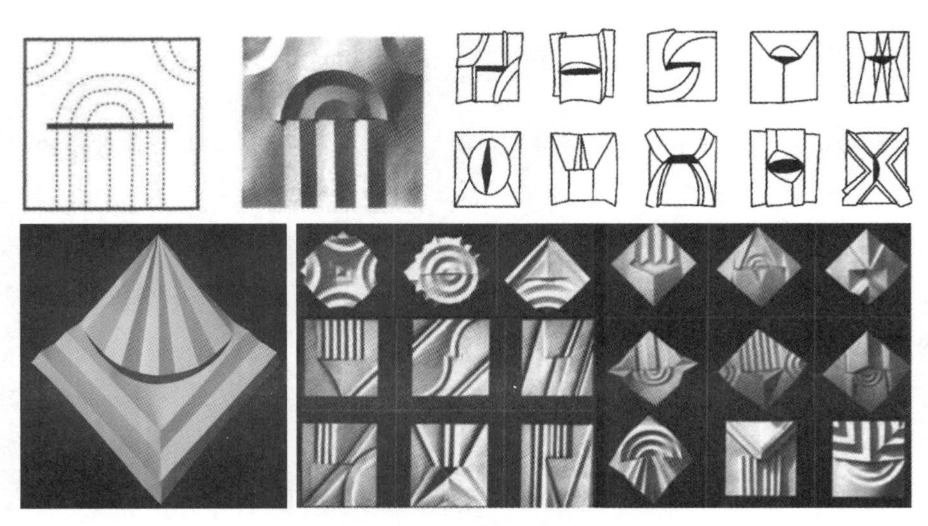

图9-2　一切多折和手绘基本图形与效果

（三）多切多折

多切多折是在制作半立体图形时，采用多切开纸折出半立体效果的图形。首先设计一个自由分割的图形，这是一种在单位骨格内1/4重复或变化的形体，具有独立、多样的形式。具体方法：在一张10cm×10cm的卡纸上，用铅笔将设计图形用美工刀划线痕，再依线痕折屈、压屈、弯屈等多种处理手段，构成半立体造型，见图9-3。

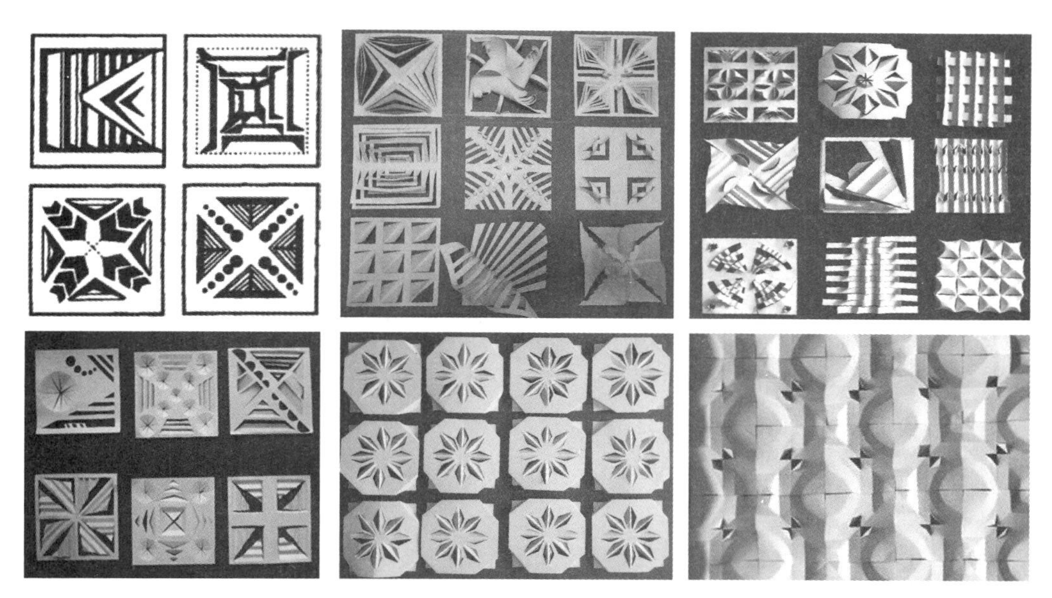

图9-3 多切多折和手绘基本图形与效果

多切多折半立体的练习，可以根据平面构成中，渐变、发射、对比、特异等方法组织画面，使构思精密，同时切折后主要应该体现出凸出凹陷及进深感的效果，培养立体形象思维的能力。

三、衍纸构成

（一）什么是衍纸

衍纸是纸艺的一种形式，即卷纸装饰工艺。由于卷纸工艺简单、形式美观、风格清新，因而受到人们的喜爱。

衍纸，是一种简单而实用的生活艺术，常被运用于卡片、包装装饰、装饰画、装饰品等。早在17世纪的时候被用来装饰人们居室的墙壁，以代替当时比较名贵的画作，为了增加艺术品的色彩，衍纸都会在被剪裁和成卷之前进行染色，制作时有时还会添上云母、羽毛、贝壳或者珍珠，使画作看上去更加名贵。18世纪时，这种手工艺在英国王室贵族中流行。19世纪70年代，衍纸再次复兴，在古董展会上出现，展览的茶罐同时展示着衍纸，使纸艺固有的艺术美感加强了茶罐的艺术氛围。

衍纸，被看作是纸艺大家族中优雅的典范，毕竟过去是西方纸艺用于宗教圣物的装饰。最早，将雕塑和绘画技艺题材作为载体转换为纸，但是衍纸工艺的艺术表现力，并不落后于其他艺术形式。并且，自从衍纸技艺流入民间之后，不但表达方式更加多元化，其巧妙的设计本身更是将纸艺固有的艺术气息展现得淋漓尽致。当衍纸传入中国后，使许多人从书籍和互联网上了解了这一纸艺形式。衍纸技艺在中国得到了新的发展，纸艺的魅力就在于其无限的表达能力，而多样的表达手法更能凸显出纸艺的包罗万象。因此有人说，心灵之美在指尖的流露就是纸艺，见彩图67。

（二）衍纸制作方法

过去设计卷纸装饰工艺的衍纸条是用手工剪裁的，当时想裁得宽窄一致比较困难，所以衍纸的周边会不太平整。今天的衍纸条有各种颜色和各种尺寸，同时边缘也被机器剪裁得非常整齐，所以制作出来的衍纸作品更加精致、美观。衍纸画做起来比较简单，是用彩色的长纸条作为基础材料。

第一步是设计好画面构成图形。

第二步运用卷、捏、粘、拼贴等手法，以专用的工具笔将细长的纸条一圈圈卷起来，成为一个个小“零件”。

第三步，借由组合这些“零件”，运用这些样式复杂、形状各有不同的“零件”来进行创作，经过组合拼贴后呈现出来的成品就能从原有的平面扩至立体的工艺品。

第三节 ╱ 立体构成要素

立体构成是在三维空间中，利用形式美法则对面与体、线与体、虚与实、前与后、上与下、左与右，空间的建立、空间的流动，骨格的组织和不同厚度、不同深度、不同角度的变化，以及表面色彩、肌理、体积量感、空间等因素变化开展的研究。立体构成是空间构成，是以材料为基础，力学为依据，将造型要素按照构成形式美原则组合成有意味的形体构成方法。它同样是以点、线、面、对称、肌理为基础要素，研究空间立体形态的学科，也是研究立体造型各元素的构成法则。

与平面构成特点不同的是，立体构成以实体占有空间、限定空间，并与空间一同构成新的环境、新的视觉形象。立体构成要素包括基础要素、视觉要素、关系要素。

一、基础要素

根据材料的体积、厚薄、长短、粗细的不同，可相对划分出线、面（板）、体（块）三种立体形状。

线材：在立体设计中，线不仅有长度和方向，还有一定的宽度、厚度和粗细程度。

面（板）材：在立体设计中，面不仅具有位置、方向、长度、宽度，还具有厚度，即厚薄程度。面是包围体积的外部表层，在三维空间里凡呈现轻薄、长宽感、上下左右延伸的薄板形象都可视为面。

体（块）材：面决定体的形象。在立体设计中，体是一个封闭的结构，它有位置、方向（球体除外）、长度、宽度、厚度、体积、重量，见图9-4。空间的扩展或收缩会使线、面、体这些基础元素发生视觉上的变化。

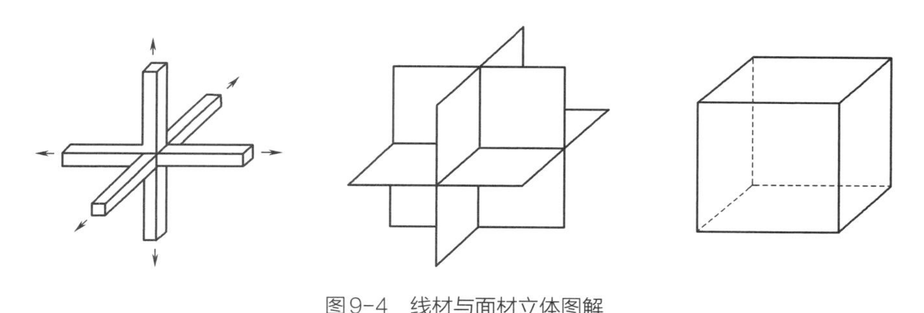

图9-4　线材与面材立体图解

二、视觉要素

立体构成中为实体材料的形状、大小、色彩、肌理等，称为视觉元素。

形状：指物体在特殊距离、角度、环境的条件下呈现出的外貌。多种形状可以组成一个形象，形状仅是形象的无数个侧面之一。

大小：指在立体构成中，体与体之间的局部与整体、局部与局部的对应比较关系。构成中一定有大小的对比，才会有视觉的兴趣。

色彩：指物体材料表面所具有的深浅不同的色明度；冷暖不同、色感各异的色相；灰艳不同的色纯度等色彩关系。立体造型也可以通过色彩使其呈现出不同的视觉心理感受，并能使形体与周围的环境区别开。

肌理：指物体材料的表面特性及质地。它可能是天然形成的，也可能是经人工处理过的；可能是粗糙无光泽的，也可能是细腻光滑的。在立体设计中常使用各种纸型、木材、布帛、金属、石膏、泥土等，不同材质的作品具有不同的肌理效果。

三、关系要素

立体构成的关系元素同样包含位置、方向、空间、重心等。它与平面构成的关系元素词意相同，但两者却有着实质性的差别。立体构成的关系元素具有长、宽、深的三维空间，而平面构成的关系元素只具有长、宽的二维空间。

位置：指因立体形象相比较而存在的各自所处的空间地域，即其位置决定形象排列的秩序关系或是骨格单位。

方向：立体形象所具有的方向性决定于视者的方位，也决定于与其他形象的关系。在空间中形与形不同的位置排列会产生相对的方向。

空间：在排列构成中，立体形象必然具有一定的体积感，并产生前后的深度。而形象的外围及其本身的间隙，或形象实体上的穿孔、凹陷、凸起等也都属于空间关系。

重心：人们根据日常生活的经验，在观察一个视觉形象时会产生轻重、稳定或漂浮的心理感觉。在立体设计中，重心对形象起到稳定的作用。

在立体构成中，对材料的选择运用往往从直观感觉出发，通过对其观察、体验、设想、加工，组织排列成具有节奏、律动变化的构成格局。而对任何构成的终体，都是从最初的点线面、基本形、骨格这些构成要素开始的。

第四节 ╱ 立体形具有的方向及视图

了解立体具有的方向及视图，是为了按三维空间的思维方式认识与分析立体形象。立体形象在不同侧面所呈现的形状通过平面视图得到反映，而对某一立体的几个不同方向视图的组合，又能展示出这一立体的全貌。例如，工人加工机器零件是以标有该零件的不同方向视图的图纸为依据生产出立体产品的。

一、立体形的三个主要方向

立体形的三个主要方向，指立体的长度、宽度、深度。长度也可称高度，它是由上下伸展获得的垂直方向；宽度是由左右伸展获得的水平方向；深度是由前后伸展的进深方向。如果为每一个方向组成一个平面，这样就会出现一个垂直平面、一个水平平面、一个进深平面。把这样的平面由一个变成两个，并将它们移至各方向交叉的端点，由此便组成了一个立方体。

二、立体形的三个基本视图

任何一个形状的立体都能被放置于一个想象的立方体中，通过这样一个想象的立方体可以建立起三个基本视图。可以看到平面视图——从顶部看到的体的形状视图。正面视图——从正面看到的体的形状视图。侧面视图——从侧面看到的体的形状视图，见图9–5。

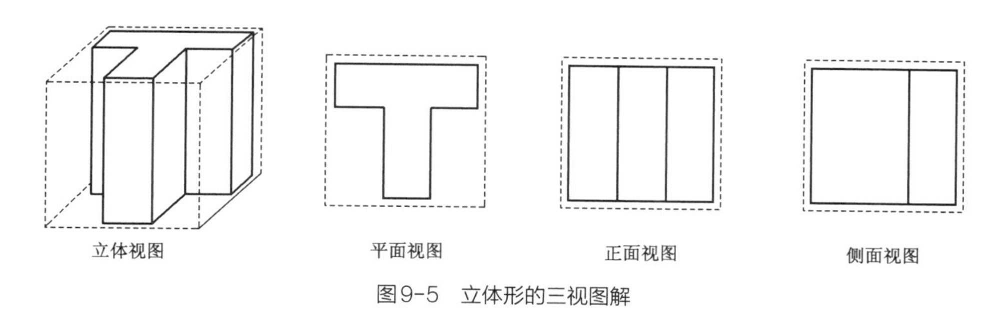

图9–5　立体形的三视图解

【练习题】

1. 基本形半立体的训练。

要求：利用不切多折、一切多折、多切多折的手法，完成一组简单的基本形半立体构成。

2. 衍纸装饰画。

要求：利用卷、捏、粘、拼贴等手法，完成一幅装饰画。

3. 在8开纸上画出某个物体的平面视图、正面视图、侧面视图。

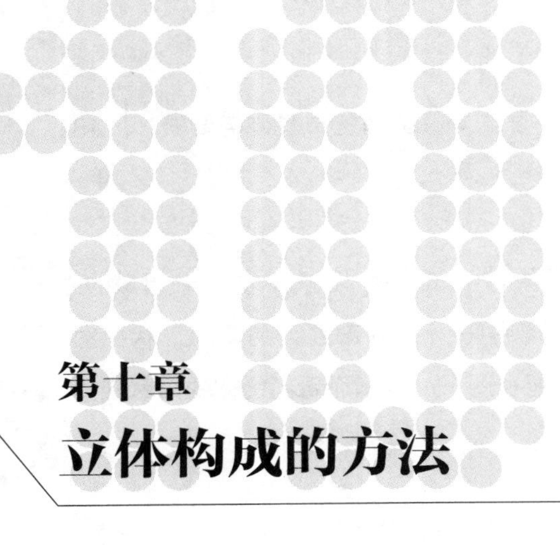

第十章 立体构成的方法

立体构成方法主要是将基本形，依据关系元素——位置、方向、空间、重心，按骨格的规律性和非规律性的关系进行排列，其中一种或两种元素重复而其他元素相似，使形体在统一中有变化。重复、特异、渐变等都是一种形式美表现的方法，能够使构成的立体造型具有秩序化、节奏感、统一性的视觉效果。

立体构成的方法按材料的性质可分为线材、面材、体（块）材等。

第一节 / 线材构成

线材是以具有线形特征的材料为基本形，进行空间排列、穿插、组合构成。以构成线的框架结构和线群关系重复或渐变来分割空间，线的框架结构是用线材制成线框、线层基本形，再通过上下、左右及前后的堆积、叠合、穿插构成造型关系，表现构成效果。线材的立体构成形象的空间、虚实、体积、量感、方向，常采用渐变、交叉、放射、扭转等方式，结合线形及材质表面具有不同的情态特性，表现曲直、润涩、软硬等各种特征。

一、线框与线层

立体构成中，线是有粗细、长短、曲直、软硬等各种不同形态及表面特征的材料，线形分类见图10–1。

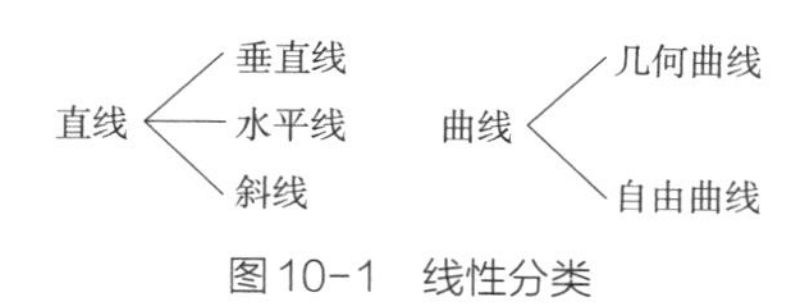

图10-1　线性分类

使用不同的线形材料构成立体框架，这种立体框架相当于把立方体的各边用线材联结起来，这就是闭环式的线框，见图10-2（a）。线框结构是体现立方体的框架，线层是这个立方体框架去掉支柱后，得到顶部和底部两个框架间更多的与它们相同的框架，见图10-2（b）。

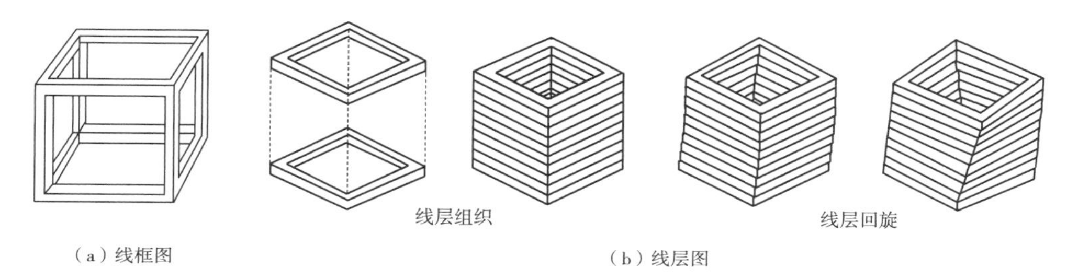

（a）线框图　（b）线层图

图10-2　闭环式线框与线层图解

线框的形状可以是多种多样的，各单体的线框基本形通过各种形式的重复连接构成了线框组合的变化。如果这些上下洞开的线层，再进行移动、叠合、渐变、回旋、放射等形式的排列，可构成线层的各种变化，见图10-3。

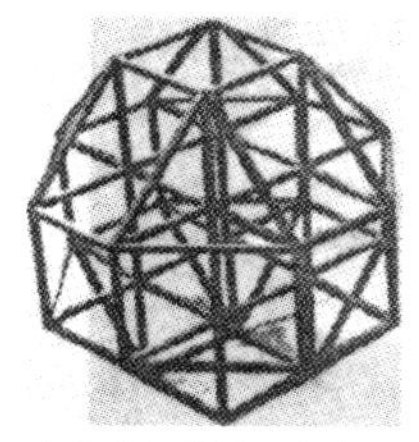

（a）线框穿插叠合构成

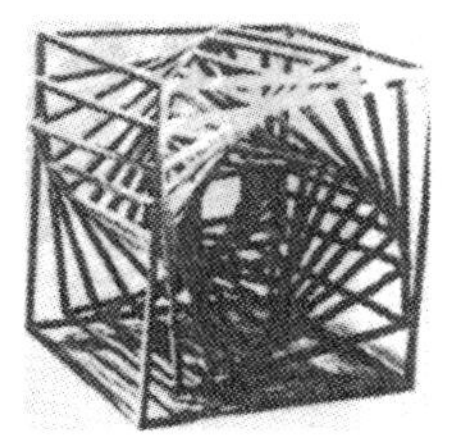

（b）线框回旋穿插渐变构成

（c）线框方向变化构成

（d）线框移动构成

图10-3　线框变化构成

二、线群连接

线群的连接是在线层线框的基础上，把排列众多的线连接起来，称为线群。连接的方式可用回旋、扭曲、穿插、渐变、发射等手法，结合空间、虚实、体积、量感、方向等要素排列完成。线群连接的材质可以是软质、硬质、软质硬质相结合，或者将线材任意自由地连接，以取得独特的造型形式和空间效果。如果是设计线材基本形任意交叠的连接，或基本形渐变推移的连接，或逐渐移动线与线的接点，又或是排列的直线和旋转推移的线连接等，都有着非常有趣的构成，见图10-4。

（a）旋转推移的线群构成（硬质）

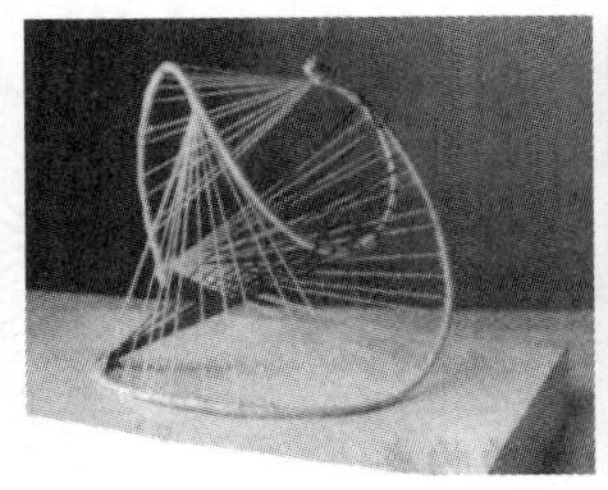

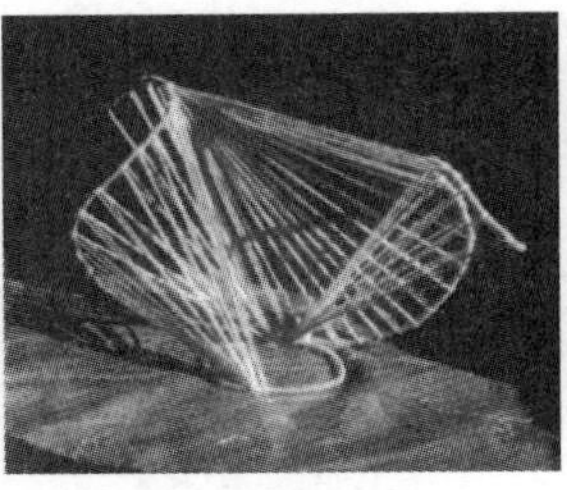

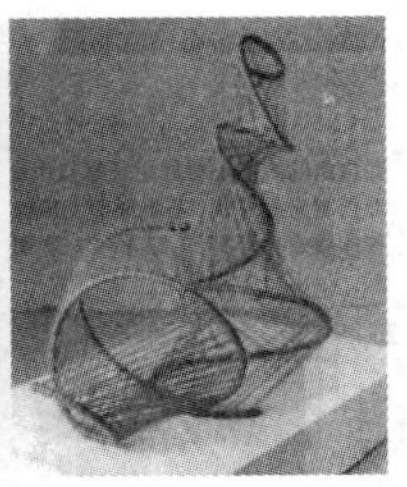

（b）移动推移的线群构成（软质）

图10-4　线群构成

提示注意：与其他材料相比，线材是比较纤细的形体，在构成中，线与线连接得太紧密会失掉线材的特点，过分的稀疏又会产生较大空隙，使之不能占据或包围空间，从而使造型显得松散无力，适当合理才是好的构成。

第二节 ╱ 面材构成

在三维空间中，以面形材料对形体的空间、量感、虚实、体积、方向等元素进行设计，为面材的立体构成。立体切割可得到面，因切割的方法不同，得到面的形态亦不相同。面的排列、堆积可使构成体占据空间。面材的构成主要以基本形渐变、层面排列等形式进行。而在面材表面上进行剪切、翻折、镂刻，又可制造出丰富的表情特征及肌理效果。

一、面材的表面变化

面可分为平面和曲面两种形式。面材的表面加工，如前面已讲过的一切多折，多切多折、不切多折等切叠折方法，当面的表面通过加工后就会呈现不同的视觉效果和面的情态特征。一张平整的白纸板，表现出整洁感与肃穆感。纸板略用力使之成为弧面状，其表面呈饱满扩展的形态。若进一步将纸板面穿洞或切割、翻折其某一局部，纸板的形态就会有更大的变化。面的伸展、扭转所占据的空间给人的视觉感受不同。

在立体构成中，为了获得丰富的题材造型，可以以人物、动物或其他各种抽象、具象的形态为素材，通过在纸板上翻折、剪切、镂刻、拼贴等方法，构成凹凸起伏、具有浮雕感效果的图形，在面材上若以上述方法进行缜密的基本形排列，还可形成丰富的肌理表面，见图10–5。

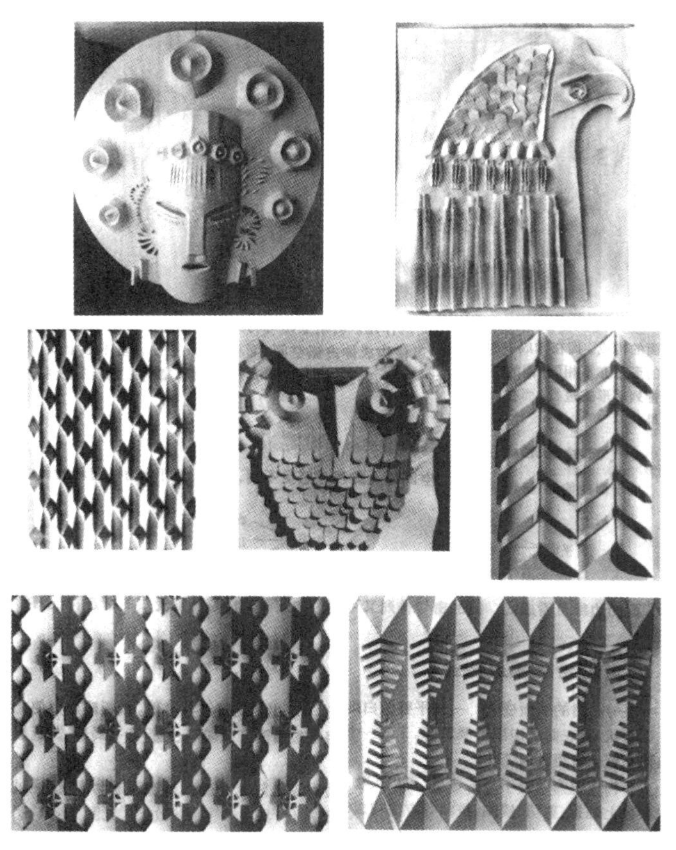

图10–5　面材具象形和抽象形浮雕

二、面层排列

面层是体的一层层的剖面，见图10–6。图中每一个层面都可视为一个用于重复的基本形。按照构成方法有重复和渐变两种形式，如果将面分层完全重复排列，就是每一层面的形状大小完全相同的形式；如果采用渐变重复方式，有大小渐变重复形状、形状渐变重复大小、形状与大小都渐变等方法，可形成面层排列的规律性和节奏感，见图10–7。

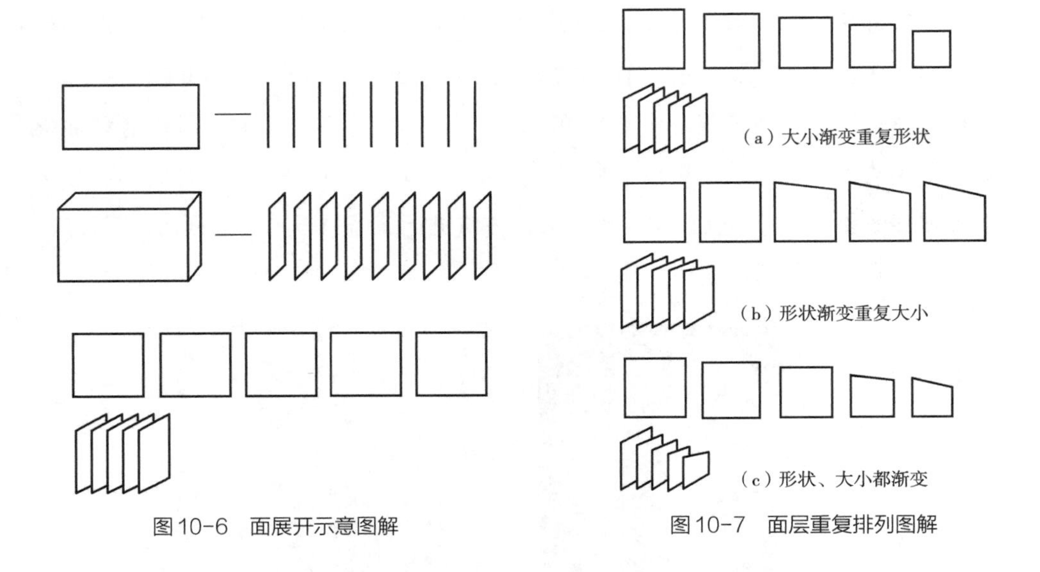

图10-6　面展开示意图解　　　　图10-7　面层重复排列图解

三、粘接方法

（一）体面与体面的粘接

体面与体面之间表皮的粘接，运用这种方式粘接的形体比较坚固。构成方式可采用整面粘接或部分面粘接，见图10-8。

（二）边与面、边与边的粘接

边与面、边与边的粘接方式构成的形体稳固性较差，粘接处容易发生走形，尤其是薄纸板壳体，粘接时更要注意，见图10-9。

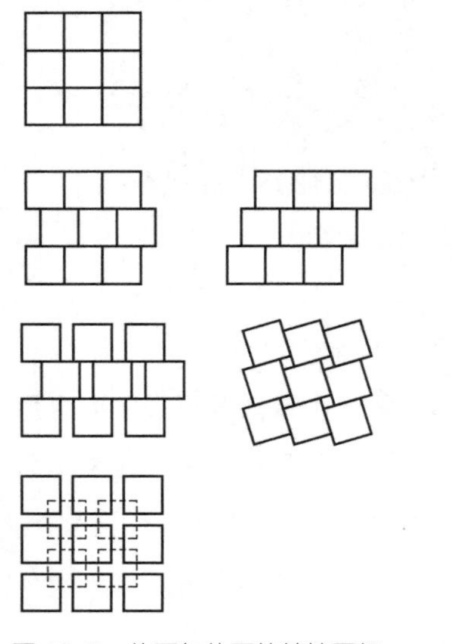

图10-8　体面与体面的粘接图解

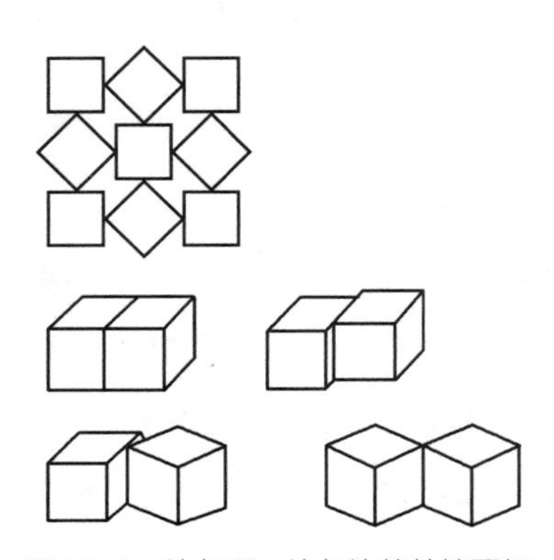

图10-9　边与面、边与边的粘接图解

（三）顶点与面、顶点与边、顶点与顶点的粘接

顶点与面、顶点与边、顶点与顶点的粘接方式通常很难控制，粘接时必须小心处理，可用顶点楔入所接触的面与边，见图10–10。

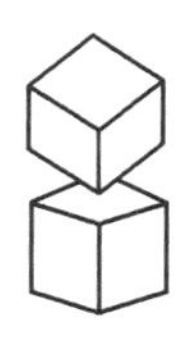
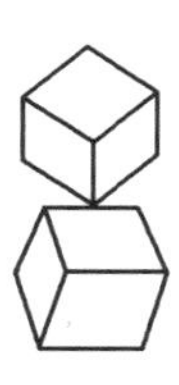
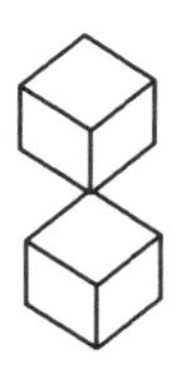

图10–10　顶点与面、顶点与边、顶点与顶点的粘接图解

（四）基本形与基本形粘接

设计好一个基本形，将形体按前后、左右、上下三个方向连接为另一个基本形，以同一种规律和方式立体地展开，形成一个大的堆积体块，使形与形在相切、重叠、透叠、联合等组合方式中，多次重复可形成柱状、球状、角状、菱形或其他形状的堆积体。基本形可以是相同的形状，可以是变化的形状，互相间还可以按自由排列方式，仅以视觉感受和空间效果构成新的形体。基本形的重叠可选择实体块材，或利用薄壳材料制成具有一定实际量感和心理量感的体块形，进行排列组合构成，见图10–11。

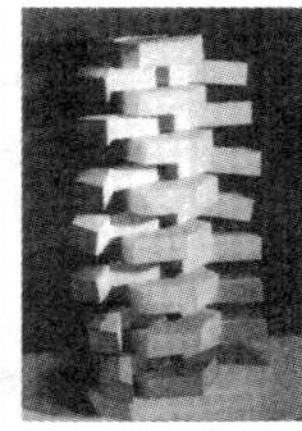

图10–11　立体基本形与基本形粘接

四、体（块）构成形式

体的构成是指在三维空间中，以基本体（块）形态为素材，对体的基本形进行体的变化。

体有实体和壳体之分，实体一般以黏土、石膏为材料；壳体多以纸板、木板、塑料板等为材料制作。本节分别讲授体的基本形，并主要以壳体内容进入深入学习，壳体的实际量感往往小于其心理量感。同样，构成中要利用形式美的法则对虚实、前后、上下、左右、空间、量感等因素进行考量设计。

（一）体（块）基本形

现实中体（块）的形态千变万化，极为繁杂。但剖析全貌时，从局部的体与形加

以分类，可归纳为六种基本的几何形体，以及由六种基本几何形体演化的再生体。基本几何形体是：正方体、长方体、方锥体、圆柱体、球体、圆锥体；演化的再生体有：棱锥体、棱柱体、球切面体、梯形体等诸多形态体，见图10–12。

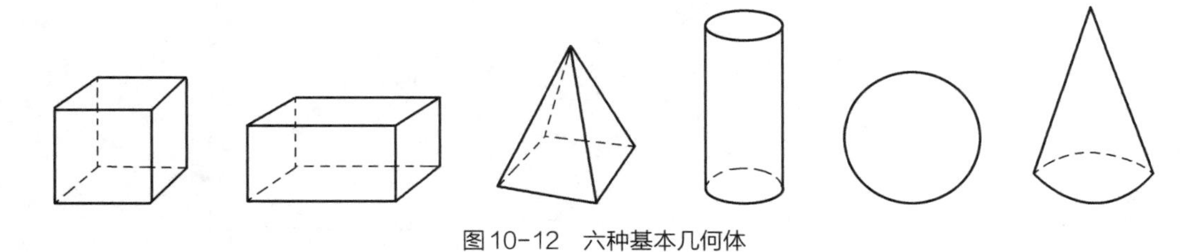

图10–12　六种基本几何体

（二）实体的构成方法

实体指体的外表及内部都是由体的物质材料填充的平实的表面，具有重量感及质量感。作构成训练时，所用的实体材料一般选用黏土或石膏。将黏土或石膏做成六大几何体中的任意形体，运用基本形的重复、渐变等方法分割。例如，将六大几何形体中的任意一种形体进行切割。切割方法可采用分比切割或曲面切割。由于切割的大小、角度不同而产生各种不同的立体形态，见图10–13。

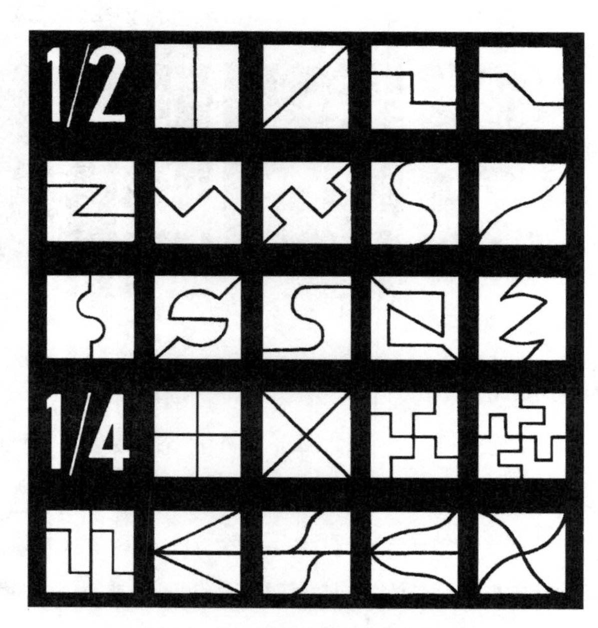

图10–13　正方体的分比切割图形

如果在一个正四棱柱体上切割出三棱柱体、正多边形柱体和不规则形柱体，可使四棱柱体的一端变成三角形体，两端的截面形状不同，并且互不平行；还可使它的边不互相平行，棱柱体的体或边变成曲线形体，见图10–14。

这些经切割变化的棱柱体是在选择基本形的基础上，运用对比调和、节奏韵律、统一变化等形式美法则进行变化的切割形式，产生了更富趣味性的构成效果。

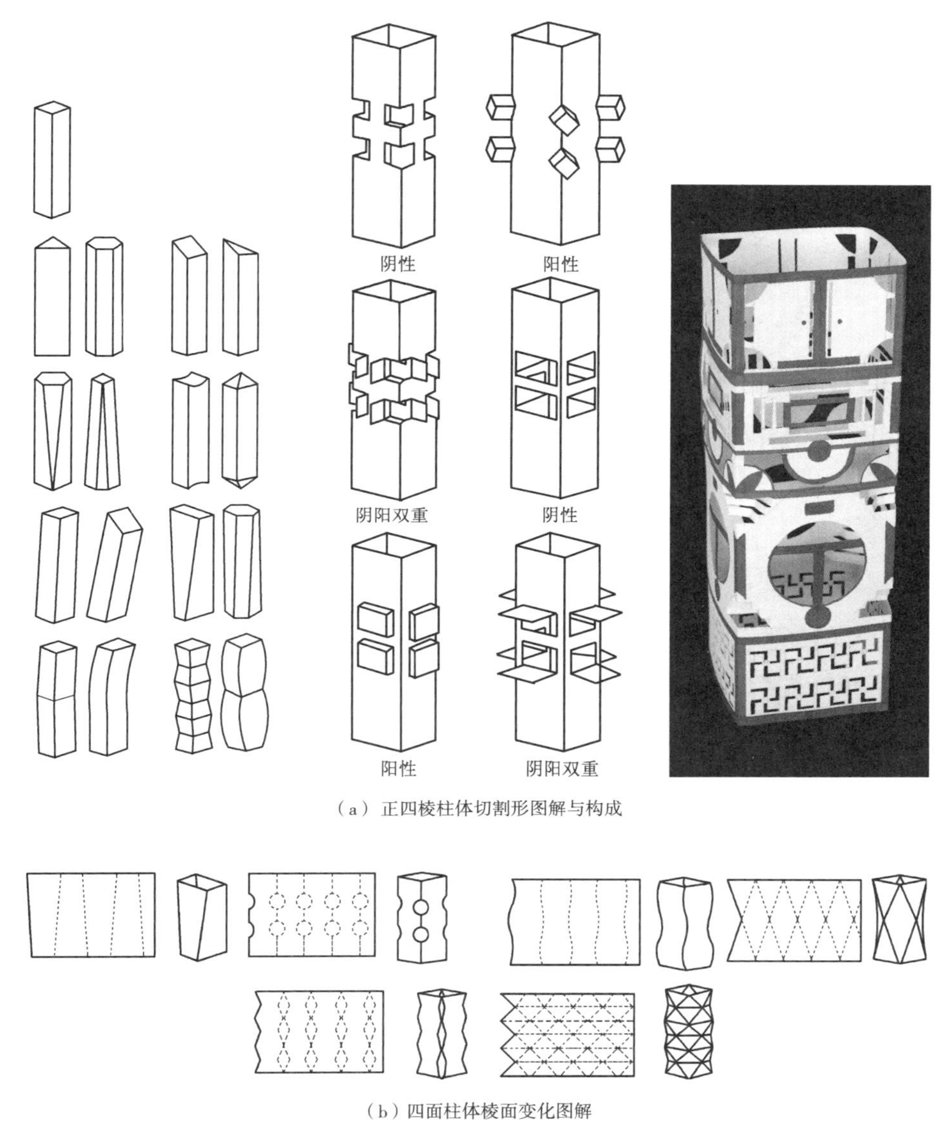

（a）正四棱柱体切割形图解与构成

（b）四面柱体棱面变化图解

图10-14　四面柱体图形图解与构成

（三）壳体的构成方法

壳体是指用薄板材料制作成外部封闭、内部虚空并具有一定体积的形态。由于壳体的形状、表面色彩、肌理等因素的不同，所产生的心理量感往往要大于壳体的实际重量感和质量感。壳体构成也可按六种基本的几何形体制作基本形进行重复排列组合。

1. 柱形壳体

柱形壳体，包括圆柱体及各种形状的棱柱体。棱柱体可由改变圆柱体柱形表面而获得。例如，将一圆柱形壳体展开，在体表材料上进行不同形式的折叠，再重新封闭，将会呈现出不同的柱体棱面变化，见图10-15。

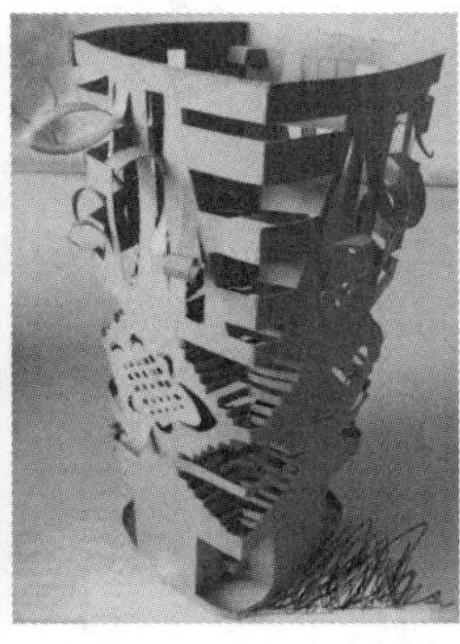
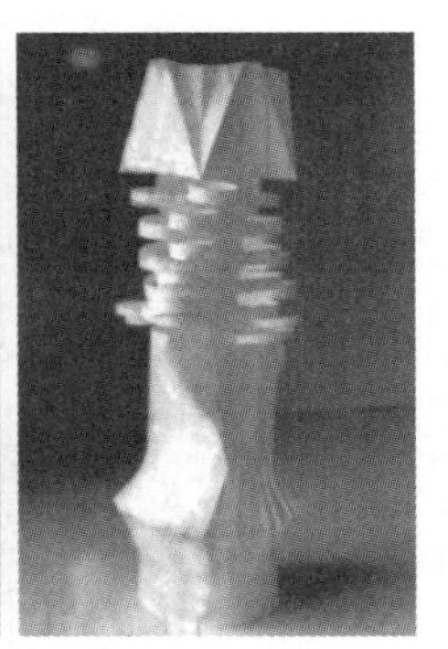

图10-15 柱形壳体构成

2. 多面球形壳体

多面球形壳体是三维空间设计中最常见的形体结构，它由多个相同或不同的面连续粘接或单独粘接构成。

（1）柏拉图多面体：由五种基本规则的多面体组成，其表面为等边、等角的正多角形，形状大小相同，表面接合无缝隙，边缘和棱角都重复并向外突出。柏拉图多面体包括正四面体、正六面体、正八面体、正十二面体、正二十面体，见图10-16。

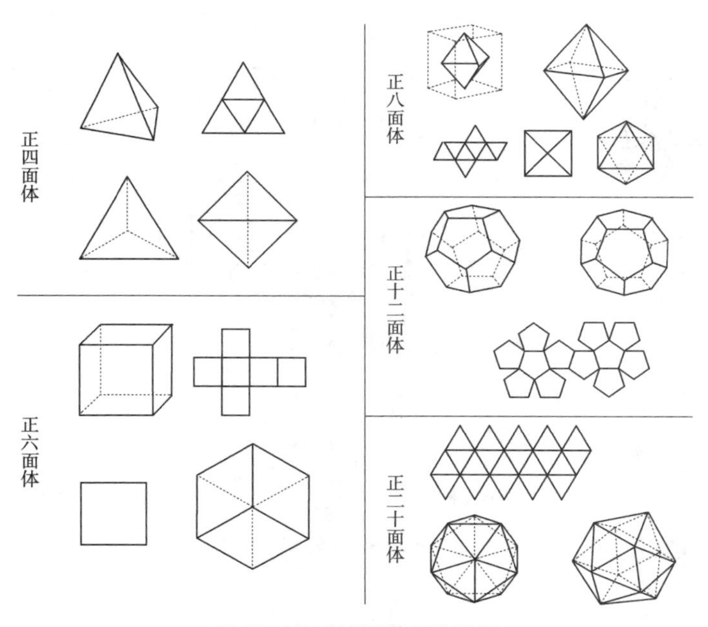

图10-16 柏拉图多面体图解

正四面体，包含四个面、四个顶角、六条边。每个面都是一个等边三角形。正四面体是柏氏立体中最简单的，但也是最牢固的结构。

正六面体，有六个面、八个顶角、十二条边。每个面都是一个正方形，所有的角都是直角。

正八面体，有八个面、六个顶角、十二条边。每个面都是一个等边三角形。

正十二面体，是由正五边形构成。它有十二个面、二十个顶角、三十条边，是足球的造型。

正二十面体，有二十个面、十二个顶角、三十条边。每个面都是一个等边三角形。

（2）阿基米德多面体：是由两种以上正多面形构成的。柏拉图多面体与阿基米德多面体之间的差别是：每个柏氏立体都只由一种类型的正多面形构成，而每一个阿氏立体则由两种或两种以上的正多面形、正多角形或多角形组成，见图10-17。

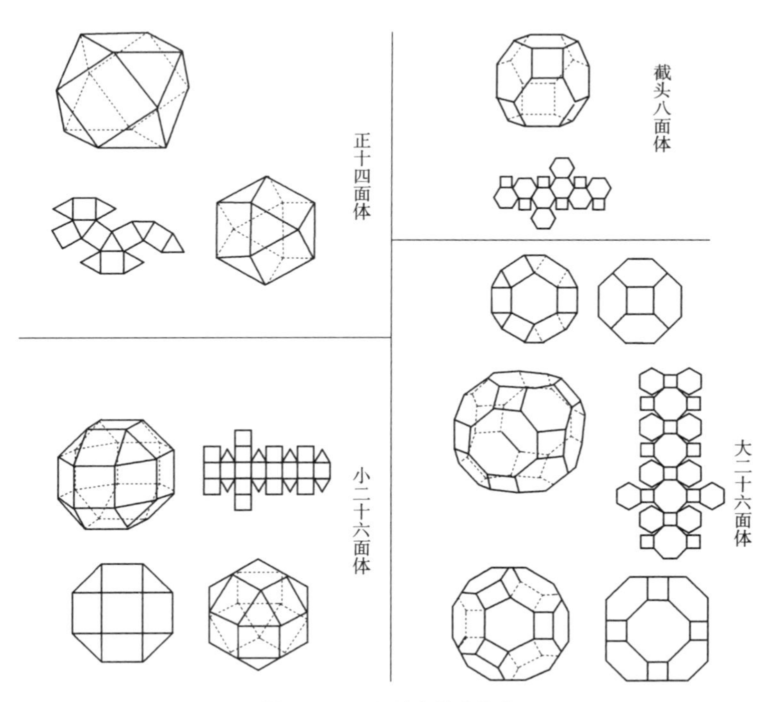

图10-17　阿基米德多面体

正十四面体，是一个包含十四个面、十二个顶角、二十四条边的立体。在这十四个面中，八个面是等边三角形，六个面是正方形。

截头八面体，也是十四面体，它包含十四个面、二十四个顶角、三十六条边。截头八面体是通过截掉一个八面体的六个顶角而获得的，去掉六个顶角后得到六个正方形面，其他是正六边形。

小二十六面体，是一个包含二十六个面、二十四个顶点、四十八条边的多面体。在二十六个面中，八个面是等边三角形，十八个面是正方形。

大二十六面体，有二十六个面、四十八个顶点、七十二条边。在二十六个面中，十二个是正方形，十个是正六边形，四个是正八边形。

阿基米德多面体有十几种，上面我们只介绍了几种简单常见的多面体结构。无论是柏拉图多面体，还是阿基米德多面体，只要掌握多面体的结构规律，都可引申发展，使之变化出更富有趣味性的多面体形状。例如，在柏拉图正二十面体的基础上，将各等边三角形的边在1/3处折线，可引申出二十面凹角体结构。该二十面凹角体是指由折线产生的小五面形向内凹陷，见图10-18；二十面凹角完成体和八十面五角形凹入完成体，见图10-19。

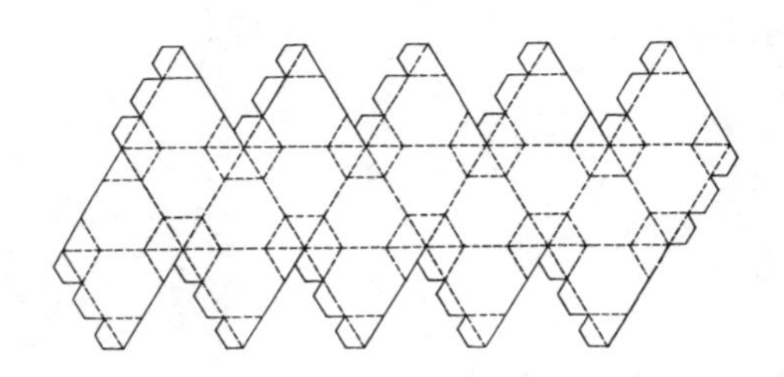

（a）二十面凹角结构

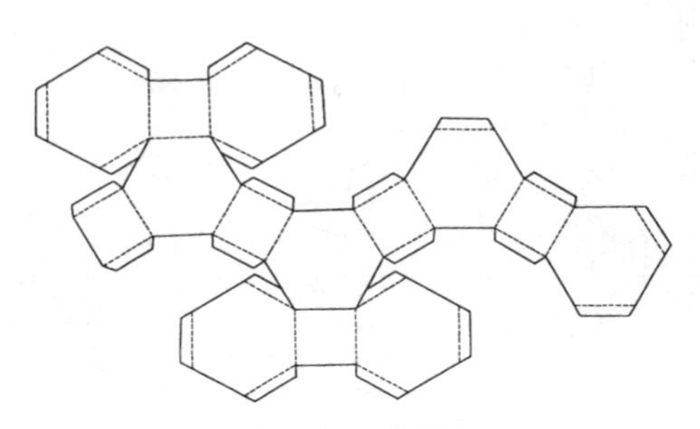

（b）十四面体结构

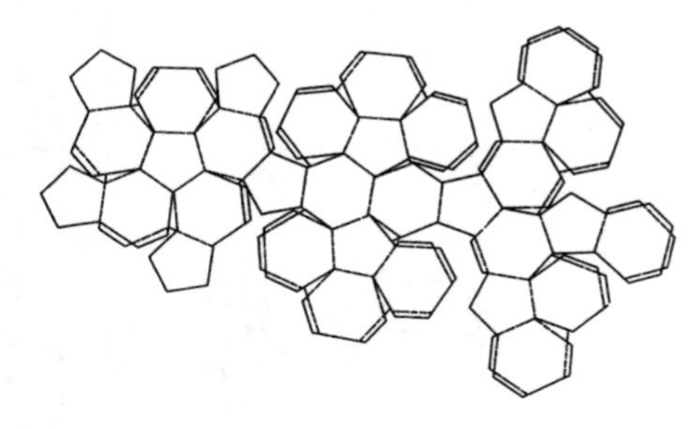

（d）三十二面体结构

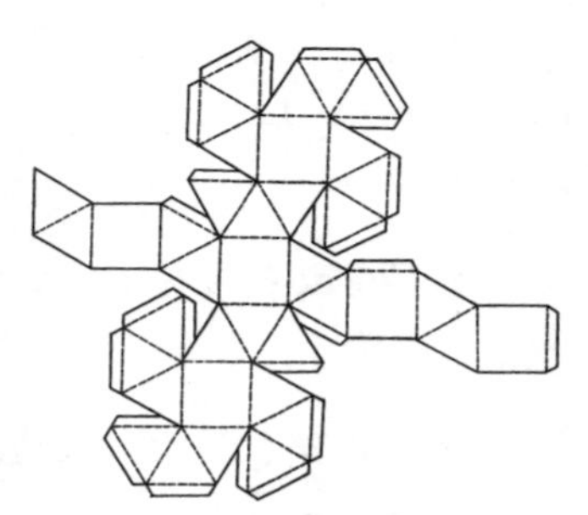

（c）三十八面体结构

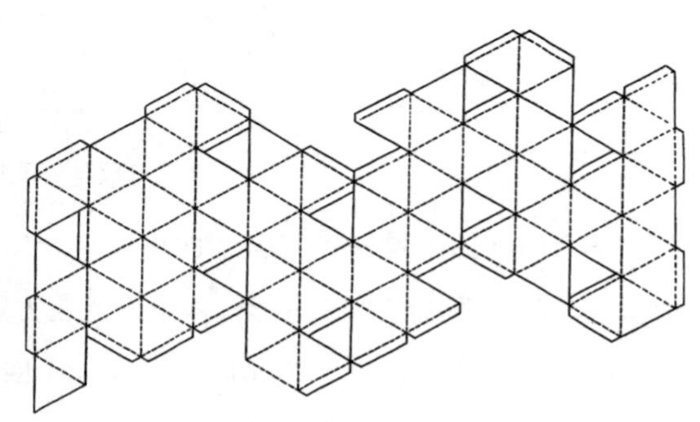

（e）八十面五角形的凹入结构

图10-18　多面体结构图

（a）二十四凹角完成体

（b）八十面五角形凹入完成体

图10-19　二十面体凹角完成图

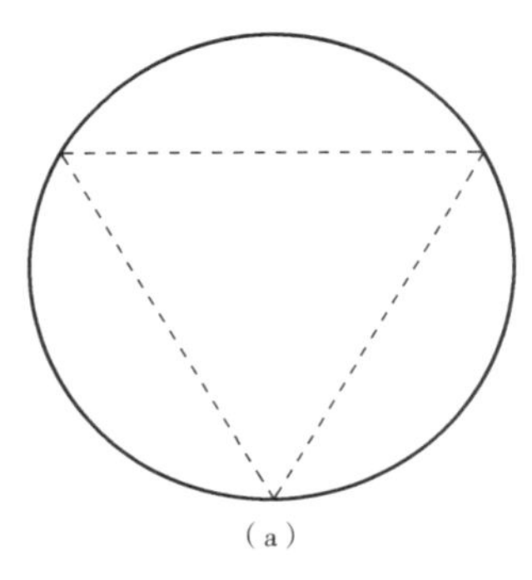

（a）

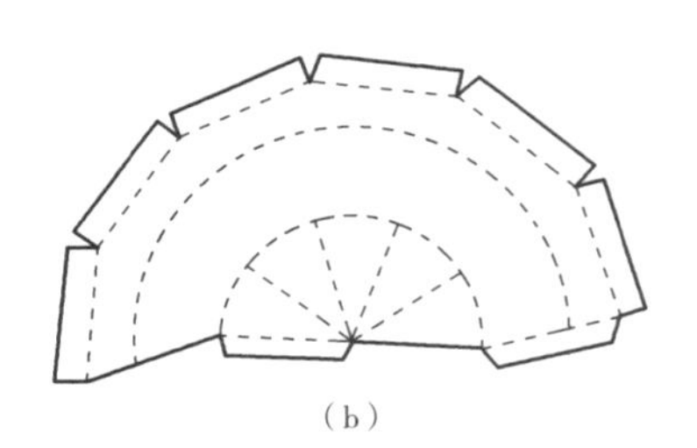

（b）

图10-20　多面体解构图

（a）

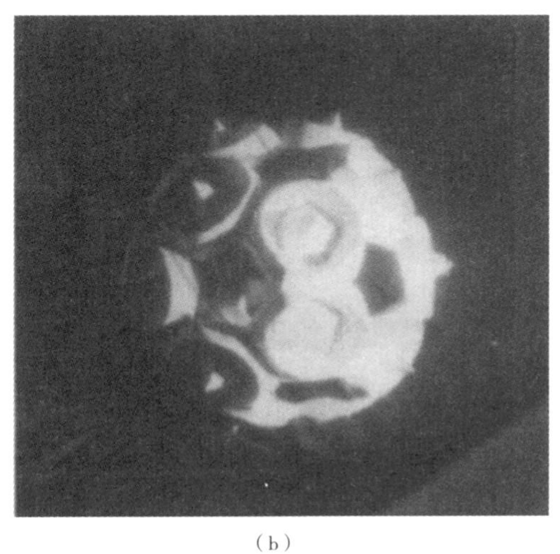

（b）

图10-21　多面体完成体

如果准备制作一个独立面的多面体，其结构图见图10–20（a），图中虚线为折线，实线为剪切线，二十个独立面的基本形组成的完成体见图10–21（a）。同样，用这种方法可以完成表现有镂空变化的多面球形壳体，选择不同的切折方法，做出一些凹凸起伏的独立面基本形，其结构图见图10–20（b）。按球形结构，将这些面的基本形互相粘接，能制作构成二十个独立面的变化基本形组成的多面体，见图10–21（b）。变化的多面体凹面球体见图10–22、彩图68。

图10–22　变化独立面形的球体

3. 三角形折体方法

在壳体的构成中，三角形是个很重要的角色，不论是在柏拉图多面体还是在阿基米德多面体中，都能看到三角形的作用。为了探讨三角形折面的结构关系，可用一条硬纸片折成一系列的等边三角形。连接四个等边三角形可构成一个完整的四面体；连接五个等边三角形可构成失掉两个面的双重四面体及失掉一个面的六面体；连接六个等边三角形可以构成一个六面体及失掉两个面的正八面体；连接八个等边三角形可以构成一个上下为正方形洞开的棱柱状形体、一个八面体、一个失掉两个面的十面体，见图10–23。

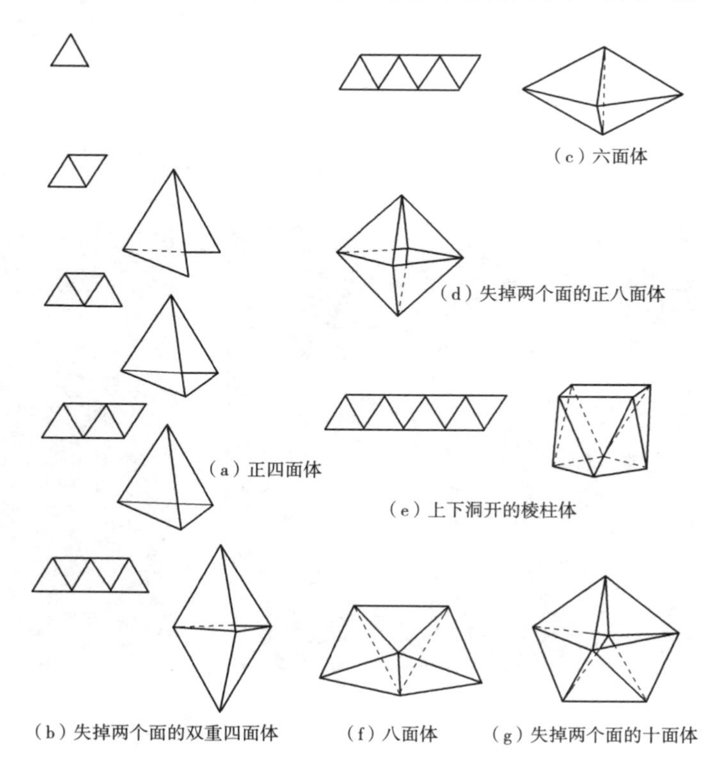

图10–23　等边三角形折线图解

如果连接四个窄长的等腰三角形能构成一个变形的四面体。连接五个可构成一个棱柱体，一端呈三角形，另一端则是楔形；连接六个可构成一个上下两端都是三角形的棱柱体；连接八个可构成一个两端都是正方形的棱柱体，见图10–24。

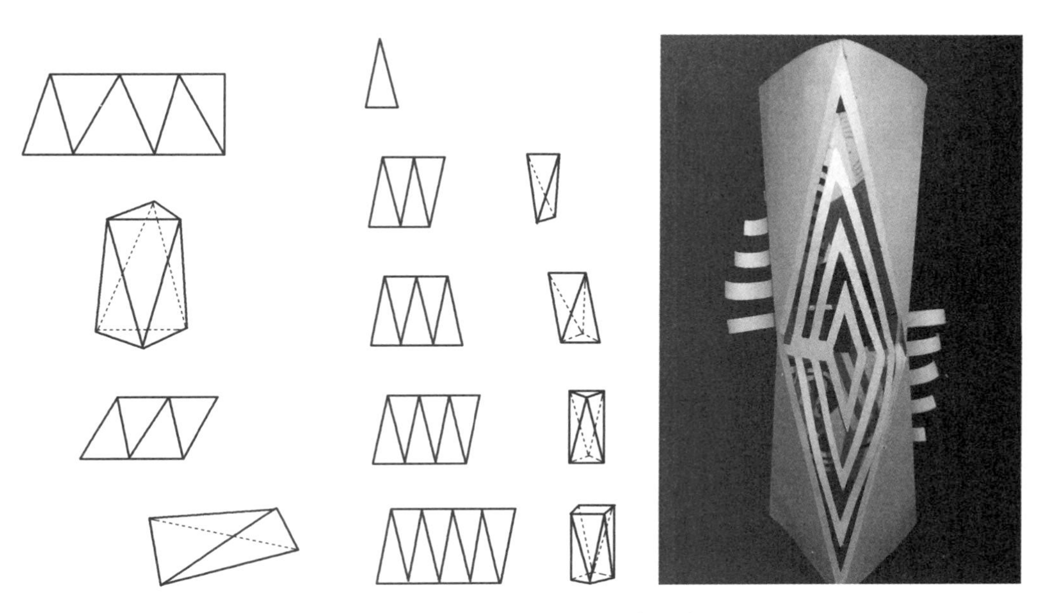

图10–24　等腰三角形折线图解与构成

4. *壳体体面与体边的变化方法*

在构成中，壳体结构通常要在原形体的表面、边缘、顶点等处变化，以表现出壳体内外空间延伸的虚实关系。体边的变化往往会影响到体面。边的变化不但改变了形体边的形状及特征，而且有时会导致卷曲、凹凸等有趣的面的出现。如图10–15和图10–24所示，出现波浪形边，沿着边线形成连接的菱形，在边线发展的形以及折成棱柱体之前在材料上刻出的图形，使新形的一些线条也成为棱柱体的边。

在体面与体边变化中，通过切割产生向内凹陷的形状称之为阴性形状。反之，向外弯折或锲入其他形，产生凸起的形状称为阳性形状。在立体的边面上通过切割，使切割形向内、向外弯曲，凹陷或凸起，则会产生阴性、阳性双重形状。

多面体的边可以增减形状，原来的直边还可以弯曲成曲线形，这样可以使面按照边的阴阳曲度凸起或者凹陷。每一条单线边可以被双线或者多线取代，这样就会创造出新的面。对多面体顶点的处理会影响到与顶点连接的边和面。处理顶点的方法是截头，顶点截掉的地方形成新的面。由于壳体内部虚空，在多面壳体体面上进行阴性形状处理，能透出壳体的内部空间。在形体面上可作阴性或阳性的处理，多面体上的阳性形状，又能使体表延伸并占据空间，见图10–25、图10–26。

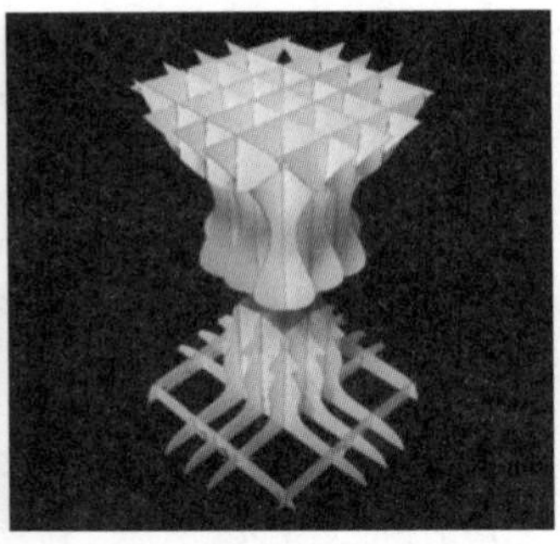

图10-25　独立面形状的体

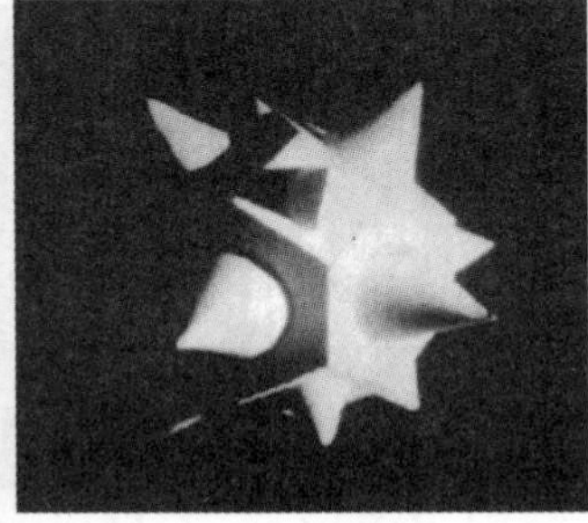

图10-26　独立面形状的球体

多面体的每一个完整的平面还可以由阴性或阳性的一个或几个相联结的椎体形状来代替。这样，多面体的外部可能会变成一个星状的多面体形状，见图10-27、图10-28、彩图69。

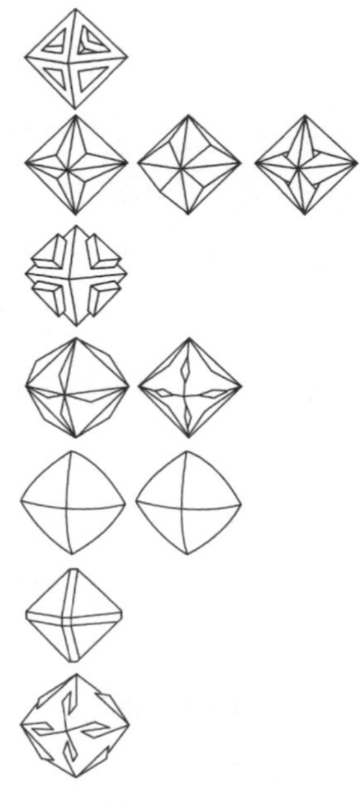

图10-27　多面体边的变化结构图解

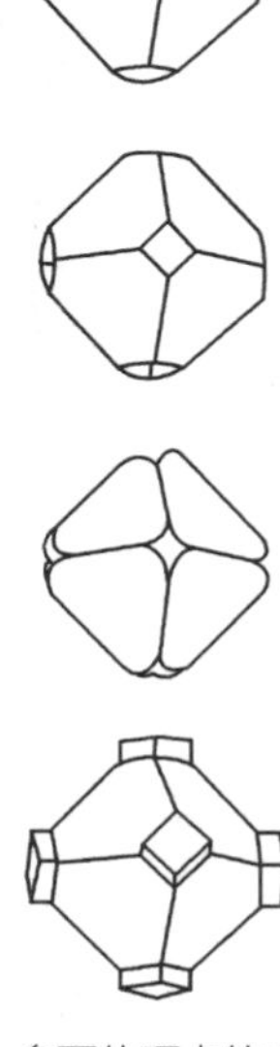

图10-28　多面体顶点的变化结构图解

（四）体的综合构成

在体的综合构成过程中，对线、面、体各种形态材料进行多角度、多方位的构思，使构成关系得到进一步扩展和发挥。例如：体与面群的构成，体与线群的连接；面的独立形或基本形与线材、框架结构的组合；平面与曲面构成；不同面材基本形的排列构成的面群组织；圆柱体与球体或多面体构成等，见图10–29、图10–30。

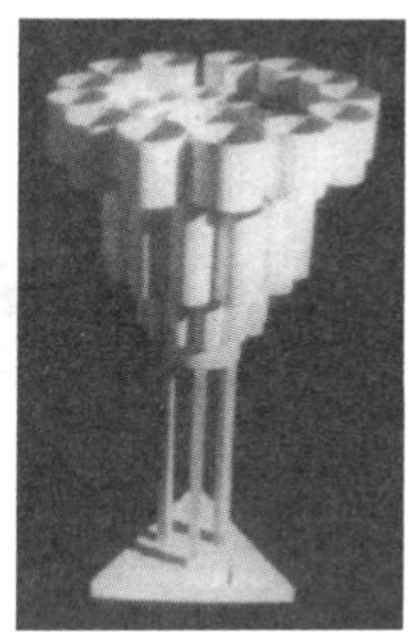

图10–29　点群体的构成

学习三维立体空间的构成知识，研究空间与立体的形体特征和组合形式，空间立体构成的方法、途径与材料，对各种形态造型进行“简化”的方法，用体块如立方体、圆锥体、球体、矩形体等形状来实践制作，把握物体的体量感，并运用多种材料综合构成，选择合适的加工工艺，把握形态的传递方式，培养立体空间的想象力、创造力、实践能力，见图10–31、图10–32。

图10–30　线群体的构成

图10–31　块面体综合构成

图10-32 多种材料块面体综合构成

【练习题】

1. 线层、线框、线群的构成。

2. 面材的构成。

（1）制作动物、人物，或者其他抽象、具象的浮雕效果。

（2）制作面材肌理效果构成。

（3）面群的排列构成（面材要选用较厚、较硬挺的）。

3. 壳体的构成。

（1）柱体表面变化构成一幅。

（2）多面体表面变化构成一幅。

（3）体的综合构成一幅。

第十一章
立体构成要素在服装造型中的应用

前面章节讲述了立体构成的基本造型规律，使我们对三维空间的立体形象进行多方位、多角度编排与组合造型有了全新的认识。然而，学习立体构成仅限于对纯形态构成原理的掌握是不够的，还有必要进一步了解立体构成带有目的性的造型设计。例如，立体构成针对服装设计、商品包装设计、工业产品设计、建筑设计、环艺雕塑设计等进行的造型设计，其构成效果可直接显示出各门类的造型特征。若将这些目的性造型效果借用于生活中的实用领域，则会具有重大意义。

立体构成对于服装的目的性造型设计正是出于对上述的实用意义而进行的。前面介绍了纸材的特性，在本章中我们将主要以纸为料，在实际操作中充分运用纸的性能与特点，结合应用构成基础知识，提高我们服装造型的动手能力以及对构成的理解力和空间创造的想象力。纸服装的实践，是一种全新的挑战，既需要有融会贯通的能力，又需要有创造的空间想象力和设计操作的技能。

第一节 / 服装造型

立体构成的服装造型，是以标准人台为基础进行的立体构成练习。通过人台与服装造型的直观形象来展示构成所形成的丰富的视觉美感和立体的空间美感，立体构成要素在服装造型中的应用是学习的关键。

一、标准人台

在即将进行服装立体构成之前，首先对人台有一个基本认识。人台是按人体比例制作的人体模型，它是我们进行构成的依据。常见的人台可分为试衣用人台、展示用人台、立体裁剪专用人台三种。我们使用的是立体裁剪用的人台，人体模型要方便大头针的刺插和固定。

立体裁剪专用人台以胸围尺寸为划分依据，有大号、中号和小号。人台模型有1∶1原型比例和1∶2按比例缩小的服装人台模型，人台模型也可用纸板按原型法裁制，胸、腰、臀三围可不加放松量，以人体净尺寸为宜，如净胸围82cm、84cm、86cm的人体模型。测量一下胸围、腰围、臀围三围尺寸和肩宽、背长等基本尺寸，以便对服装各部位有基本印象。在造型构成中，用纸材在上面制作衣服的造型，如同在真人身上制作衣服，见图11–1。设计中直接在人台上进行创意构成，人台是支撑服装造型的依据，也是展示服装造型的空间效果。

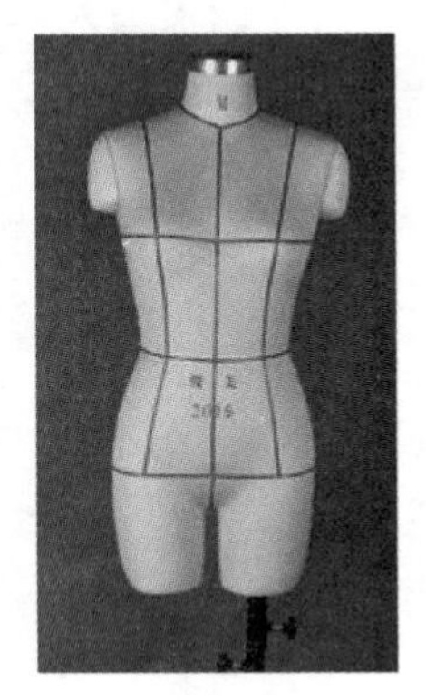
图11–1　标准人台

二、款式

日常生活中的服装款式有：上衣、裤装、裙装、内衣、外套、大衣等。详细的裙装款式有：一件式的长旗袍、短旗袍、长连衣裙、中长连衣裙、短连衣裙、背心短裙、背心长裙、半截裙、大礼服、小礼服等式样。依据审美和社会文明的需要生产各种不同式样的款式、不同风格特征的时装和礼仪性服装等。服装款式一般由3个要素组成：

廓型：通常指衣服的外形轮廓。

流行元素：通常指衣服的图形图案、颜色、服饰品配饰等。

材质肌理：通常指所选用的面料类型。

这三个要素也是立体服装构成中，需要考虑设计制作完成的具体细节。

三、廓型

廓型，即服装的外形，也指服装的逆光剪影图形的视觉效果。它是服装款式造型的第一视觉要素，是在服装款式设计时首先要考虑的因素，其次才是款式的内部分割线、领型、袖型、口袋型等部件造型。

服装廓型的变化，主要是指立体型款式式样的变化。例如，连衣长裙收腰时，看上去呈X型，即宽肩、收腰、放摆的式样；不收腰时呈H型，即上下一样宽的直身式样；当连衣裙收肩、放摆时，呈A型，即下摆放宽的、上窄下宽的式样；如果收肩收摆，放宽松腰部时，呈O型，即两头小、中间大的样式；如果放宽肩部收紧摆部时，呈V型，即上宽下窄的样式等。在设计中，服装基本形的变化常以“A”“O”“X”“H”“V”等字母来表示廓型特点。此外，服装廓型还可与三角形、方形、圆形、梯形、喇叭形、球形等组合廓型变化。轮廓是服装流行发展中的一个重要因素，可以运用基本廓型变化和型加型的方法重构服装造型，使造型呈现多样化的特色，见图11-2。

图11-2　服装的廓型

第二节 服装立体型的构成方法

服装立体型构成方法按照基础构成中的柱体方式，可以将体与线、体与面、面与线、面与体表肌理等方法用来进行构成。

一、服装立体型与线的构成

服装立体型与线的造型构成是指造型侧重线与体的构成关系，是以线的重复、交叉、放射、扭转、渐变等构成形式，表现服装造型流动、起伏、延展的空间效果及疏密、虚实的美感形式。

在服装造型中，线形表现的材质很多，包括天然材质和人为加工的各种软质、硬质材料。例如，飞禽的长翎、羽毛，编织的绳、线、丝带，珠串、塑胶线、金属线等。视觉上主要以线为主要元素来表现服装立体型的方法技巧，见图11-3，用纸材表现的服装立体型与线造型关系，是侧重线构成的服装造型的应用实例。运用线材造型，要注意线材材质使用的合理性、线材与服装整体关系的统一性和工艺技术的可行性。

图11-3 线表现服装立体型

二、服装立体型与块面的构成

服装立体型与块面的造型构成是利用面形材料，以重复、渐变、扭转、面层和面群排列等构成形式，使服装立体造型具有虚实量感及空间层次。图11-4所示为在面型的纸材上，以折叠的表现方法完成的服装造型；图11-5和彩图70所示为利用基本形的切割、镂空、贴补、组合，或将线材编织成面的造型；彩图71所示为利用线的变化制作的服装造型；彩图72所示为应用玻璃纸透明材质结合贴补、混合等手法完成的服装立体型与面的造型。

图11-4　面块体表现的服装造型

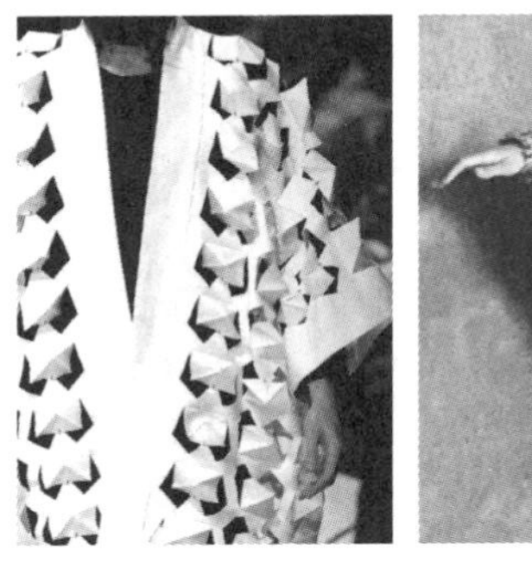

图11-5　基本形镂空表现的服装造型

图11-6所示为利用基本形的组合，将基本形排列、粘接来表现的服装造型。

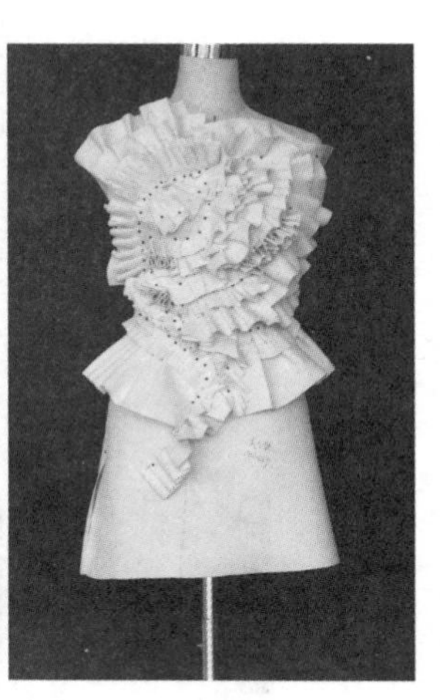

图11-6 将基本形排列、粘接来表现的服装造型

在服装造型中，由于所用造型材料质感性能的差异，各类纸材呈现的悬垂性和成形后的状态也各不相同。因此，用于表现服装面料造型的材料，可根据服装整体设计意图及风格，选择适当的硬质或软质材料来表现面与肌理质感的造型特征。

三、服装立体型肌理效果技法

肌理是指物体材料的表面质感特征。立体构成在前面的章节中已学习了用特殊方法，以及粘贴、卷曲、折叠、剪切、切割等方法制造出材料表面具有一定空间的半立体起伏效果。立体服装构成同样是用纸材来表现的肌理效果，也是应用折叠、切割、镂空，或做成基本形后连接、拼贴、接合等方式，进行重复、叠加形成造型和肌理效果。在大块的面积上，利用切割、折叠几何柱状图形构成有趣的造型，见图11-7。

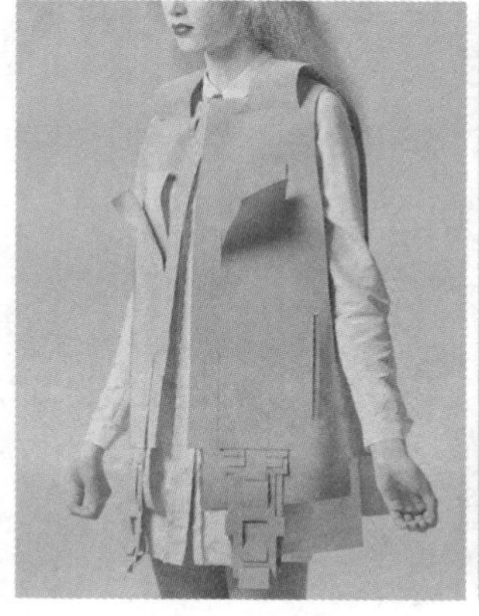

图11-7 应用切割、翻折、基本形方法完成的服装体

服装肌理的表现形式多种多样，根据纸材材质的不同，需要使用不同的方法，还可以应用服装辅料元素，制作半立体触觉肌理效果，表现出丰富的色彩感和材质美感。运用前面所学到的、

积累的构成经验，将平面构成、半立体构成和立体构成等方法综合运用以表现服装设计的效果，可增加服装的审美性和趣味性，见图11-8。

（a）柔软纸材的服装体构成

（b）硬质纸材的服装体构成

图11-8　不同纸材材质构成的服装体

四、服装立体型的综合构成

服装立体型的综合构成指服装立体型与线、面、肌理、饰物等多种因素的综合造型构成。综合构成也包括服装与服饰的综合造型构成效果，包括服饰品帽子等其他的构成。如头饰的构成，见图11-9、彩图73。服装与服饰品（帽子）采用了半立体和立体构成的基本方法，结合纸材表现出肌理质感的立体造型，夸张的表现手法，提供了视觉与想象的更宽阔的空间。另外，还有杜邦纸或植物性纤维型的纸，是更具有与布料近似性质的纸材，可以很好地用来制作服装立体造型。

在综合构成中，能认清纸质的多样性与局限性，从而把握它的特性，就能赋予平

图11-9 半立体方法完成的服饰品

凡的纸以不平凡的艺术价值，见图11-10、彩图74。可以体会卡纸、瓦楞纸、玻璃纸制作的纸服装，尽管其已从纸艺中分离出来成为一种独立的艺术形式，但可以启发采用各种不同的纸，并根据其不同特点制作出丰富多彩的服装作品，见彩图75。

应用构成手段与方法，将进一步丰富服装的造型表现，使得造型构成中线的纤细稀疏可由空间体积的包围来弥补，面的冷漠单调由肌理的凹凸起伏来丰富，使造型的空间、虚实、量感、节奏、层次达到平衡、和谐、统一，为服装实际应用提供极大的想象空间，以报纸、彩色皱纹纸、衍纸、硫酸纸、网纱蕾丝等制作的服装造型，见彩图76~彩图78。

综上所述，构成的重点有以下五个方面。

图11-10 赋予平凡的纸以不平凡的艺术价值

第一，立体构成是以抽象的形式语言来表现社会现象和自然形态的构成形式。

在现代艺术美学中，这种抽象美的构成是传统具象美的升华，是人类在总结美术历史发展规律的基础上产生的。它是经过新的时代变革、人的心理空间不断扩展下形成的新的思维方式，也是我们领悟宇宙、改造世界的一场视觉革命。

第二，培养三维立体感觉，把握物体的体量感。

对各种形态的造型进行“简化”，以最简单的方式简化为几何形体，用立方体、圆锥体、球体、矩形体等形状来塑造。

第三，掌握立体形态中最基本的元素。

点、线、面的造型手段是立体形态中最基本的元素。任何形体都可还原到点、线、面的构成中，并且都可以从分割到组合或从组合到分割地去变化。这样既可表现实体的形态造型，又可以表现实体中的空洞虚体，还可表现与实体间隔的环境空间。

第四，综合运用材料，选择加工工艺，把握形态的传递方式。

立体构成的材料很多，往往在取用之前需要冷静地分析，才能点燃创作热情和梦幻般的超前意识以及对材料敏感的应变能力。使用的材料一般有纸、布、线、绳、竹、木、玻璃、塑料、金属等。它们的强度、柔软度、韧性、张力、压缩力、可塑性、色彩都在考虑之中，还可利用各种现成品和废品创造性地表现各种形态造型。对于不同材料的加工工艺，也有不同的操作技能，如折叠、凿钻、切割、烧烫、拼贴、镶嵌、钩挂、拧绞等工艺。以上种种方法需要反复地实践，才能把握材料的性能与技巧。

第五，从审美造型的形式拓展到观念的设计。

学习构成最重要的难点在于构思的逻辑思维，但是色彩构成还需要有感觉的成分。有探索精神的艺术设计者将会在研究抽象造型构成理论的基础上，继续大胆地去结合现代艺术的部分，甚至可以向造型之外更为广阔的领域渗透，如数学、力学、文学、哲学、宗教、戏剧、音乐、电影等各种门类。

这就要求我们对现代艺术发展史有所了解，对生活知识多方面经验的积累和对社会现象的敏锐洞察。因此，这门课不仅仅是一门训练抽象思维能力的课，更是提高我们解读和识别当代视觉文化的一块基石。

【练习题】

1. 制作肌理构成，规格：20cm × 20cm。

要求：制作工艺精细合理，表现效果有新意。

（1）纸料自身肌理构成；

（2）纸料与置加物结合的肌理构成。

2. 采用纸材制作服装立体型构成一套（可按1：1或1：2比例使用人体模型）。

（1）制作服装立体型上的基本形构成造型；

（2）制作服装立体型侧重线的构成；

（3）制作服装立体型侧重面的构成；

（4）制作服装立体型的综合造型构成。

参考文献

[1] 黄国松，黄莉. 装饰色彩基础[M]. 北京：中国纺织出版社，2004.

[2] 山口正城，冢田敢. 设计基础[M]. 辛华泉，译. 北京：中国工业美术协会出版，1981.

[3] 吴世常，陈伟. 新编美学辞典[M]. 郑州：河南人民出版社，1988.

[4] 瓦・康定斯基. 论艺术的精神[M]. 查立，译. 北京：中国社会科学出版社，1987.

[5] 瓦西里・康定斯基. 点线面[M]. 余敏玲，译. 邓扬舟，审校. 重庆：重庆大学出版社，2011.

[6] 李泽厚，鲁道夫・阿恩海姆. 视觉思维：审美直觉心理学[M]. 滕守尧，译. 北京：光明日报出版社，1987.

[7] 王无邪，梁巨廷. 平面设计基础[M]. 北京：商务印书馆，1982.

[8] 靳埭强. 平面设计实践[M]. 北京：商务印书馆，1985.

[9] 朝仓直巳. 艺术・设计的平面构成[M]. 吕清夫，译. 上海：上海人民美术出版社，1991.

[10] 雷圭元. 中国图案作法初探[M]. 上海：上海人民美术出版社，1979.

[11] 姜今，姜慧慧. 设计艺术[M]. 长沙：湖南美术出版社，1987.

[12] R. 阿恩海姆. 色彩论[M]. 常又明，译. 昆明：云南人民出版社，1981.

[13] 日本文化服装学院，文化女子大学. 文化服装讲座[M]. 北京：中国展望出版社，1981.

[14] 中央工艺美术学院编委会. 工艺美术辞典[M]. 哈尔滨：黑龙江人民出版社，1988.

[15] 张勇. 立体构成原理与设计应用[M]. 武汉：武汉大学出版社，2010.

[16] 杨清泉. 立体构成入门[M]. 上海：上海书画出版社，1989.

[17] 尹定邦. 装饰色彩基础研究[M]. 广州：广州美术学院出版社，1980.

[18] 约翰内斯·伊顿. 色彩艺术[M]. 杜定宇，译. 北京：世界图书出版公司，1999.

[19] 大智浩. 设计的色彩计划[M]. 陈晓炯，译. 台北：大陆书店出版，1980.

[20] 丘斌. 最新服饰吊牌设计[M]. 武汉：湖北美术出版社，1997.

[21] 三谷纯. 立体构成：三谷纯的弧线立体折纸之美[M]. 宋安，译. 北京：中国纺织出版社，2019.

[22] 朱立群纸艺术馆. 衍纸的艺术[M]. 北京：中国画报出版社，2015.

[23] 安雪梅. 标志设计与应用[M]. 北京：清华大学出版社，2019.

[24] 孙孝华，多萝西·孙. 色彩心理学[M]. 白路，译. 上海：上海三联书店，2017.

[25] 金容淑. 设计中的色彩心理学[M]. 武传海，曹婷，译. 北京：人民邮电出版社，2011.

后　记

《服装构成基础》包括：平面构成、色彩构成、立体构成三个部分。第2次修订补充了平面构成的基本要素在标识、品牌、广告中的应用，色彩的构思与表达等内容，以及构成的习作给予了较多替换，以便适应现代艺术设计新的视觉需求。第3次修订，为了兼顾实用美术设计专业的特点以及服装设计的需要。第4次修订立足于现代观念下的需要，在内容的广度和深度上作了一定的调整，学习者可根据不同的教学要求予以充实或增减。

在修改本书的过程中，我们得到了中国纺织出版社有限公司领导和编辑、中南民族大学、闽南理工学院领导和老师们的热情支持。

本书前两次修订由周丽娅完成，本书第1版由黄国松教授主审。书中主要图例由本人设计绘制完成，部分图例由武汉纺织学校、武汉纺织大学、东北电力大学的学生制作。第4版修订部分由香港理工大学毕业，具有服装品牌工作经历的现湖北美术学院讲师、服饰品教研室主任喻玥完成。在第4版中增加部分采用了闽南理工学院17级学生课内习作，也感谢袁晓宇、廖栋老师准备的平面和半立体作业；修改的部分图片由林培锋摄制，在此一并表示感谢。

再次对帮助过我们的同行、研究生、同学们表示真挚的谢意。时代在前进，知识在更新。由于信息社会飞速发展，也由于我们水平的局限，书中不足和疏漏之处在所难免，希望专家同行和读者批评指正。

周丽娅

2020年2月24日星期三

武汉封城的第32天

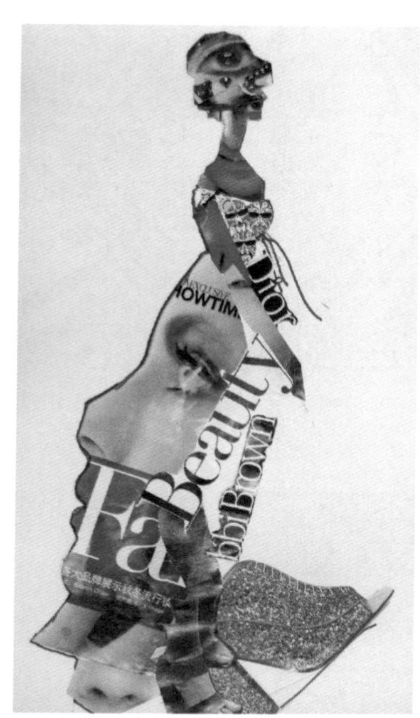

彩图1　拼贴法

彩图2　多种肌理材料与手法的表现方式

彩图3　橱窗设计中的平面构成

(a)　(b)　(c)　(d)

(e)　(f)　(g)

(h)　(i)

彩图4　服饰品广告

彩图5　橙色的联想

彩图6　黄色的联想

彩图7　绿色的联想

彩图8　蓝色的联想

彩图9　紫色的联想

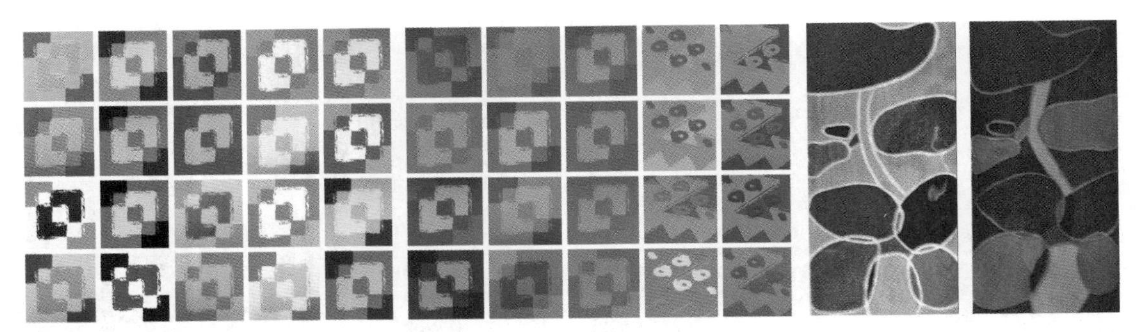

彩图 10　色彩的主观印象

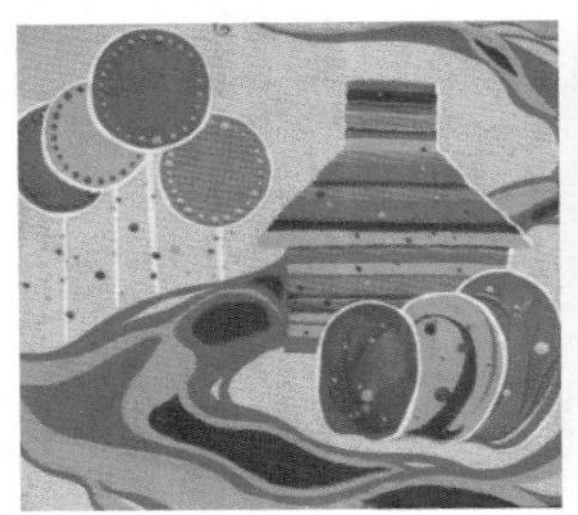

彩图 11　色彩静与动的心理感觉

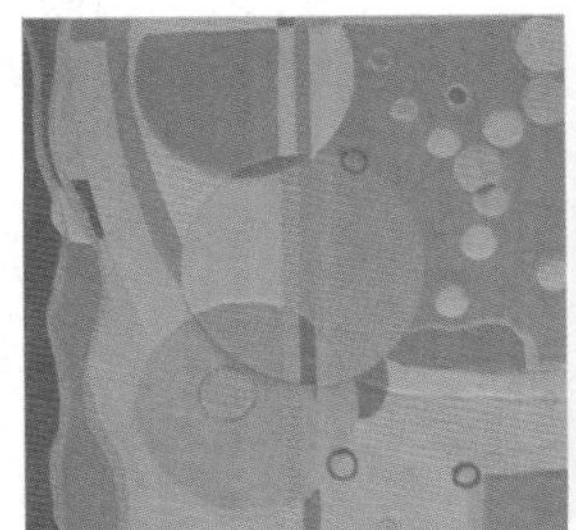

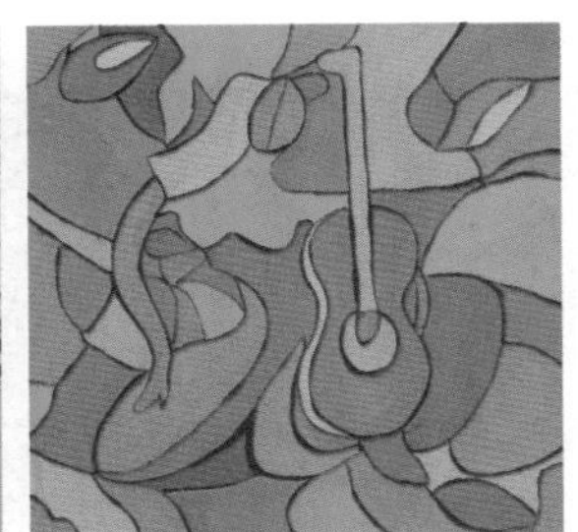

彩图 12　色彩的华丽感与质朴感

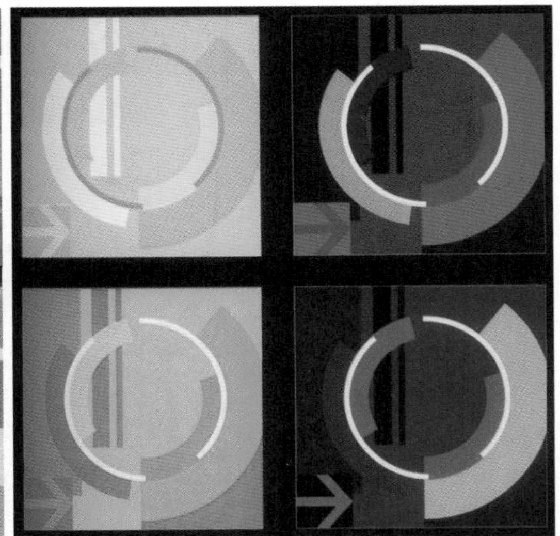

彩图 13　色彩的轻重感

 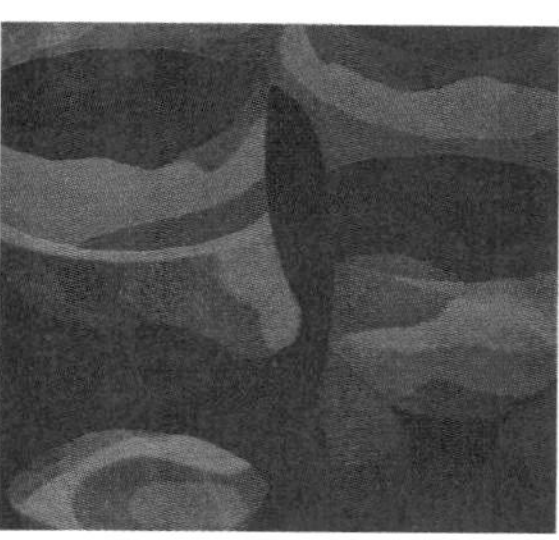 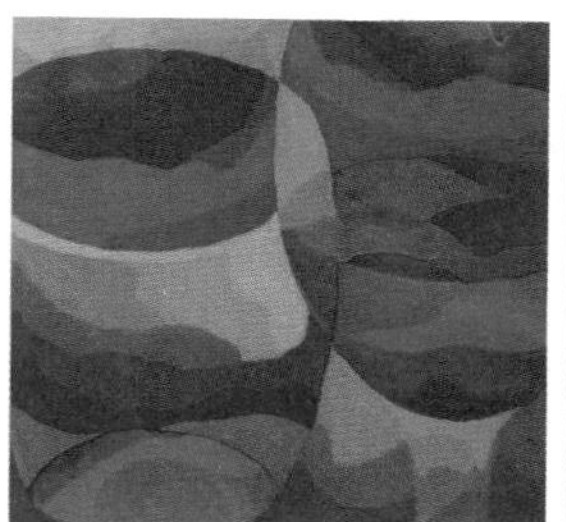 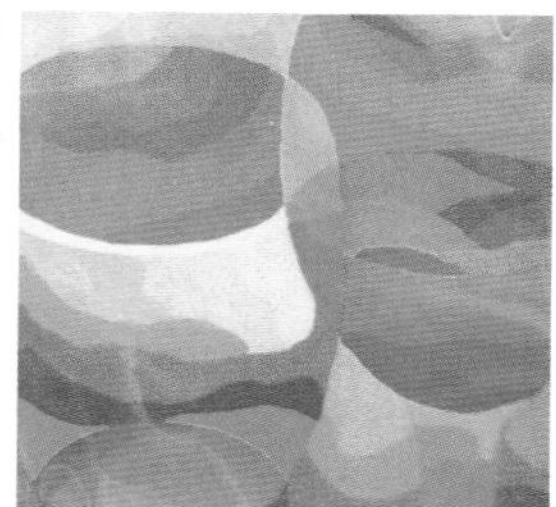

彩图 14　色彩的软硬感

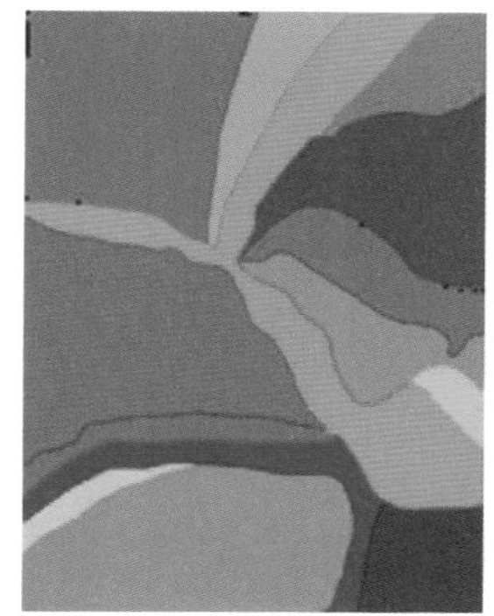 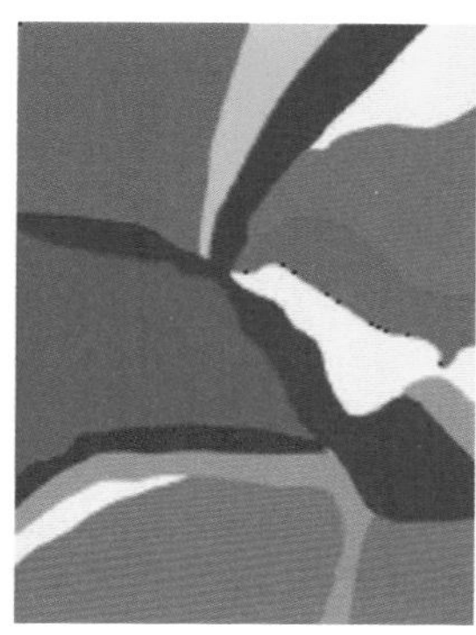 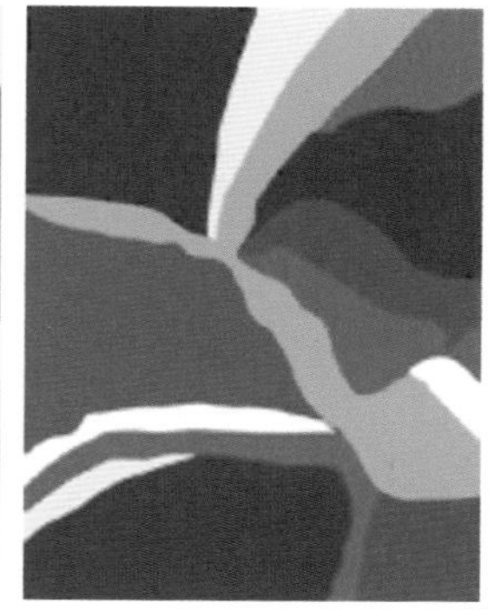 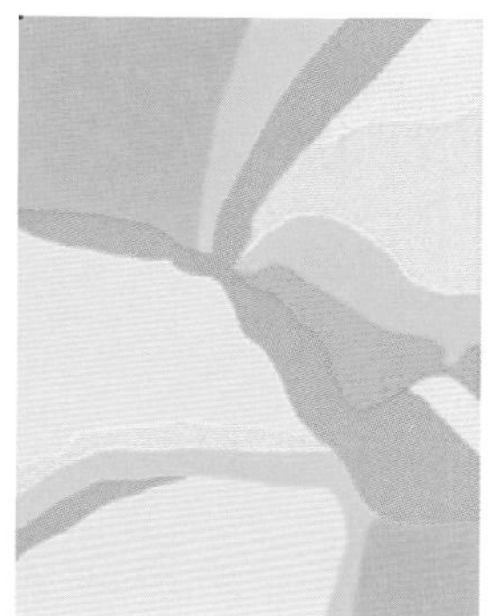

彩图 15　色彩与人的情绪

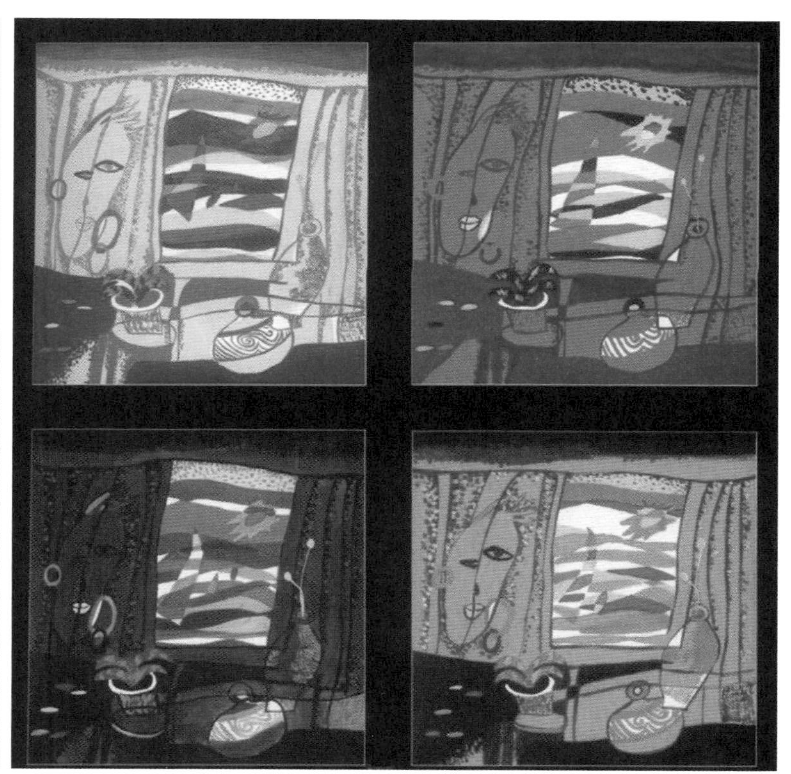

彩图 16　色彩的色调

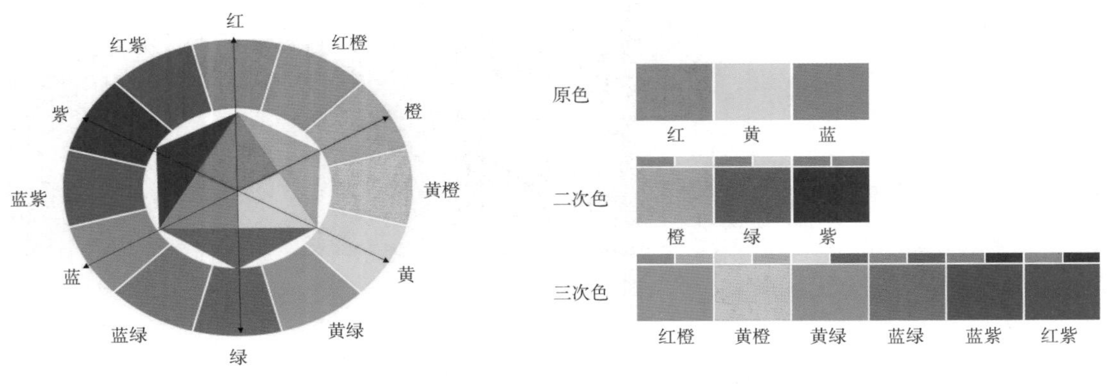

彩图17　色相混合

彩图18　三原色、间色、复色

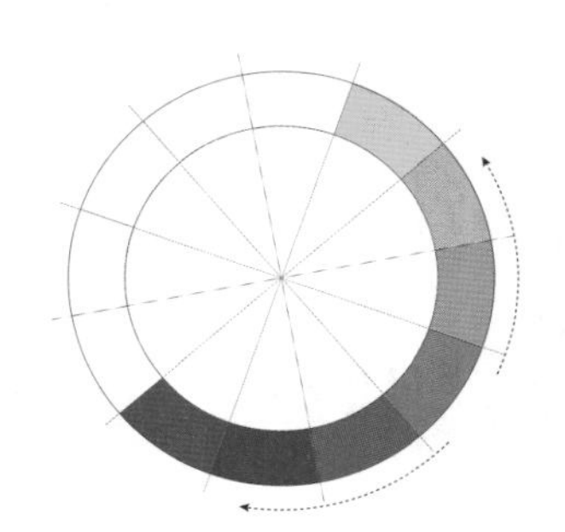

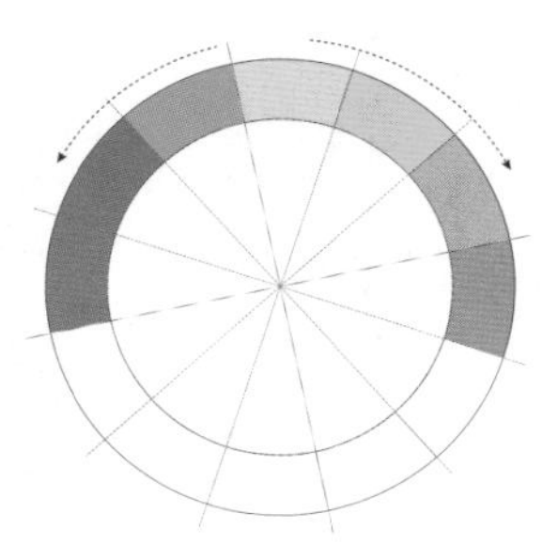

彩图19　色相共有色

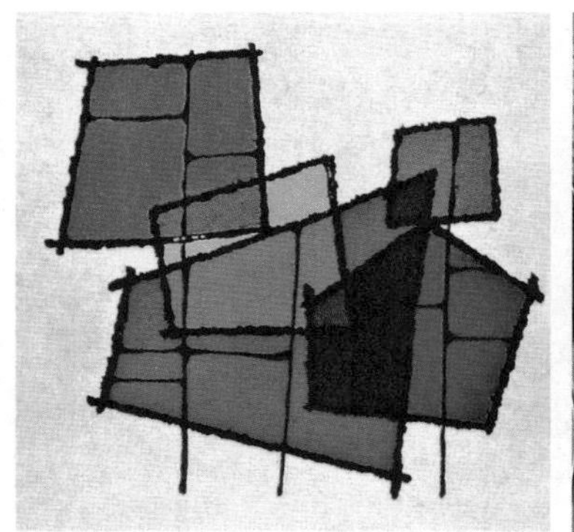

彩图20　色彩透叠

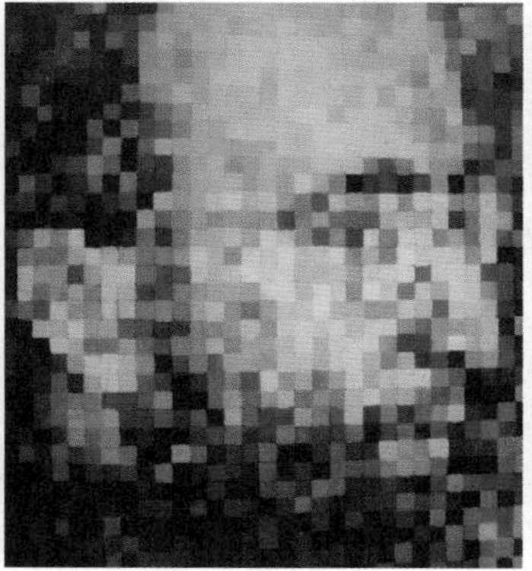

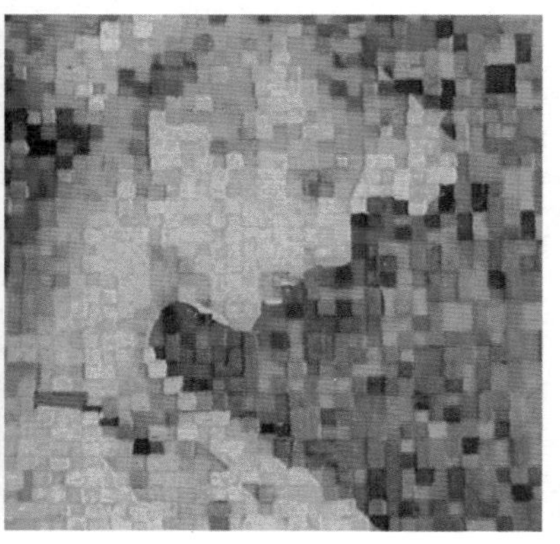

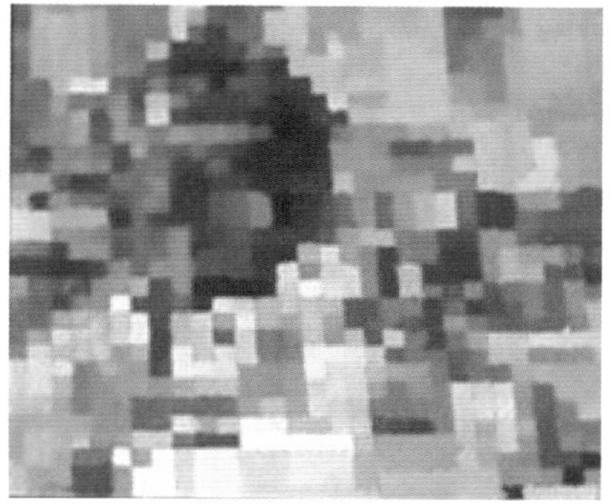

彩图21　空间混合

彩图22　明度推移

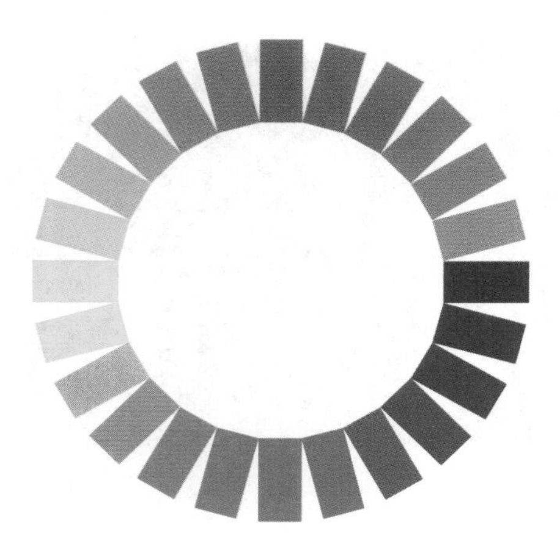

彩图23　色相环

彩图24　几何形色相推移

彩图25　具象形色相推移

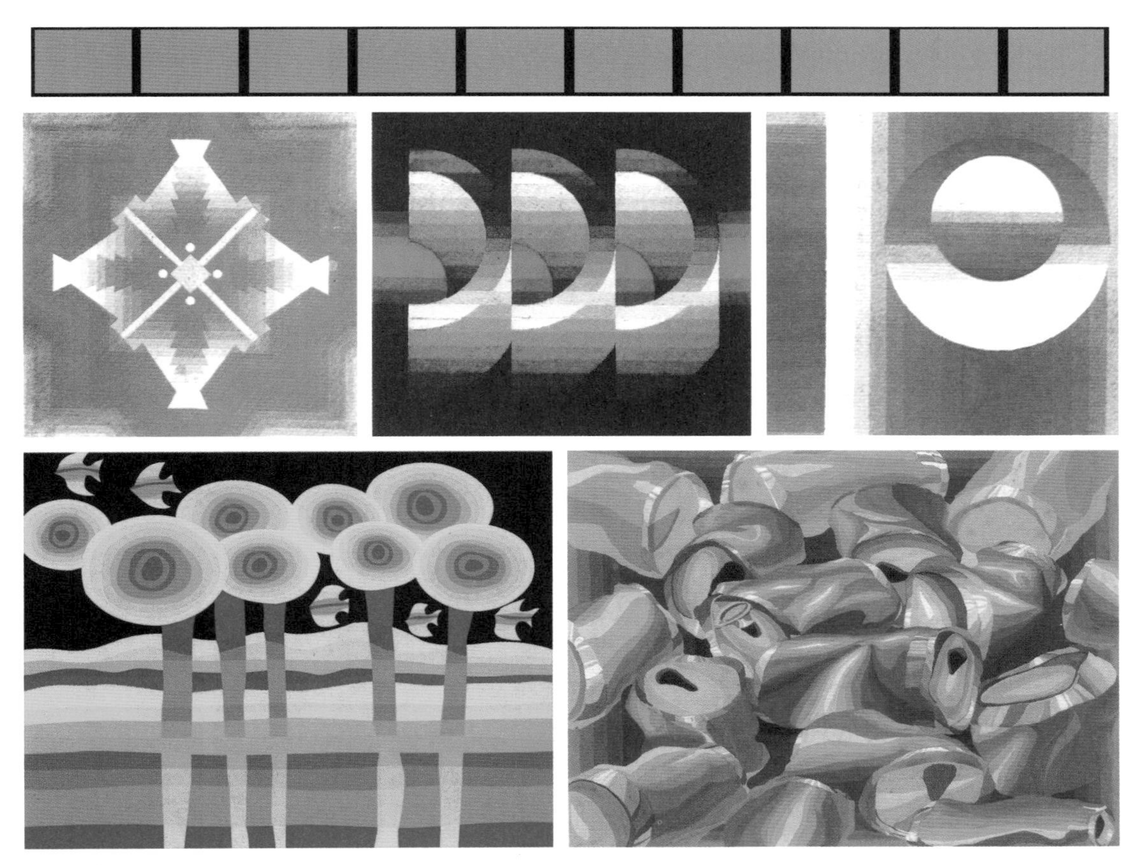

彩图26　纯度推移

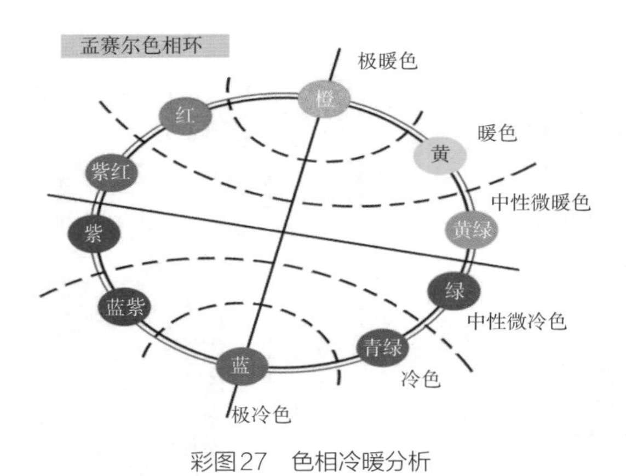

彩图27　色相冷暖分析

0 1 2 3 4 5 6 7 8 9 10

高长调　高短调　中长调　低长调

彩图28　色相同时对比图解

彩图29　色相同时对比

彩图30　明度对比9种基调

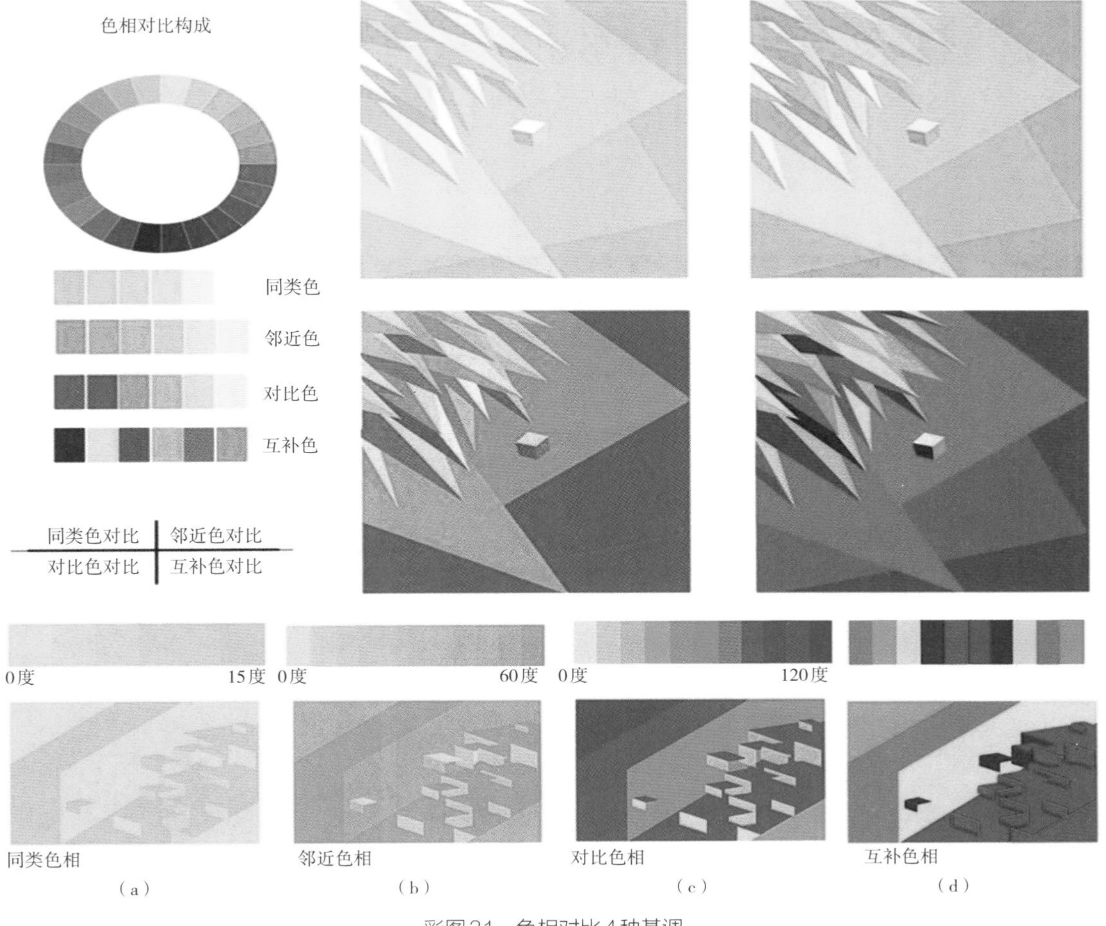

彩图31　色相对比4种基调

（a）　　　　　　　　（b）

彩图32　色相纯度基调

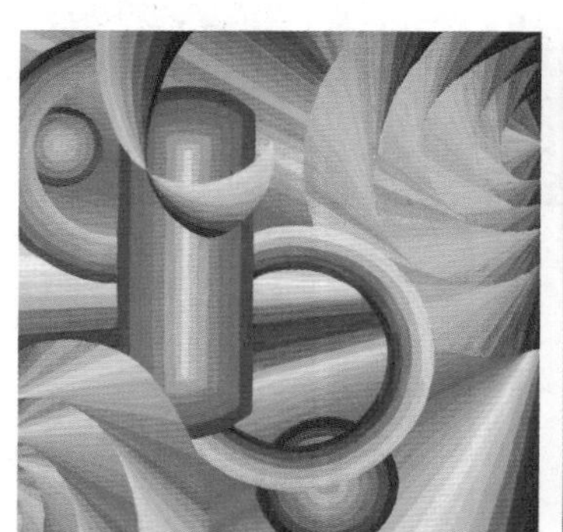

彩图33　综合对比

彩图34　色彩综合对比

彩图35　低纯度对比

彩图36　色彩单冷对比与综合对比

彩图37　冷暖色调对比

彩图38　色彩面积对比图解

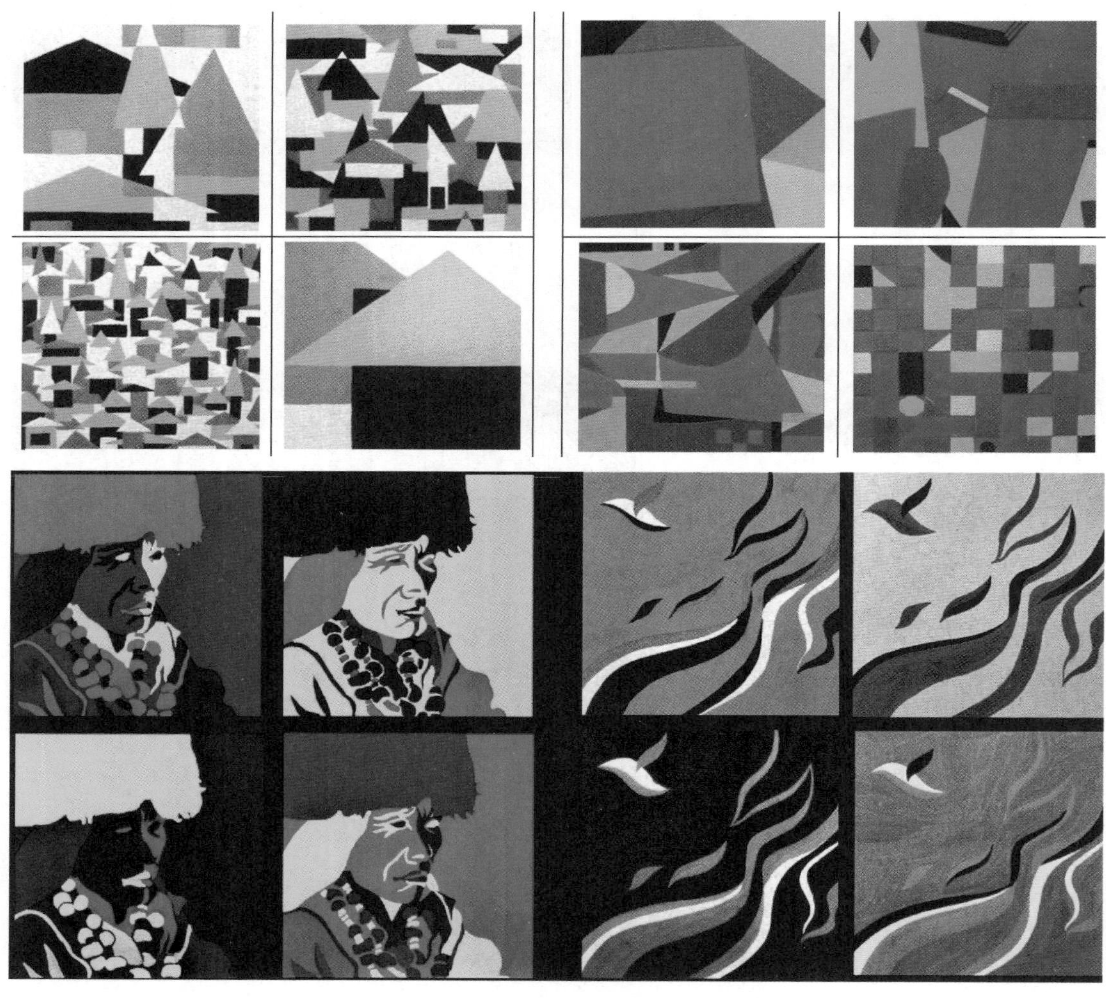

彩图39　色彩面积对比的4种色调

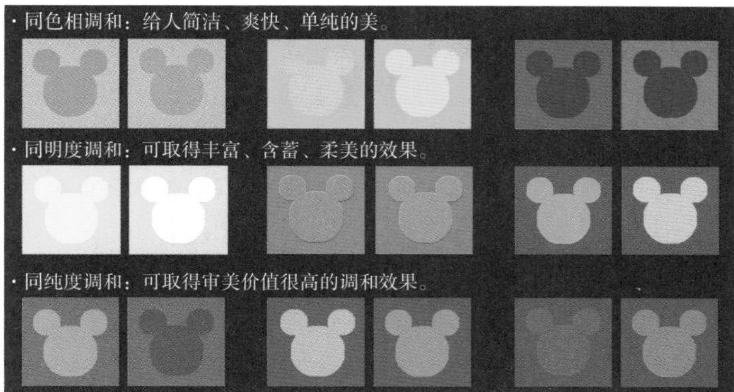

彩图40　色彩同一调和

彩图41　色彩单性同一和无彩色调和

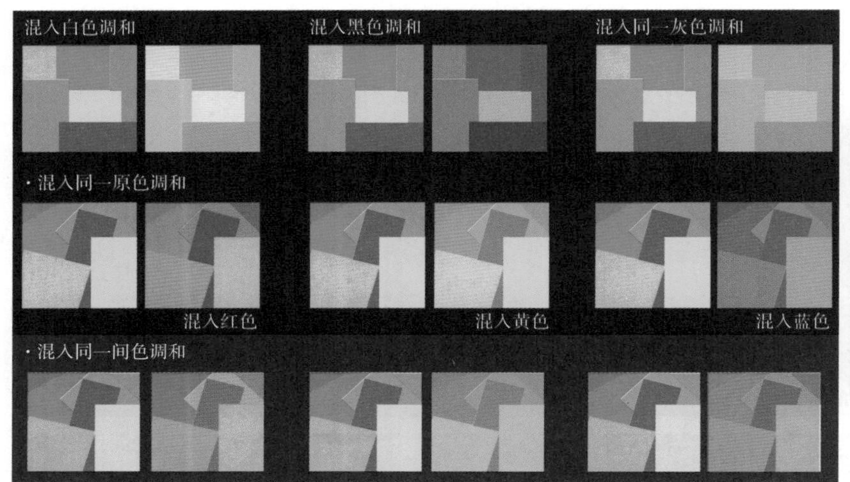

彩图42　混入色调和图解

彩图43　点缀中间色调和

彩图44　连贯色调和

彩图45　均衡的图形配色

彩图46　节奏感的图形配色

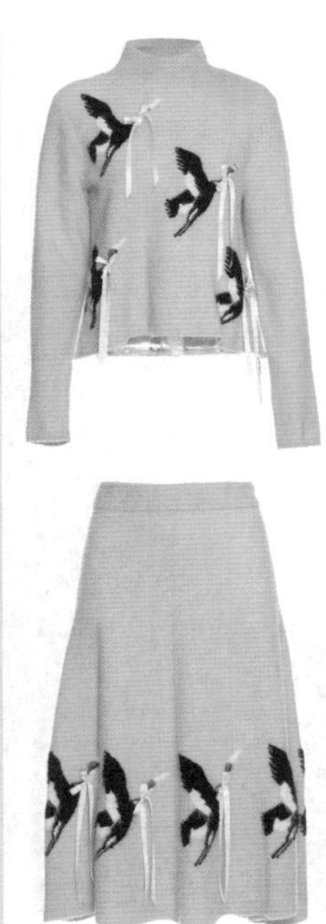
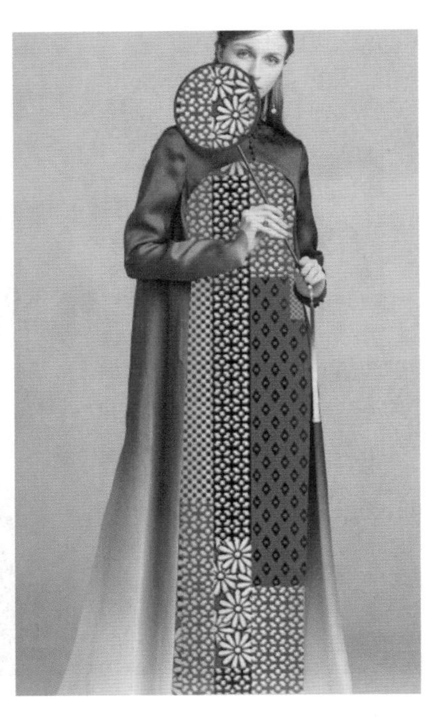

彩图47　点缀的配色

彩图48　整体色调配色

彩图49　无彩色与有彩色配色

彩图50　邻近色配色

彩图51　配色基调与对比练习

彩图52　服装配色调和

彩图53　色彩归纳

彩图54　整体色按比例归纳与应用

彩图55　整体色归纳不按比例运用

彩图56　整体色归纳部分运用

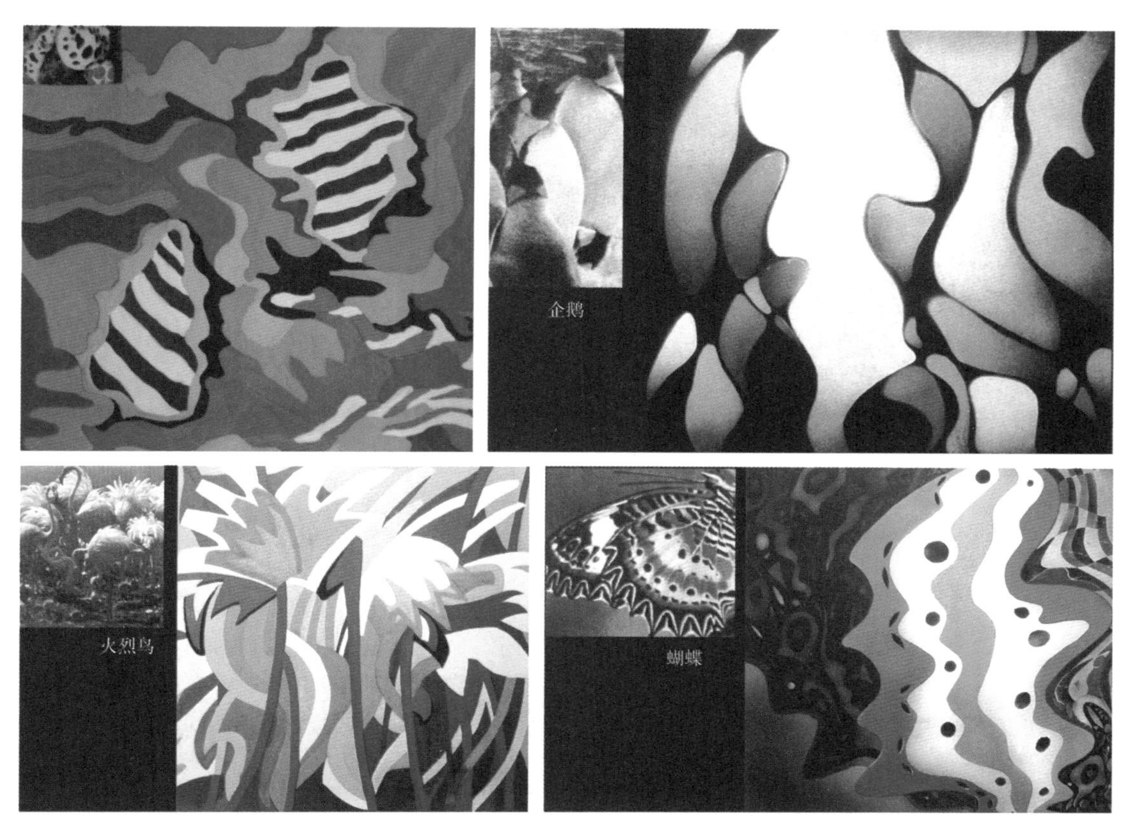

彩图57　自然色彩的提炼与构成

彩图58　传统色彩的解构1

彩图59　传统色彩的解构2

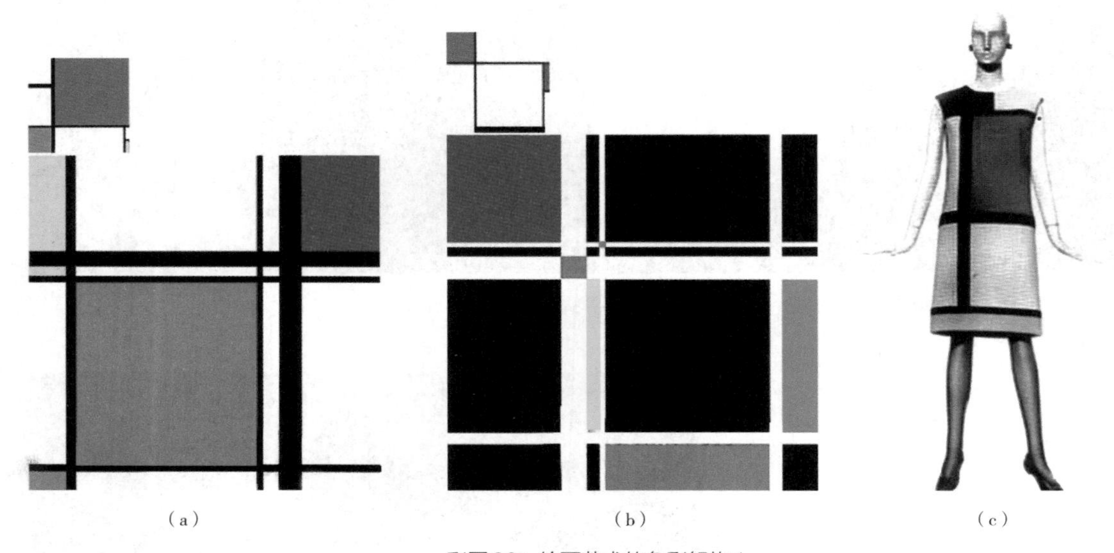

（a）　（b）　（c）

彩图60　绘画艺术的色彩解构1

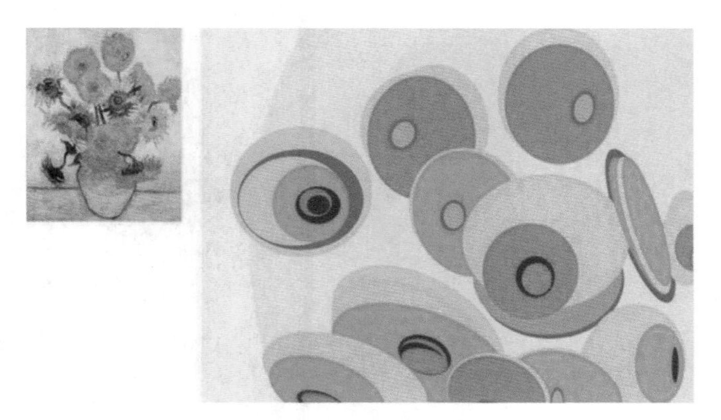

彩图61　绘画艺术的色彩解构2

Van Gogh Cafe Terrace at Night (1888)

彩图62　绘画艺术的色彩解构3

彩图63　2021/2022秋冬男女运动装色彩趋势1

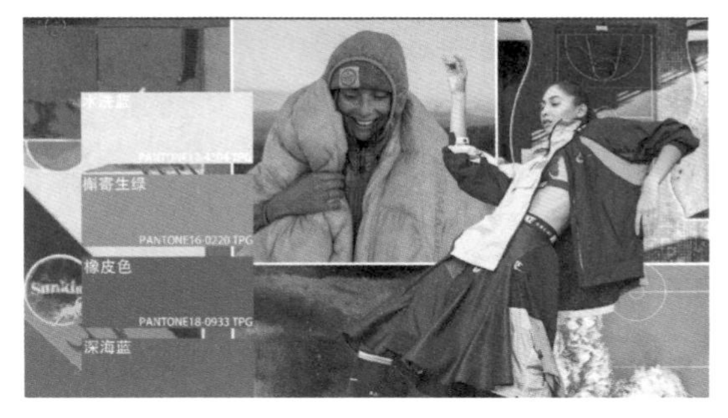

彩图64　2021/2022秋冬男女运动装色彩趋势2

彩图65　流行色彩主题

彩图66　流行服装主题

彩图67　衍纸作品

彩图68　凹面球体构成

彩图69　星状多面球体构成

彩图70　应用切折、镂空、重复、编织等方法的服装造型

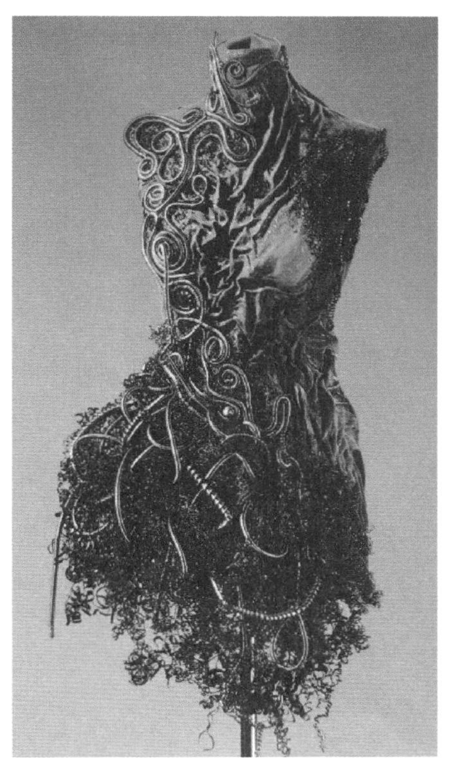

彩图71　应用曲线的服装造型

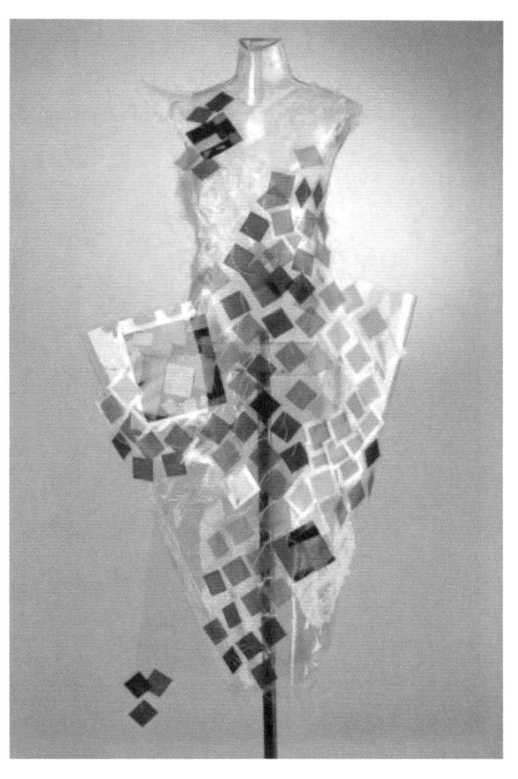

彩图72　玻璃纸透明材质结合贴补、混合等手法完成的服装造型

彩图73　纸材表现出的肌理质感的立体造型

彩图74　平凡的纸有了不平凡的艺术价值

彩图75　瓦楞纸制作的服装造型

彩图 76　报纸制作的服装造型

彩图 77　皱纹纸、衍纸制作的服装造型

彩图78　网纱装饰材料制作的服装造型